中等职业学校教育创新规划教材
新型职业农民中职教育规划教材

设施园艺生产技术

孙　廷　连进华　主编

中国农业大学出版社
·北京·

内 容 简 介

本教材共分四大项目内含十四个任务，其中项目一园艺设施建造技术，包括塑料大棚建造技术、温室建造技术两个任务；项目二蔬菜设施生产技术，包括蔬菜设施生产模式与茬口安排、瓜类、茄果类、豆类、叶菜类设施生产技术五个任务；项目三果树设施生产技术，包括桃、葡萄、大樱桃、草莓设施生产技术四个任务；项目四花卉设施生产技术，包括盆栽观花类、盆栽观叶类、切花类设施生产技术三个任务。每个项目有教学环境、教学工具、师资要求等学习环境，知识拓展、评价与反馈。每个工作任务由案例导入、任务目标、相关知识、方案设计、任务实施、复习思考题构成。

图书在版编目(CIP)数据

设施园艺生产技术 / 孙廷，连进华主编. —北京：中国农业大学出版社，2015.9(2019.8 重印)

ISBN 978-7-5655-1370-1

Ⅰ. ①设… Ⅱ. ①孙…②连… Ⅲ. ①园艺-保护地栽培 Ⅳ. ①S62

中国版本图书馆 CIP 数据核字(2015)第 202787 号

书　　名 设施园艺生产技术
作　　者 孙　廷　连进华　主编

策划编辑	张　玉	**责任编辑**	张　玉
封面设计	郑　川	**责任校对**	王晓凤
出版发行	中国农业大学出版社		
社　　址	北京市海淀区圆明园西路 2 号	**邮政编码**	100193
电　　话	发行部 010-62818525，8625		读者服务部 010-62732336
	编辑部 010-62732617，2618		出　版　部 010-62733440
网　　址	http://www.cau.edu.cn/caup	**E-mail**	cbsszs @ cau.edu.cn
经　　销	新华书店		
印　　刷	北京时代华都印刷有限公司		
版　　次	2015 年 9 月第 1 版　　2019 年 8 月第 2 次印刷		
规　　格	787×1 092　16 开本　18.5 印张　460 千字		
定　　价	43.00 元		

中等职业学校教育及新型职业农民中职教育教材编审委员会名单

编审人员

主　编	孙　廷	南阳农业职业学院
	连进华	邢台农业学校
副主编	李培之	山东潍坊(寿光)科技学院
	杨玉珍	南阳农业职业学院
参　编	曾祥胜	武汉市农业学校
	朱志贤	武汉市农业学校
	魏　航	南阳农业职业学院
	李玉珍	衡水科技学院
主　审	赵晨霞	王青立　陈肖安

编写说明

积极开展与创新中等职业学校教育与新型职业农民中职教育，提高现代农业与社会主义新农村建设一线中等技术“应用型”人才及新型职业农民的综合素质、专业能力，是发展现代农业和建设社会主义新农村的重要举措。为贯彻落实中央的战略部署，提升中等“应用型”人才及新型职业农民的培养质量，同时也为各地培育中等技术“应用型”人才及新型职业农民中职教育提供基础保障，特根据《教育部关于“十二五”职业教育教材建设的若干意见》《中等职业学校新型职业农民培养方案》和《中等职业学校专业教学标准（试行）》等文件精神，紧紧围绕培养中等技术应用型人才，培养生产、服务、管理第一线需要的人才，并遵循中等职业教育与新型职业农民中职教育的基本特点和规律，编写了《设施园艺生产技术》中职教育教材。

《设施园艺生产技术》是中等职业教育种植类核心课系列教材之一。该教材重点介绍园艺设施建造技术，蔬菜设施生产技术，果树设施生产技术，花卉设施生产技术的各个环节，通俗易懂，具有很强的针对性和实用性，是中等职业学校教育创新及新型职业农民中职教育的专用教材，也可作为现代青年农场主的培育教材及设施园艺生产岗位人员培训教材，还可供从事相关工作的专业人员作为参考用书使用。

本书由南阳农业职业学院孙廷（走进设施园艺、项目三）、邢台农业学校连进华（项目二的任务三）担任主编，山东潍坊（寿光）科技学院李培之（项目一、项目二的任务一）、南阳农业职业学院杨玉珍（项目四的任务一、任务三）担任副主编，南阳农业职业学院魏航（项目二的任务二）、衡水科技学校李玉珍（项目二的任务四、任务五）、武汉市农业学校曾祥胜与朱志贤（项目二的任务二）参与编写。北京农业职业技术学院赵晨霞教授、农业部科技教育司王青立和原农业部农民科技教育培训中心陈肖安等同志对教材内容进行了最终审定，在此一并表示感谢。

由于编者水平有限，加之时间仓促，教材中不妥和错误之处在所难免。衷心希望广大读者提出宝贵意见，以期进一步修订和完善。

编　者

2015 年 6 月

目　　录

走进设施园艺

一、设施园艺的概念和分类

在不适宜园艺作物（主要指蔬菜、花卉、果树）生长发育的寒冷或炎热季节，采取防寒保温或降温、防雨、防鸟等设施，人为地创造适宜园艺作物生长发育的小气候环境，不受或少受自然季节的影响而进行的园艺作物生产，称为设施园艺。由于生产的季节往往是在露地自然环境下难以生产的时节，又称“不时栽培”“反季节栽培”“错季栽培”等。蔬菜的设施栽培，在我国长期以来也被称为“保护地栽培”。

设施栽培和露地栽培是园艺作物栽培中的两种方式。设施栽培季节主要是在冬、春、秋以及夏、秋淡季，供应大量新鲜的园艺产品。因此设施栽培常采用多种园艺设施和措施，在不同季节进行生产，以获得多样化产品，满足人们需求。设施栽培的设施类型有风障、阳畦、温床、地膜覆盖、塑料拱棚、温室、荫棚、避雨棚等。生产方式有早熟、延后、冬季促成、软化、假植以及炎夏降温、防雨、防鸟等栽培。

二、发展设施园艺的意义

随着市场经济和科技的发展，设施园艺已成为设施农业的重要组成部分。因此，在我国发展设施园艺具有重要的现实和战略意义。

（一）实现资源高效利用

目前我国人均耕地为世界人均的1/3，人均水资源只有世界人均的1/4。设施内暗灌、软管滴灌、小喷灌、渗灌等新的灌溉技术不断发展，不仅能有效地提高水分利用率，而且可节水50%～70%，降低设施内湿度20%～30%，提高地温，防止土壤板结，防止和推迟设施病虫害的发生，亦有利于产量的提高和品质的改进。

设施栽培是高度集约化栽培方式，不仅可以在一般耕地上进行，而且可以在干旱缺水的沙漠地区、盐碱、沿海滩涂、边防海边无土地区以及其他无法进行农业耕种的地区实施，不但可实现周年四季生产，而且可有效利用国土资源，补充耕地资源不足，大幅度地提高资源利用率和劳动生产率，实现高产、优质、高效和可持续发展。

(二)大幅度提高单产，增加产值，促进农业增收、农民致富和农村发展

近30年来，我国农业产业结构已发生巨大变化，园艺与特种经济作物生产只用15%的耕地，安排1.2亿人以上农村劳动力就业，占农民增收的30%以上。

设施园艺是在人工控制环境条件下从事生产，比一般露地栽培产量有很大的提高。例如露地生产的黄瓜、番茄、茄子等每亩(1亩≈667 m^2)产量为2～3 t，而设施内栽培每亩产量可达10～20 t，较露地增产10倍。设施生产的产品供应期比露地生产上市时间推迟或提前，经济效益高。据调查，蔬菜设施栽培的比较经济效益高于露地栽培的4～5倍，较大田作物高出10倍。

(三)有利于保障食品安全

设施园艺是在环境可控条件下进行生产，有利于进行虫害控制，配合生物控制等高新技术的应用，可保证食品的安全生产，也是提高我国优势农产品国际竞争力的迫切需要。

(四)调节市场供应，增加市场花色种类

设施栽培使北方地区冬春季新鲜果品、蔬菜、花卉当地供应成为现实，也使南方地区在炎热的季节生产出露地无法生产的园艺产品，出现了淡季不淡的园艺产品供应新景象，为丰富城乡人民的菜篮子和美化环境做出了重要贡献。如北方地区塑料棚膜温室中栽培油桃，3月下旬果实成熟上市，比露地栽培提前60～100 d。利用日光温室生产喜温性蔬菜，基本上达到了周年生产和周年供应。

(五)增强抗灾减灾能力

设施园艺工程以其高强度的牢固骨架和耐候性的覆盖材料，在一定程度上能抵抗自然界大风、低温霜冻、大雨、冰雹以及高温、强日照等不利影响，增强抗灾和减灾能力，使设施栽培作物在不适宜的外界条件下获得成功。如第二代节能型日光温室在严寒季节室内外最低温温差可达30℃，在外界低温－20℃的环境下，室内可维持在10℃，能有效地防止低温冻害，保证设施内作物正常生长。在夏季高温酷热多雨的长江流域及以南地区，设施覆盖农膜、遮阳网、防虫网等可达到遮强光、防高温、避雨淋、降湿、防病虫的效果，使常规栽培条件下难获成功的夏秋菜栽培及育苗获得成功。

(六)带动其他行业发展

设施园艺产业属于科技密集型的高效集约型农业，设施园艺的高速持续发展，

带动了国内一批相关产业的发展。如温室制造业、覆盖材料、仪器设备、包装、种苗业、运输业、餐饮业等各相关产业的发展，增加就业机会，提高国民收入，同时也为设施栽培进一步发展创造了有利条件。

三、设施园艺的现状与发展趋势

（一）我国设施园艺发展概况

改革开放以来，随着农业产业结构的不断调整，我国设施园艺发展迅猛，呈现出生产面积快速增加、作物种类逐步增多、设施类型日趋多样、管理水平逐渐提高的好势头。近 30 年来，我国设施园艺面积已从不足 0.7 万 hm^2 发展到目前 362.7 万 hm^2，从 1999 年开始一直保持世界设施园艺第一生产大国，设施园艺面积占世界总面积的 85%以上，在解决我国蔬菜周年均衡供应方面发挥了巨大作用。据农业部统计数据表明，2013 年，全国设施蔬菜面积逾 519.2 万 hm^2，占 95.5%；设施果树面积 11.2 万 hm^2，占 2.1%；设施花卉约 13.3 万 hm^2，占 2.4%；温室和大棚超过 230 万 hm^2，塑料小拱棚超过 131 万 hm^2、玻璃温室约 0.9 万 hm^2，人均占有设施园艺面积为 277 m^2，人均设施园艺面积仅次于以色列，居世界第二位。经过了生态、市场和社会经济的长期综合选择发展，我国设施园艺产业主要集中在环渤海湾及黄淮地区，约占全国总面积的 60%；其次是长江中下游地区，约占全国的 20%；第三是西北地区，约占全国的 7%。主要集中分布在山东、辽宁、江苏、河北、河南、浙江等地。

（二）我国设施园艺发展中存在的问题

近年来，我国设施园艺在面积不断增加、规模不断扩大的同时，其产业内部长期积累的矛盾和问题也日益凸显出来。

（1）设施结构不合理、生产安全性较差。我国从事设施园艺生产者大多数是农户，因资金等原因，仍主要采用简易型日光温室和竹木结构塑料拱棚，设施简陋、结构不规范、性能差、空间小、作业不便、劳动强度大、产出率低，缺乏有效抵御冬春低温、高湿、寡照，夏秋季高温、暴雨等不利气候的措施。

（2）设施装备水平和环境调控能力差，设施栽培专用品种少，栽培技术规范性差。我国大多数农户建造的塑料大棚和日光温室普遍缺少必要的环境调控设备，小气候环境调控能力差；设施生产机械化程度低，人均管理面积小，劳动生产率低，温室作物单产与国际水平差距较大。缺乏优良的设施专用品种，栽培品种对设施环境的适应性差，有些甚至采用露地作物品种进行设施生产，影响了设施栽培效益的发挥。此外，设施栽培技术随意性大、规范性差，且栽培成本高、管理粗放，效益不高，污染环境，严重影响甚至打击了农户发展设施园艺的积极性。

(3)土壤盐渍化、连作障碍、病虫害日趋严重，产品质量安全性低。设施的固定性以及栽培作物的单一性、重复性，大量化肥的不合理使用，加之土壤管理措施不当，随着设施栽培年限的增加，造成土壤养分不平衡，引起土壤微生物种群改变、土壤结构破坏和盐渍化以及养分障碍的发生，有害物质积累、病虫害发生频繁、根结线虫严重，连作障碍逐年加重，使作物生长发育不良，产量和品质下降，连作障碍日趋严重已成为我国设施土壤持续高效利用的重要瓶颈。

(4)基础研究薄弱，无土栽培、数字农业、信息技术等普及率低，应用效果差。我国无土栽培起步较晚，基础研究不够深入、开发应用较少，导致我国无土栽培技术在设施园艺中的应用规模和范围极小，影响我国设施生产管理技术水平的提高。

(5)组织化程度不高，劳动生产率低下。目前，我国的设施园艺产业仍以个体农户生产经营为主，能够发挥作用的农民经济合作组织较少。就整体而言，耕作、播种、施肥等设施园艺的生产过程绝大多数仍靠人工进行，作业环境差、劳动生产率很低、劳动强度大，规模化、产业化的水平较低，小农经济的生产经营与日益发展的市场经济矛盾越来越突出，更难以走出国门与国际市场接轨，生产效益低下，设施园艺的经济效益难以体现。

(三)我国设施园艺发展趋势

随着科学技术的进步和农业工程技术的发展，集园艺科学、环境调控、栽培管理、景观规划、现代装备等技术为一体的设施园艺内涵更加丰富。我国设施园艺的发展趋势呈现温室建设大型化、设备技术集成化、操作技术机械化、设施品种专有化和多样化、覆盖材料多样化、栽培技术无土化以及病虫草害防治综合化的趋势。

(1)温室大型化、现代化，管理操作机械化。大型温室具有投资少、土地利用率高，便于实行机械化自动管理和产业化、规模化生产，室内温度相对稳定、日温差较小，便于环境控制等优点，因此，温室类型有向大型化、超大型化方向发展的趋势，温室单栋规模将从几公顷发展到几十公顷。随着温室大型化的发展，对设施环境调控技术和设备要求越来越高，计算机控制系统、栽培管理技术、环境因子采集自动化等现代技术装备将会成为未来设施园艺发展的重点。

(2)设施结构不断优化，覆盖材料功能多样化。我国不同地域自然条件、经济水平和气候环境，对生产运行能耗大、产出低的不同温室类型进行结构优化，并形成标准化生产技术体系，这将会成为今后一段时期内设施园艺发展急需解决的一个问题。今后覆盖材料的发展趋势主要致力于节能环保材料的研发、注重覆盖材料的保温性、重视设施光环境的优化、不断提高材料的耐候性以及拓展覆盖材料的功能。

(3)推进设施园艺产业园建设，品牌意识进一步强化。通过积极引进、推广和示范先进的设施生产方式和栽培技术，完善设施园艺生产基地建设，形成一定规模和特色的设施园艺产业园，起到带动辐射作用。随着市场化程度日益提高，农业市场化进程也在加快，创建品牌是农产品参与市场竞争的必然趋势，围绕设施园艺产业主打产品，实行标准化生产、规模化经营，严格按照设施栽培技术标准和规程，进行采收、分级、加工、包装、上市，以优质的产品和服务，创建更多特色品牌。

(4)设施环境因子调控更加智能化，设施品种更加丰富。设施园艺生产的核心是能够对设施内栽培环境进行有效的控制，创造出适于作物生长发育的最佳环境条件。现代工业技术加快了向农业领域的渗透，未来的人工智能环境控制系统不仅能够做到栽培环境全自动控制，而且与市场、气象站、种苗公司、病虫害测报等相连接，形成环境调控综合网络智能系统，进行产量、产值的预测，为生产者提供更为广泛的信息情报和确切的决策依据。温室环境控制调节的方向将会实现由单一的环境因子向耦合复杂的综合因子及高层次的自动化、智能化方向发展。随着设施园艺产业的深入发展，愈发重视设施作物专用品种的选育，一些具有耐低温、耐高温、耐弱光、耐高湿、优质高产的设施专用品种将会被选育出来，满足人们的需求。

(5)设施园艺绿色意识进一步加强，使之成为可持续农业。随着人们对生态环境保护和食品安全的日益关注，设施园艺生产过程中如何实现能源高效利用、生态环境保护将成为研究热点，开展以生物防治、生态防治和物理防治相结合的病虫害综合防治技术，可节省设施内化肥、农药、生长调节剂和灌水的用量，控制有害化学物质向外界环境排放。

(6)设施园艺生产推广服务体系逐步完善，组织化程度更高。提升基层农业技术推广科技者的服务能力和服务水平，将会推动我国设施园艺产业的发展水平。设施园艺产业分为产前、产中和产后三个不同阶段，其中产中阶段目前仍然以一家一户的农户种植模式为主，但一家一户的农户种植模式难以与大市场很好地衔接，因此，在产前和产后构建产业协作组织，将小生产和大市场有机地联系起来，有利于提高市场竞争力，促进设施园艺产业的整体发展。

四、设施园艺的主要内容与特点

(一)设施园艺的主要内容

设施园艺涉及生物科学、设施环境科学和工程科学 3 个主要学科。

(1)生物科学主要包含生产对象即蔬菜、花卉和果树。这三大类园艺作物各自包含了许多种类和品种。例如，蔬菜可分为白菜类、直根类、茄果类、瓜类、豆类、葱蒜类、绿叶菜类、薯芋类、水生蔬菜和多年生蔬菜 10 大类；花卉分为一二年生花卉、球根花卉、宿根花卉、多浆及仙人掌类、室内观叶植物、兰科花卉、水生花卉和木本花卉 8 大类;果树可分为落叶果树、常绿果树两大种类。

(2)设施环境科学包括光照、温度、湿度、气体、土壤等方面。首先,应了解每个环境因子对园艺作物生长发育的影响及生理机制;其次,要掌握设施内各环境因子的特点,与露地栽培有什么不同;最后根据栽培作物的生物学特性,如何进行环境调节控制。掌握各种调控手段、调控设备的运用,以及现代化的自动控制技术,计算机管理等等。使作物与环境达到最理想、最完美、和谐的统一,以实现高产、优质、高效的生产目的。

(3)工程科学则是建造出能够满足作物对光、温、湿、气、土等环境因子需要的设施类型,为作物提供最优的生育空间。这就需要有科学合理的总体规划设计,设施选型和结构优化设计及环境调控设计(如采暖、保温、降温、加湿与降湿,灌溉与施肥,通风换气,二氧化碳气体施肥等),建筑材料的选择和计算,建造施工技术要有机地结合与统一。

(二)设施园艺的特点

设施园艺与露地栽培相比具有以下特点。

(1)选用适宜的设施类型。我国现今使用的园艺设施大体可分为 3 种类型:大型设施,如塑料薄膜大棚、单栋和连栋温室等;中小型设施,如中小棚、改良阳畦;简易设施,如风障、阳畦、冷床、温床、简易覆盖、地膜覆盖等。各种设施在生产中都能发挥特定的作用,但因其性能不同,各自的作用又有不同,在选用时应根据当地的自然条件、市场需要、资金投入、技术、劳力、栽培季节和栽培目的选择适用的设施进行生产。

(2)充分发挥园艺设施的效应。设施园艺生产除需要设备投资外,还需加大生产投资,特点是高投入、高产出。因此,必须在单位面积上获得最高的产量,最优质的产品,提早或延长(延后)供应期,提高生产率,增加收益,否则对生产不利,影响发展。

(3)人工创造小气候条件。园艺作物设施栽培,是在不适宜作物生育季节进行生产,因此设施中的环境条件,如温度、光照、湿度、营养、水分及气体条件等,要靠人工进行创造、调节或控制,以满足园艺作物生长发育的需要。环境调节控制的设备和水平,直接影响园艺产品产量和品质,也就影响着经济效益。

(4)要求较高的管理技术。设施栽培技术要求首先必须了解不同园艺作物在不同的生育阶段对外界环境条件的要求,并掌握保护设施的性能及其变化规律,协调好两者间的关系,创造适宜作物生育的环境条件。设施园艺涉及多学科知识,要求生产者素质高,知识全面;不但懂得生产技术,还要善于经营管理,有市场意识。

(5)设施园艺地域性强。应充分利用当地自然资源如发展日光温室,一定要选择冬季晴天多、光照充足的地区，避免盲目性。有些地区有地热(温泉)资源、工业余热等，可以用于温室加温，应充分利用，降低能源成本。

(6)有利于实现生产专业化、规模化和产业化。大型设施园艺一经建成必须进行周年生产，提高设施利用率，而生产专业化、规模化和产业化，才能不断提高生产技术水平和管理水平，从而获得高产、优质、高效。

学好设施园艺，必须要在学习园艺作物露地栽培的基础上进行。因此，还要在学习植物学、植物生理及生化、农业气象、土壤及农业化学、植物保护、园艺机械、电子计算机应用等课程的基础上，进一步学习园艺植物的形态特征和生物学特性等，要学会将园艺植物这些特性与园艺设施环境特征有机地结合，充分发挥有利的环境因素，改善或消除不利环境因素。

设施园艺是一门实践性很强的应用学科，学习者应经常深入生产实践，理论联系实际，一些看起来复杂的知识，通过实际观察和操作，就比较容易掌握。

【知识拓展】

设施覆盖材料

覆盖材料是进行设施园艺生产的基础。随着我国设施园艺的快速发展，覆盖材料的种类繁多，性能各异。设施栽培的园艺植物种类不同，对覆盖材料的特性要求存在一定的差异，因此，合理选用覆盖材料，提高园艺设施的性能，才能满足园艺植物生长发育的需要。

一、覆盖材料分类

设施园艺近年发展非常迅速，覆盖材料也由传统的玻璃发展为各种塑料薄膜、无纺布、遮阳网、防虫网等。同时覆盖材料的功能也由单一的保温功能发展为减少病虫害、提高作物产品品质等方面。覆盖材料的种类很多，可以按原料材质、种类及功能特性等分类：

1. 按原料材质分

玻璃、薄膜、硬质塑料片、硬质塑料板、无纺布、遮阳网、防虫网等。

2. 按原料种类分

聚氯乙烯膜(PVC)、聚乙烯膜(PE)、乙烯-醋酸乙烯共聚物(EVA)、PO 系膜、氟素膜(ET-FE)、聚碳酸酯板(PC)、聚丙烯板(MMA)、玻璃纤维强化聚丙烯板(FRA)、玻璃纤维强化聚酯板(FRP)，还有用不同原料制成的无纺布、遮阳网等。

3. 按功能特性分

透光性相关联的有透明膜、半透明膜、梨纹麻面膜、反光膜(网)、遮光膜(网)、阻隔紫外光膜、光选择性透过膜、转光膜等;与薄膜热、湿效应相关联的有保温膜、有滴膜、流滴膜、防雾膜等;与生产密切相关的耐老化膜、降解性薄膜等。

二、覆盖材料的特性

不同栽培方式与用途的园艺设施要求不同的覆盖材料,因此,正确使用覆盖材料,必须了解其基本特性。玻璃、薄膜等透明覆盖材料的特性主要有光学特性、热特性、湿度特性及耐候性。一般用透光性、选择性透光率、遮光性等描述其光学特性;用保温性、隔热性、通气性描述其热特性;防滴性、防雾性等是湿度特性的相关术语;机械特性常用展张性、开闭性、强度等来描述。

覆盖材料对太阳辐射中紫外线、可见光、红外线的透过比率是决定其光学特性的重要因素之一。一般透明覆盖材料对可见光的透过率越高越好;合理使用去紫外线膜,可以减少病虫害及促进植物生长;而覆盖材料的保温性及隔热性主要与红外线透过率有关。

覆盖材料的热透过性能一方面影响非加温温室的保温性能,另一方面影响加温温室的能耗,进而影响设施的夜间温度。生产中除了通过外覆盖保温材料提高设施内的温度外,还可以覆盖内覆盖材料减少设施热耗散。

园艺设施内的湿度既影响植物的光合作用,又影响病害的发生,因此在覆盖材料的原料中添加防雾滴剂或在其表面涂布防雾滴剂,可以降低设施中的湿度,促进植株生长及减少农药用量。

耐候性是覆盖材料经年累月之后表现不易老化的性能。耐候性不同的覆盖材料,使用寿命不同,因此,它也是影响覆盖材料性能的因素之一。

【复习思考题】

1. 设施类型有__________、阳畦、__________、地膜覆盖、__________、温室、荫棚、避雨棚等。

2. 设施园艺生产方式有__________、__________、__________、软化、__________、炎夏降温、防雨、防鸟等栽培。

3. 什么是设施园艺?

4. 我国发展设施园艺的意义是什么?

5. 简述设施园艺的特点。

6. 简述我国发展设施园艺的趋势。

项目一
园艺设施建造技术

任务一　塑料大棚建造技术
任务二　温室建造技术

本项目主要任务是学习塑料大棚、日光温室的材料、类型、性能和建造技术，能够识别、区分常用的塑料薄膜，能够解决塑料大棚、日光温室建造施工中遇到的问题。

完成本项目学习任务应具备以下条件：

教学环境：多媒体教室，塑料大棚、日光温室实训基地。

教学工具：建棚材料、建棚机具。

师资要求：企业技术人员、生产人员、专职教师。

任务一　塑料大棚建造技术

【案例导入】

寿光市洛城街道某村，是远近闻名的青萝卜专业种植村，当地生产的青萝卜以其外观匀称、肉质翠绿、水多味甜、清脆爽口而闻名，是优秀的地方水果萝卜品种，越来越受到消费者的喜爱。一个塑料大棚每亩收入可达 1.5 万～2 万元，为当地发展带来了巨大的经济效益。在早春季节，因为温度低，传统栽培方式不能提前上市，满足市场需求，达到周年供应的目的。我们的任务是设计建造一个塑料大棚，填补这段时间的空白，并负责实施。

【任务目标】

完成本学习任务后，你应该能

1. 了解塑料大棚的材料种类；
2. 熟悉塑料大棚的建造施工技术；
3. 发现并会分析塑料大棚建造施工中遇到的问题，能够提出解决的办法。

【相关知识】

塑料大棚也称春秋棚或冷棚，是指没有加温设备的塑料薄膜覆盖的大棚，主要用于北方地区早春和晚秋的蔬菜生产，目前在园艺植物栽培与养护、矮化果树、林业育苗等经济作物的生产上得到了广泛应用。塑料大棚因其造价低、建造灵活、生产周期短、经济效益高，在最近几年来发展较快，是园艺生产栽培的主要设施之一。塑料大棚的类型很多，目前生产中应用的大棚，按棚顶形状可以分为拱圆形和屋脊形，我国绝大多数为拱圆形。按骨架材料则可分为竹木结构、钢架混凝土柱结构、钢架结构、钢竹混合结构等。按连接方式又可分为单栋大棚、双连栋大棚和多连栋大棚。我国自行研制了一些定型设计的装配式管家大棚，这类大棚大多采用热浸镀锌的薄壁钢管为骨架建造而成，具有重量轻、强度好、耐锈蚀、易于安装拆卸、中间无柱、采光好、作业方便等特点。

塑料大棚内的温度源于太阳辐射能。白天，太阳能提高了棚内温度；夜晚，土壤将白天贮存的热能释放出来，由于塑料覆盖，散热较慢，从而保持了大棚内的温度。但塑料薄膜夜间长波辐射量大，热量散失较多，常致使棚内温度过低。塑料大棚的保温性与其面积密切相关。面积越小，夜间越易于变冷，日较差越大；面积越大，温度变化缓慢，日较差越小，保温效果越好。近年来发展了无滴膜，薄膜上不着水滴，透光率较高，白天棚内温度增加，但夜间能较快地透过地面的长波辐射而降低棚内温度。

一、塑料大棚建设区应选择在什么地方

建造塑料大棚的地点，必须有充足的日光照射，地势开阔平坦，场地四周没有其他建筑物及树木遮阴。建棚处土壤要肥沃，有机质含量高，pH 6～8 为宜。排水良好，地下水位低；水源问题是塑料大棚场地选择的重要考虑因素，因为塑料大棚扣棚之后无法接受自然降水，必须靠人工浇灌来补充水分以满足蔬菜生长的需要，如果大棚建在离水源远的地方，水分供给就会成为大棚蔬菜的大问题；在选择地点时，还应注意避开一些污水和有害气体的污染源，交通方便，利于产品的运输外销。

注意：在大棚的北面和西北面宜有防风屏障，以防寒风侵袭。

二、大棚常用的覆盖材料有哪些

目前，生产上常用的棚膜主要有聚氯乙烯薄膜（PVC）、聚乙烯薄膜（PE）、聚乙烯长寿膜、聚乙烯无滴长寿膜、多功能膜等。

（一）聚氯乙烯薄膜（PVC）

这种薄膜是我国园艺生产使用最广泛的一种覆盖材料，具有透光性好，保温性强，耐高温日晒，雾点轻，耐酸，扩张力强，质地软，易于铺盖和粘补等特点。但其吸尘性强，难清洗，导致透光率下降。

（二）聚乙烯薄膜（PE）

聚乙烯膜透光性强，新膜透光率达 80％左右；无增塑剂污染，不易吸附尘土，不易粘连。其缺点是夜间保温性能较差，雾滴严重；扩张力、延伸力也不如聚氯乙烯，多用于可短期收获的作物的小棚上。

(三)聚乙烯长寿膜

这种薄膜以聚乙烯为基础原料,加入一定比例的抗氧化剂、紫外线吸收剂、防老化剂,使用寿命为1.5～2年。

(四)聚乙烯无滴长寿膜

这种薄膜以聚乙烯为基础原料,含有防老化剂和无滴性添加剂。使用寿命在2年左右。

(五)多功能膜

以聚乙烯为基础原料,加入无滴剂、保温剂、耐老化剂等多种添加剂,具有无滴、长寿、保温等多种功能。

三、大棚的规格有哪些要求

大棚一般高为1.8～2.0 m,宽6～8 m,长50～60 m,高跨比例为0.38∶0.40,单个大棚面积为333 m^2 左右。大棚过矮,种植者在大棚内进行农事活动无法伸展,且空间小保温性能差;大棚过高,浪费材料,容易遭受风害,稳定性差。两个大棚之间相距1.5～2.0 m,棚长根据大棚面积需要和地形灵活确定。

四、大棚搭建的方向有什么要求

因为南北向大棚的透光量要比东西走向高5%～7%,且光照分布均匀,棚内白天温度变化平缓,一般大棚应采用南北向。但是在春季气温不稳定、大风天气频繁的地区,建议采用东西走向建造。

五、怎样防御春季大棚风害的危害

进入春季以后,北方地区大风天气频繁,稍有不慎,就可能造成大棚棚膜被撕毁的现象。要做好风害的防御工作,主要采取以下措施:

(1)及时掌握气象预报信息,对近期数天内是否会出现大风天气做到心中有数,提前预防。

(2)常规性地对大棚进行全面检查,排除风害隐患。首先,检查压膜线,对松动的压膜线应重新拉紧;对已经老化的或断裂的压膜线,应及时更换。对压膜线设置较少的要及时增加压膜线数量,保证每隔1 m有一道压膜线。其次,保证钢架地锚固定结实。另外,还要确保棚膜没有破损,如发现破损应及

注意: 对已受损的塑料大棚,可改种甘蓝等耐低温、生长周期短的其他蔬菜。

早修补好。

(3)对已受损的塑料大棚,要根据受灾情况及时采取补救。

【方案设计】

(一)方案设计

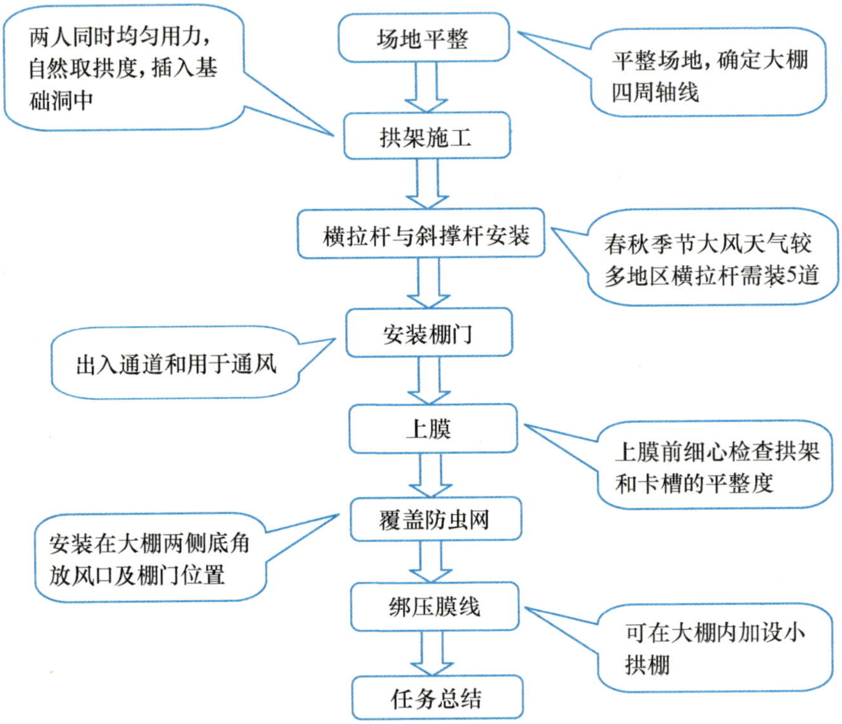

(二)学生模仿设计建造方案

1.学生分组,在教师的指导下,通过多种信息渠道查询资料。阅读课本、参考书,查阅有关网站、资源库,准备数码相机、记录本、卷尺、钢笔、铅笔等。

2.安排学生参观、考察大棚,访谈大棚建设人员、种植技术员或种植户,做好详细记录。每人写一份大棚设施建造方案。

3.小组讨论,推荐一份较好的方案,小组再进行充分地讨论,将每个同学好的思路,补充完善到一个方案中;每组选一个代表,在全班讲解小组的设计方案,组员补充方案的内容。

4. 组织全班同学讨论、评价各小组的方案，选出最佳方案，作为大棚建设方案实施。

【任务实施】

一、场地平整

确定好建设地点后，用水平仪材料测量地块高低，平整场地，确定大棚四周轴线。沿大棚四周以轴线为中心平整出宽 50 cm、深 10 cm 基槽。夯实找平，按拱杆间距垂直取洞，洞深 45 cm，待拱架调整到位后插入拱杆。拱架全部安装完毕，调整均匀、水平后，每个拱架下端做 0.2 m×0.2 m×0.2 m 独立混凝土基础，也可做成 0.2 m 宽、0.2 m 高的条形基础；混凝土基础上每隔 2 m 预埋压膜线挂钩。

二、拱架施工

在材料堆放地点就近找出 10 m×20 m 水平场地一块，水平对称放置 2 个拱杆，中间插入拱杆连接件，用螺丝连接。将连接好的拱杆沿根部画 40 cm 标记线，两人同时均匀用力，自然取拱度，插入基础洞中，40 cm 标记线与洞口平齐。拱杆间距 0.8～1 m，春秋季节大风天气较多地区拱杆间距取下限，风力较小地区拱杆间距取上限。

春秋季节大风天气较多地区横拉杆需装5道，主体拱架应定型。

三、横拉杆与斜撑杆安装

全部拱杆安装到位后，用端头卡及弹簧卡连接顶部一道横拉杆。横拉杆连接完成后，进行第一次拱架调整，达到顶部及腰部平直。

第一次调整后，安装第二道横拉杆，完成后再进行调整；依次安装第三道横拉杆。

拱架调整好后，在大棚两端将两侧 3 个拱架分别用斜撑杆连接起来，防止拱架受力后向一侧倾倒。

四、安装棚门

大棚两端安装棚门作为出入通道和用于通风，规格为 1.8 m×1.8 m。

注意：通风口设在拱架两侧底角处，采用上膜压下膜扒缝通风方式。

五、上膜

上膜要在无风的晴天中午进行。上膜时应分清棚膜正反面，将大块薄膜铺展在大棚上，将膜拉展绷紧，依次固定于纵向卡槽内，在底通风口沿上卡槽固定；两端棚膜卡在两端面卡槽内，下端埋于土中。棚膜宽度与拱架弧长相同，棚膜长度应大于棚长 7 m，以覆盖两端。上膜前要细心检查拱架和卡槽的平整度。薄膜幅宽不足时需粘合。粘合可用粘膜机或电熨斗进行，粘合前须分清膜的正反面。粘接要均匀，接缝要牢固而平展。

六、覆盖防虫网

防虫网安装在大棚两侧底角放风口及棚门位置。截取与大棚室等长的防虫网，宽度 1 m，上下两面固定于卡槽内，两端固定在大棚两端卡槽上。

七、绑压膜线

棚膜及通风口安装好后，用压膜线压紧棚膜，压膜线间距 2～3 m，固定在混凝土基础预埋挂钩上。根据种植需要，还可在大棚内用竹竿或竹片加设 1.5 m 高的小拱棚。

【复习思考题】

1. 塑料大棚是______________________________________。

2. 大棚常用的覆盖材料有____________、____________、____________和____________、____________。

3. 塑料大棚的建造方向有什么要求？

4. 防御春季风害的措施有哪些？

5. 简述大棚设计建造的要点。

任务二　温室建造技术

【案例导入】

山东省寿光市田马镇有“中国香瓜第一镇”的美誉，是伊丽莎白甜瓜种植专业区域，伊丽莎白甜瓜为一代杂交优良品种，瓜形圆，表皮光滑金黄色，果肉莹白芳香，含糖量高，抗性强，适应性广。当地瓜农采用日光温室进行甜瓜栽培，利用其结构牢靠、抗风保温效果好、节省能源的特点，积极探索，不断创新伊丽莎白甜瓜无公害栽培技术，摸索出了一套行之有效的一年三茬种植模式，产品销往全国各地并出口日本、俄罗斯及东南亚各国，市场前景非常广阔，每亩收入可达 1.5 万～2 万元，创造了良好的经济效益和社会效益。

【任务目标】

完成本学习任务后，你应该能

1. 了解温室的材料种类；
2. 熟悉温室的建造施工技术；
3. 发现并会分析温室建造施工中遇到的问题，能够提出解决的办法。

【相关知识】

温室是以透明覆盖材料作为全部或部分围护结构材料的特殊建筑，可以人工控制温、光、水、气等因子的一种性能较充分的保护设施，是目前设施园艺生产中最重要、最广泛的栽培设施，对环境因子的调控能力更强，更全面，并朝着智能化温室的方向发展。温室大型化、温室现代化、园艺生产工厂化已成为当今国际设施园艺栽培的主流。温室有许多不同的类型，对环境的调节控制能力也不同，在设施园艺生产中有不同的用途。通常，依温室结构形式、温度来源、建筑材料等，将温室分为日光温室、现代化温室等。

一、日光温室的类型有哪些

日光温室是适合我国北方地区特有的一种保护措施，它以塑料薄膜作为采光覆盖材料，以太阳辐射为热源，靠最大限度采光，加厚的墙体和后坡，以及防寒沟，保温材料室，防寒保温设备以最大限度减少散热，一般不需人工加温，防寒保温性好。

（一）山东寿光式日光温室

温室前坡较长，采光面大，增温效果好，后坡较短，增强保温性，晴好天气上午揭苫 1 h 左右，可增加棚内温度 10℃左右，夜间一般不低于 8℃。山东寿光式日光温室后墙高为 1.5～2.5 m，中柱高 1.5～3.5 m，前立柱高 0.6～1.0 m，跨度 10～13 m，这种类型的温室塑料顶面与地面夹角较小，冬季日光入射量少，但棚的跨度大，土地利用率高。此种日光温室适合于北纬 38°以南，冬季太阳高度角大于 28°的地区。图 1-2-1 所示为山东寿光式日光温室。

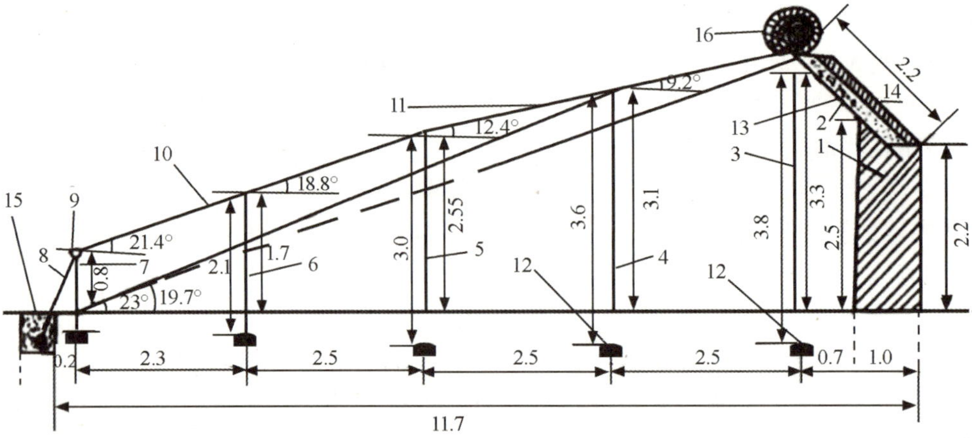

图 1-2-1 山东寿光式日光温室(单位:m)

1. 后墙 2. 檩条 3. 后立柱 4～6. 中立柱 7. 前柱 8. 截柱 9. 横杆 10. 拱杆 11. 棚膜 12. 基石 13. 后坡保温材料 14. 草泥和塑料膜 15. 防寒沟 16. 草苫

（二）北方通用型日光温室

这种温室一般不设中柱、前柱。拱杆用圆钢或镀锌钢管制成，每间宽 3～3.3 m，每间设一通风窗，后屋面多采用水泥盖板，通常设置烟道加温。具体结构见图 1-2-2。跨度 6～8 m，后墙至背柱间距（包括烟道及人行道）1.2 m，走道不下挖，前肩高 80 cm，中肩高 2～3 m，后墙高 1.5～2 m，砖砌空心墙，厚约 50 cm，内填炉渣等保温材料。

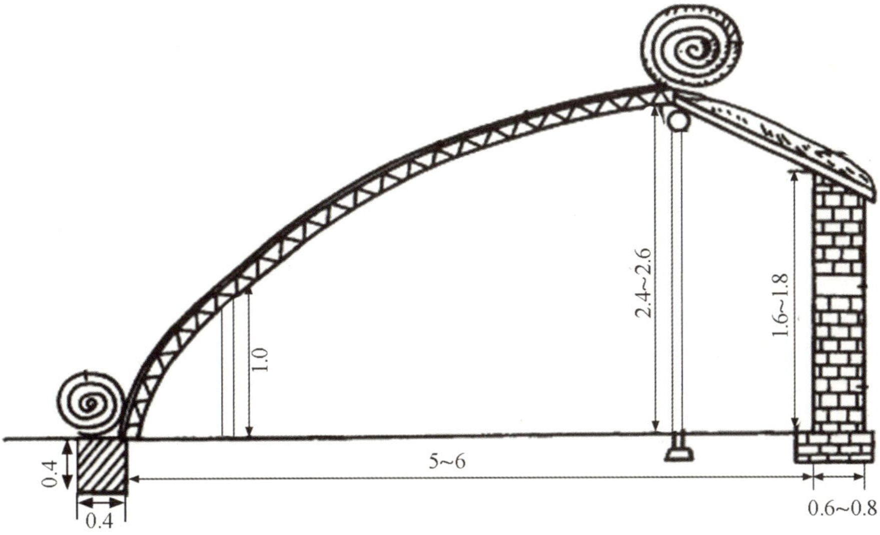

图 1-2-2　日光温室（单位：m）

（三）全日光温室

在北方地区又称钢拱式日光温室、节能温室，主要利用太阳能作热源，近年来，在北方发展很快。这种温室跨度为 5～7 m，中高 2.4～3.0 m，后墙厚 50～80 cm，用砖砌成，高 1.6～2.0 m，钢筋骨架，拱架为单片行架，上弦为 14～16 mm 的圆钢，下弦为 12～14 mm 圆钢，中间为 8～10 钢筋作拉花，宽 15～20 cm。拱架上端搭在中柱上，下端固定在前端水泥预埋基础上。拱架间用 3 道单片桁架花梁横向拉接，以使整个骨架成为一个整体。温室后屋面可铺泡沫板和水泥板，抹草泥封盖防寒。后墙上每隔 4～5 m 设一通风口，有条件时可加设加温设备。此种温室为永久性建筑，坚固耐用，采光性好，通风方便，易操作，但造价较高。

二、现代化（大型连栋）温室主要由哪些系统组成

现代化温室（简称连栋式温室或智能温室）是园艺植物栽培实施中的高级类型，设施内的环境实现了计算机自动控制，基本上不受自然气候条件下灾害性天气和不良环境条件的影响，能周年全天候进行园艺植物生长的大型温室，适于园艺植物的工厂化生产。现代化温室按屋面特点主要分为屋脊型和拱圆形两类。屋脊型温室主要以玻璃作为透明覆盖材料，拱圆形温室主要以塑料薄膜为透明覆盖材料。

(一)框架结构

框架结构由基础、骨架、排水槽(天沟)组成。基础是连接结构与地基的构件,由预埋件和混凝土浇筑而成,塑料薄膜温室基础比较简单,玻璃温室较复杂,且必须浇注边墙和端墙的地固梁。骨架包括两类:一类是柱、梁或拱架都用矩形钢管、槽钢等制成,经过热浸镀锌防锈蚀处理,具有很好的防锈能力;另一类是门窗、屋顶等为铝合金型材,经抗氧化处理,轻便美观、不生锈、密封性好,且推拉开启省力。排水槽将单栋温室连接成连栋温室,同时又起到收集和排放雨(雪)水的作用。排水槽自温室中部向两端倾斜延伸,坡降多为 0.5%。连栋温室的排水槽在地面形成阴影,约占覆盖地面总面积的 5%。

注意: 在保证结构强度和排水顺畅的前提下,排水槽结构形状对光照的影响尽可能最小。

(二)覆盖材料

理想的覆盖材料应是透光性、保温性好,坚固耐用,质地轻,便于安装,价格便宜等。屋脊型温室的覆盖材料主要为平板玻璃、塑料板材和塑料薄膜。拱圆形温室大多采用塑料薄膜。玻璃保温透光好,但其价格高,重量大,易损坏,维修不方便。塑料薄膜价格低廉,易于安装,质地轻,但易污染老化,透光率差。近年来新研究开发的聚碳酸酯板材(PC 板),兼有玻璃和薄膜两种材料的优点,且坚固耐用不易污染,唯其价格昂贵,还难以大面积推广。

(三)自然通风系统

通风窗面积是自然通风系统的一个重要参数。空气交换速率,取决于室外风速和开窗面积的大小。自然通风系统有侧窗通风、顶窗通风或两者兼有 3 种类型。通风窗的开启是由机械系统来完成的。

(四)加热系统

现代化温室因面积大,没有外覆盖保温防寒,只能依靠加温来保证寒冷季节作物的正常生长。加温系统采用集中供暖分区控制,主要有热风采暖、热水采暖、热气采暖等方式。

(五)帘幕系统

帘幕系统具有双重功能,即在夏季可遮挡阳光,降低温室内的温度,一般可遮阴降温 7℃左右;冬季可增加保温效果,降低能耗,提高能源的有效利用率,一般可提高室温 6～7℃。帘幕材料有多种形式,较常用的一种采用塑料线编织而成,并按保温和遮阳的不同要求，嵌入不同比例的铝箔。帘幕开闭是由机械驱动机构来完成的。

（六）计算机环境测量和控制系统

这是现代化日光温室最重要的特征。计算机环境测控系统，是创造符合作物生育要求的生态环境，从而获得高产、优质的产品。调节和控制的气候目标参数包括温度、湿度、CO_2 浓度和光照等。针对不同的气候目标参数，采用不同的控制设备。

（七）灌溉和施肥系统

完善的灌溉和施肥系统，通常包括水源、贮水及供给设施、水处理设施、灌溉和施肥设施、田间网络、灌水器（滴头、喷头等）。在土壤中栽培时，作物根区土层下需铺设暗管，以利于排水；基质栽培中，可采取肥水回收装置，将多余的肥水收集起来，重复利用或排放到温室外面。

此外，大型连栋现代化温室还装备有二氧化碳气肥装置等。

三、温室的常用覆盖材料有哪些

目前温室大多采用塑料薄膜、塑料板材或玻璃覆盖。

1. 聚乙烯（PE）普通薄膜

该类薄膜透光性好，无增塑剂污染，吸尘轻，透光率下降缓慢，耐低温性强，低温脆化温度为－70℃，比重轻（0.92）；透光率较强，红外线透过率高达87%以上；其导热率较高，夜间保温性较差；透湿性差，易附着水滴；不耐日晒，高温软化温度为50℃；延伸率达400%；弹性差，不耐老化，一般只能连续使用4～6个月。

2. 聚氯乙烯（PVC）普通薄膜

这种薄膜新膜透光性好，但随时间的推移，增塑剂渗出，吸尘严重，且不易清洗，透光率锐减；红外线透过率比PE膜低10%，夜间保温性好；高温软化温度为100℃，耐高温日晒，弹性好，延伸率小（180%），耐老化，可连续使用一年左右；易粘补；透湿率比PE膜好，雾滴较轻；耐低温性差，低温脆化温度为－50℃，硬化温度为－30℃；比重大。这种薄膜适于长期覆盖栽培。

3. 聚乙烯（PE）长寿薄膜

又称PE防老化薄膜。在生产原料中按一定比例加入紫外线吸收剂、抗氧化剂等防老化剂，以克服普通薄膜不耐高温日晒、不耐老化的缺点，延长使用寿命，可连续使用两年以上。其他特点与PE普通薄膜相同，可用于北方寒冷地区长期覆盖栽培，但应注意清洁膜面，以保持较好的透光性。

4.聚氯乙烯(PVC)无滴膜

在PVC普通膜原料配方基础上,按一定比例加入表面活性剂(防雾剂),使薄膜下表面的凝聚水在膜面形成一层水膜,沿膜面流入低凹处不形成露珠,可降低温室内的空气湿度,减轻由水滴侵染的园艺植物病害,避免了对阳光的漫射和吸热蒸发的耗能,温室内晴天升温快,对园艺植物的生长发育有利。

5.塑料板材

一般有聚乙烯塑料板和丙烯树脂板等类型,厚度2~3 mm,有平板和波形板之分。丙烯树脂板是以丙烯酸诱导体为主要原料制成的产品,它具有优良的透光性,透光率高达92%,保温性好。但是耐冲击性和耐热性较差,使用寿命5年。利用塑料板材作温室覆盖材料可以一次建造,多年使用,省工,寿命长,其透光、保温性、抗风雪能力均优于塑料薄膜,是温室覆盖材料的发展方向。

四、温室的内部设备有哪些

(一)台架

有平台和级台两种形式。平台常设于单屋面温室南侧或双屋面温室的两侧,在大型温室中也可设于温室中部。平台一般高80 cm,宽80~100 cm,若设于温室中部宽度可扩大到1.5~2 m。级台在单屋面温室常靠北墙,台面向南;在双屋面温室常设于温室正中。

(二)栽培床

有地床和高床两种。与温室地面相平的称为地床,高出地面的称为高床。高床四周由砖或混凝土筑成,其中填入培养土(或基质)。栽培床易于保持湿润,土壤不易干燥;土层深厚,园艺植物生长良好,更适于深根性及多年生园艺植物生长;设置简单,用材经济,投资少;管理简便,节省人力。

注意: 地床存在通风不良,日照差,难以严格控制土壤温度的缺点。

(三)繁殖床

除繁殖温室内,在一些小规模生产栽培或教学科研栽培中,也常设置繁殖床。有的直接设置在加温管道上,有的采用电线加温。以南向采光为主的温室,繁殖床多设于北墙,大小视需要而定,一般宽约1 m,深40~50 cm,其中填入基质即可。

(四)灌溉设备

现代化温室多采用计算机控制的滴灌或喷灌,定时定量地供应园艺植物生长发育所需要的水分,温室的排水系统,除天沟落水槽外,可设立柱为排水管,室内设暗沟、暗井，以充分利用温室面积，并降低室内湿度，减少病害的发生。

(五)通风及降温设备

(1)自然通风。利用温室内的门窗进行空气自然交流的一种通风形式。在温室设计时，一般能开启的门窗面积不应低于覆盖面积的30%。自然通风可手工操作和机械自动控制。

(2)强制通风。用空气循环设备强制把温室内的空气排到室外的一种通风形式。大多应用于现代化温室内，由计算机自动控制。

(3)降温设备。温室内除采用通风降温外，还安装喷雾、制冷设备进行降温。喷雾设备通常安装在温室上部，通过雾滴蒸发吸热降温。喷雾设备只适用于耐高空气湿度的园艺植物。制冷设备投资较高，一般用于人工气候室。

(六)加光、遮光设备

为满足不同生长特点的园艺植物对光照的需求，如长日性园艺植物在短日照条件下生长，就需要在温室内设置灯源，以增强光照强度和延长光照时数；若短日性园艺植物在长日照条件下生长，则需要遮光设备，以缩短光照时数。遮光设备需要黑布、遮光膜、暗房和自动控光装置。

(七)加温设备

温室加温的主要方法有热水、蒸汽、热风、电热等。

(1)热水加温。用锅炉加温使水达到一定的温度，然后经输水管道输入温室内的散热管，散发出热量，从而提高温室内的温度。热水加温一般将水加热至80℃左右即可。

(2)蒸汽加温。有锅炉加温产生热蒸汽，然后通过蒸汽管道和散热管在温室内循环，散发出热量，维持室内温度。

热水或蒸汽加温所用的散热管，均采用排管或圆翼形管，有时也用暖气片。通常设置于温室内四周短墙上或植物台下，连栋式温室常置于两栋间结合部位。

(3)热风加温。又称暖风加温，用风机将燃料加热产生的热空气输入温室，达到升温的一种加温方式。热风加温的设备通常有燃油热风机和燃气热风机。

(八)防虫网

温室是一个相对密闭的空间，室外昆虫进入温室的主要入口为温室的顶窗和侧窗，防虫网就设于这些开口处。防虫网可以有效地防止外界害虫进入温室，使温室中园艺植物免受病虫害的侵袭，减少农药的使用。安装防虫网要特别注意防虫网网孔的大小，并选择合适的风扇，保证使风扇能正常运转，同时不降低通风降温效率。

五、温室附带的建筑设施有什么

1. 工作房

园艺植物栽培有许多细致的室内工作，如盆花的翻盆，上盆与换盆，园艺植物的嫁接繁殖，切花的分级、包装，种子的分选等，均需在与温室相连的工作房中进行。

2. 种子房

园艺植物种类繁多，每个种类又有不同的园艺品种及变种。根据种子贮藏的要求，设置种子房，以保持种子的生活力。种子房要求通风干燥，蔽荫冷凉，最好有空调设备，便于调节贮藏温度，还要设有装盛种子的容器、贮藏架等。

3. 工具材料房

园艺植物栽培需要多种工具，有大大小小的生产工具，机具设备，各种肥料，花盆等材料，都需井井有条地贮存在工具材料仓库中，以利生产所需。

注意： 屋面角度既要尽量多地吸收太阳辐射能，又要符合工程结构的合理性。

六、温室设计的基本要求有哪些

1. 符合当地的气候条件

不同地区的气候条件各异。温室的性能只有符合使用地区的气候条件，才能充分发挥其作用。如在我国南方地区夏季潮湿闷热，只需简单的冷室设备即可进行栽培生产，若设计成具备完善加温设施的温室，则不经济适用。

2. 满足园艺植物的生态要求

温室内的主要环境因子，如温度、湿度、光照、水分、空气等，都要适合栽培园艺植物的生态要求。不同园艺植物的生态习性不同，同一种园艺植物在不同生长发育阶段，对环境条件也有不同的要求。因此，设计温室，除了了解温室设置地区的气候条件之外，还应熟悉园艺植物的生长发育对环境的要求，从而设计出科学合理、经济实用的温室。

3. 地点选择

建造温室的理想场所应选择在地形开阔，地势平坦，避风向阳，土质良好，水源充足，交通方便，排水良好的场地。

4. 场地规划

在进行较大规模的温室生产时，所有温室和其他栽培设施应尽可能集中以方便管理和保温，但彼此应以不遮光为原则。温室的合理间距取决于温室设置地的纬度和温室高度，当温室为东西向延长时，南北两排温室间的距离，通常为温室高度的 2 倍；当温室为南北向延长时，东西两排温室间的距离，应为温室高度的 2/3；当温室高度不等时，其高的应设在北面，矮的设置在南面。工作室及锅炉房设置在温室北面或东西两侧。若要求温度内部设施完善，可采用连栋式温室，内部可分成独立单元，分别栽培不同的园艺植物。

5.温室屋面角度的确定

太阳辐射能是温室热量的基本来源之一。温室获取太阳辐射能量的多少，取决于太阳的高度角和温室南向屋面的倾斜角度。通常以入射角不小于 60°，南向玻璃屋面倾斜度应不小于 33.4°，其他纬度地区，可参照北京地区适当安排。

【方案设计】

(一)方案设计

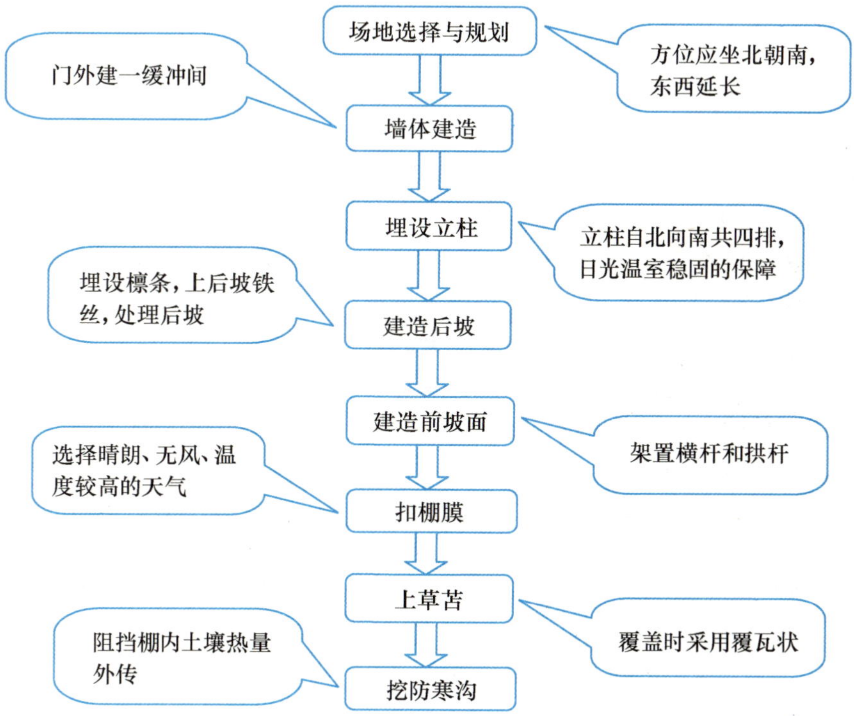

(二)学生模仿设计生产方案

1.在教师的指导下，学生 4～5 人 1 组，通过多种信息渠道查询资料。

2. 安排学生参观、考察日光温室，访谈温室设计员或施工队，并做好详细记录。

3. 每人写一份温室设施建造方案。小组讨论，推荐一份较好的方案，将每个同学好的思路，补充完善到一个方案中。

4. 每组选一个代表，在全班讲解小组的设计方案，组员补充方案的内容。组织全班同学讨论、评价各小组方案，选出最佳方案，作为温室建造方案实施。

【任务实施】

一、场地选择与规划

建设日光温室的地点应选择要求地形开阔，避风、向阳、地势平坦，周围无高大树木、建筑物遮阳，并且近年内不列入当地建设规划之内的地块；土层疏松肥沃，质地为壤土，土层深厚，无盐渍和其他污染；有水电条件，排灌方便，交通便利。

日光温室的方位坐北朝南，东西延长，采光面朝向南偏西 8°，以充分延长下午光照时间，为漫长寒冷夜间积累更多的热量，降低棚内日夜温差，确保茄果类喜温作物生长。

二、墙体建造

建棚地址选好后，要按照设计的日光温室跨度和长度，先在场地的最北边两头定点打上灰线。然后，用夯或杵打实后墙的地基。同时按此法打线打实两个山墙的地基。建成墙用土要从距墙基 1.5 m 远的墙外挖取，不能从温室内取土，以防打乱土层，影响作物的生长。打制墙体多用小麦秸秆和成草泥，用铁锹取泥培墙，边培边打出垂直于地面的墙面，这样制成的土墙防寒保温性能较好，且结实耐用。墙的厚度在 1 m 左右。因墙厚，后墙后沿高 2 m，前沿高 2.2 m。山墙顶高 2.9 m(建成后的山墙顶高 3 m)。建山墙时，在温室的一头要留出高 1～1.5 m，宽 0.5～0.8 m 的门口，北方地区冬季西北风较多，在东山墙留门口较好。为了防止外界冷空气顺势进入温室内，最好门外建一缓冲间，缓冲间的大小可根据具体情况而定，如果缓冲间较大，可作为工作室或工具室用。

为防止土壤水分沿着墙体上返，需在墙体基础上面铺上塑料薄膜，然后开始砌墙。

三、埋设立柱

将预制好的钢筋水泥混凝土立柱运到棚内，然后按规定尺寸挖坑、填基石、竖埋立柱。此种大棚的立柱自北向南共四排。

第一排立柱也叫后立柱，是支撑后坡面和前坡面顶部以及草苫的主要立柱，所以承受的重量最大。后立柱总长 3.3 m，需埋入地下 0.5 m，地上高度 2.8 m，东西相邻后立柱的距离 1.8 m，距后墙 0.8 m。

埋后立柱的具体方法：在离后墙 0.8 m 处挖长度各 30～40 cm、深 60～70 cm 的坑，在坑内放一块面积至少大于立柱横截面积 1～2 倍的基石，基石的作用是防止立柱受压后下沉。立柱放坑内时，要注意其顶端的槽口应顺南北方向，以便于放置拱杆，后立柱顶端应向后墙方向倾斜 5 cm(即顶端按垂线位置向北倾 5 cm)，以平衡坡的重力，埋土时要分层进行，逐层捣实。

第二排立柱也叫中立柱Ⅰ，总长 3.1 m，埋入地下 0.5 m，地上部分 2.6 m，距第一排立柱 2 m，同排相邻立柱相距 3.6 m。顶端的槽口也应顺南北方向，埋立柱方法同第一排，但要垂直。

第三排立柱也叫中立柱Ⅱ，总长 2.2 m，埋入地下 0.4 m，地上部分 1.8 m，距第二排立柱 2 m，同排相邻立柱相距 3.6 m。顶端槽口顺南北方向，也要求埋立得牢固垂直。

第四排立柱也叫前立柱，总长 1.2 m，埋入地下 0.4 m，地上 0.8 m，同排相邻前立柱的距离 1.8 m，其顶端槽口也应顺南北方向，挖坑埋立柱方法与前立柱相同。

在前立柱以南 20 cm 处，有排向北倾斜的斜柱，也叫戗柱，其上部面在前立柱顶端的横杆上，其作用是架设横杆和承担大棚前坡重力的向南分力。戗柱总长 1.2 m，需埋入地下 0.38 m，埋戗柱时应在前立柱南 0.2 m 处挖坑，使戗柱上端斜靠前立柱埋入。戗柱顶端的槽口顺东西向，以便在其上架置横杆。

四、建造后坡

后坡对整个大棚的御寒保温、承担重量的作用极为重要，建大棚时要严格按操作规程，物料的质量要求较高。

(一)埋设斜棒

斜棒也叫檩条，应采用长 2.2 m、直径 9 cm 左右的园木(若用刺槐等优质园木，直径 6～7 cm 粗的即可)，在斜棒一头距上端 5 cm，处锯一凹形切口，切口搭在后立柱上，另一端搭放在后墙上，然后添草泥使后墙顶部呈与园木上缘平行的斜面。每一后立柱上安放一根斜棒。山墙上安放上斜棒后，添草泥使斜棒正好埋入山墙中。

(二)上后坡铁丝

后坡铁丝共用6根东西向拉紧铁丝。其中一根在斜棒下面,近后立柱处作吊线,两根合并在后坡斜棒上端,其他三根均匀铺在后坡斜棒上。拉铁丝时,先把铁丝的一头固定在坠石备接铁丝上,放好后在另一头拉紧并固定在坠石备接铁丝上,每根拉紧拉好的铁丝,均用钉子固定在后坡的每根斜棒上,以防下滑。

(三)处理后坡

把宽3 m、厚0.01 mm的聚乙烯薄膜铺在后坡铁丝上,并铺盖后坡下端墙体斜坡。把玉米秸秆捆成直径10～20 cm的小捆,紧密地排在塑料薄膜上,玉米秸秆应铺的长出立柱顶部20～30 cm,玉米秸秆上面再盖30 cm厚的草泥。后坡下面(即后墙上部北半边)应尽量做成"Z"形,以便揭盖草苫时人员在此行走。为进一步加强后坡的保温性能和防雨雪淋湿后坡保温层,可在后坡表面再盖一层旧塑料薄膜。

五、建造前坡面

在两山墙前坡上各放置两根长7 m、直径10 cm左右的木棒作垫木,并添草泥使木棒正好埋入山墙内。

(一) 架置横杆和拱杆

在戗柱上端槽口应顺着东西方向依次绑好横杆,横杆是长6～7 m、直径7 cm左右粗的竹竿。同时绑好南北坡向的拱杆,拱杆是用8.5 m左右、直径9 cm左右的竹竿,拱杆应呈拱形,并紧紧嵌入前、中、后立柱顶端的槽口中,用12号铁丝穿过立柱槽口下边预制孔,把拱杆绑牢固。拱杆与横杆衔接处要整平整,并用旧塑料薄膜或布条缠起来,以防扎坏棚膜。

> 绑好后的所有拱杆必须保证在同一拱面上。

(二)上前坡铁丝

前坡共用拉紧铁丝20根,其中三根要均匀地放在拱杆下面作吊线用,另外17根在拱杆上均匀铺设,其间隔距离在45 cm左右,并拉紧固定在两山墙外的坠石备接铁丝上。最靠顶部的一根铁丝与后立柱上斜棒顶端处铁丝之间的距离约为20 cm,以增强顶部承担草苫的力量。拱杆上与拉紧铁丝交叉处,应锯一个小缺口,使铁丝嵌入缺口,再用12号铁丝绑牢,以防拉紧铁丝下滑。

(三)绑垫杆

为了防止棚内的膜水被拉紧铁丝阻挡而流滴到作物上和便于棚膜的固定,在拉紧铁丝上要绑上垂直于拉紧铁丝的细竹竿，即垫杆。垫杆是用直径 2 cm 左右、长 2～3 m 的细竹竿，几根竹竿接起来，从大棚前沿一直到棚顶，并用细铁丝绑在东西拉紧的铁丝上，相邻垫杆的间距为 60 cm 左右。

绑上垫杆后，至此整个大棚的骨架就搭成了。

对粘合在前窗处整体棚膜外面的敞盖通风口的薄膜，也要拉紧后拴在相应的拉连小钢圈上。

六、扣棚膜

(一)上膜前准备

选择晴朗、无风、温度较高的天气，于中午进行上膜。在上膜之前先把塑膜置于阳光下晒软，然后用长 7.5 m，直径 5～6 cm 的两根竹竿，分别卷起棚膜的两头，再东西同步展开放到大棚前坡架上。当棚顶和前缘的人员都抓住棚膜的边缘，并轻轻地东西向拉棚膜，把棚膜拉的绷紧，随即把卷膜竹竿分别绑于山墙外侧的铁丝上，并用大铁钉固定于山墙外侧。在上棚膜时，由上坡往下坡展顺膜面，在顶部留出 20 cm 宽与大棚一样长的天窗通风口不盖整体膜。在大棚的前窗膜垂到地面后要多留出 30～50 cm 宽盖在地面上，并以土压严，穿于整体棚膜天窗通风口边裤鼻里的 14 号铁丝，在上膜后要东西拉紧，两头固定住。上完整体棚膜，随即上天窗通风口敞盖膜，将其有裤鼻里的 14 号铁丝联同薄膜一块轻轻地伸展开，当此膜对准覆盖南坡 35 cm 宽(即盖过天窗通风口，与整体棚膜压缝 15 cm)盖过棚脊及后坡 33 cm 宽时，将其拉紧，用泥把盖在后坡及棚脊上的一边压住，并泥严，以防止透风。在东西两山墙内侧的对应天窗通风口处，置有套小钢圈的拉连，把穿在天窗通风口敞盖棚膜裤鼻里的 14 号铁丝拉紧后，拴于拉连的小钢圈上，这样就可通过拉连很方便地拉盖、拉敞天窗通风口棚膜。

(二)上压膜杆或上压膜线

在棚膜上要绑上与垫付杆上下相对的压膜杆，压膜杆是用直径 1.5 cm、长 2～3 m 的细竹竿，2～3 根竹竿接起来，沿垫杆放置好，用 18 号铁丝穿透棚膜，把垫杆和压膜杆绑在一起，每根竹竿上绑 2～3 道细铁丝。但靠近大棚顶部 30 cm 不绑，以便放风，穿铁丝绑垫杆和压膜杆时务必小心，穿孔越小越好，若穿孔过大，会造成透风散温，影响大棚保温性能，甚至引起棚膜损坏。

七、上草苫(草帘)

大棚的草苫一般用稻草和尼龙绳打成。草苫的长度，一般是从棚脊至前窗脚外地面的长度再加长 1.5 m。一般草苫的厚度为 4～6 cm、1.1～1.3 m 宽。在棚顶的后边有一道东西向拉紧的 8 号铁丝，把草苫从后坡搬至棚顶后部，一头固定在铁丝上，同时在草苫底下固定两根套拉草苫的拉绳，每根拉绳的长度应为草苫长度的 2 倍再加 2 m，拉绳最好是尼龙防滑绳或麻绳，以便于放、拉草苫，对棚面盖、敞。有的每床草苫用 1 根拉绳。草苫应从东至西依次摆放，覆盖时采取覆瓦状，即从西边一床草苫的东边，压着东边一床草苫西边 10 cm，从大棚的后坡顶部覆盖到前坡前窗脚前的地面。

八、挖防寒沟

防寒沟能有效地阻挡棚内土壤热量外传，防止棚前沿作物根系受低温伤害。故防寒沟是冬暖型节能大棚的重要结构部分，具体做法是在大棚前沿外侧挖一条深、宽各 40～50 cm，长与棚长相同或略长于棚长的沟，整平沟底后垫入一层旧塑料薄膜，以防止地下水分上返，然后填入 45 cm 厚并经压实的麦糠、杂草等保温材料。上面覆盖一层不漏水的旧塑料薄膜，并用土盖住。

大棚建成后不宜立即应用，应密封半月，利用晴日棚内的光照和高温（可达 60～70℃）对棚内的环境进行消毒灭菌，以杀灭病菌和害虫。经过密封消毒灭菌后的大棚可进行整土、施肥、定植作物。

【知识拓展】

园艺设施环境调控

园艺设施为植物生长提供了有利的基础条件，但是其内的环境条件并不能完全满足园艺植物生长发育的需要，因此，必须对设施内的环境进行调控，使之满足植物各生育时期的要求，才能提高园艺植物的产量和质量，达到高产高效的目标。在诸多设施环境因子中，温度、光照、湿度、气体、土壤环境等对植物生长发育的影响尤为重要。

一、温度调控

温度是设施环境管理的关键问题之一，做好设施内的越冬温度和度夏温度的调节，以保证设施植物的安全越冬和安全度夏，就可以减少园艺植物的季节性损失。

（一）降温调控

夏季日照强烈，气温高，设施内温度往往升至 40℃以上，对园艺植物的生长发育极为不利，因此，夏季设施内降温工作不可忽视。设施内夏季降温的常用措施主要有以下三种：

(1)通风降温。温室的自然通风主要是靠顶开窗来实现的，让热空气从顶部散出。简易温室和日光温室一般用人工掀起部分塑料薄膜进行通风，还利用排风扇作为换气的主要动力，强制通风降温。排风扇一般和水帘结合使用，组成水帘——风扇降温系统。当强制通风不能达到降温目的时，水帘开启，启动水帘降温，通风除降温作用外，还可降低设施内湿度，补充 CO_2 气体，排除室内有害气体。

注意：喷雾降温效果很好，但整个系统比较复杂，对设备的要求很高，造价及运行费用都较高。

(2)蒸发降温。利用水蒸发吸热来降温，同时提高空气的湿度。蒸发降温过程中必须保证温室内外空气流动，将温室内高温、高湿的气体排出温室并补充新鲜空气，因此必须采用强制通风的方法。高温高湿的条件下，蒸发降温的效率会降低。还可以采用喷雾降温，直接将水以雾状喷在温室的空中，雾粒直径非常小，只有 50～90 μm，可在空气中直接汽化，雾滴不落到地面。雾粒汽化时吸收热量，降低温室温度，其降温速度快，蒸发效率高，温度分布均匀，是蒸发降温的最好形式。

(3)遮阴网降温。利用遮阳网(具一定透光率)减少进入温室内的太阳辐射，起到降温效果。遮阴网还可以防止夏季强光、高温条件下导致的一些阴生植物叶片灼伤，缓解强光对植物光合作用造成的光抑制。遮阴网遮光率的变化范围为 25%～75%，与网的颜色、网孔大小和纤维线粗细有关。遮阴网的形式多种多样，目前常用的遮阴材料，主要是黑色或银灰色的聚乙烯薄膜编网，对阳光的反射率较低，遮阴率为 45%～85%。

(二)保温和加温系统

通常情况下，温室通过覆盖材料散失的热量损失占总散热量的 70%，通风换气及冷风渗透造成的热量损失占 20%，通过地下传出的热量损失占 10%以下。因此，提高温室保温性途径主要是增加温室围护结构的热阻，减少通风换气及冷风渗透。生产中使用的采暖方式主要有热水式采暖、热风式采暖、电热采暖和红外线加温等。

(1)热水加温。热水采暖系统由热水锅炉、供热管道和散热设备 3 个基本部分组成。热水采暖系统运行稳定可靠，是玻璃温室目前最常用的采暖方式。其优点是温室内温度稳定、均匀，系统热惰性大，温室采暖系统发生紧急故障，临时停止供暖时，2 h 内不会对作物造成大的影响。其缺点是系统复杂，设备多，造价高，设备一次性投资较大。

(2)热风加温。热风加温系统由热源、空气换热器、风机和送风管道组成。热风加温系统的热源可以是燃油、燃气、燃煤装置或电加温器，也可以是热水或蒸汽。为了使热风在温室内均匀分布，由通风机将热空气送入均匀分布在温室中的通风管。通风管由开孔的聚乙烯薄膜或布制成，沿温室长度布置。通风管重量轻，布置灵活且易于安装。

热风加温系统的优点是温度分布均匀，热惰性小，易于实现快速温度调节，设备投资少。其缺点是运行费用高，温室较长时，风机单侧送风压力不够，造成温度分布不均匀。

(3)电加温。电加温系统一般用于热风供暖系统。另外一种较常见的电加温方式是将电热线埋在苗床或扦插床下面，用以提高地温，主要用于温室育苗。

二、光照管理

设施栽培的植物有些种类要求较强的光照，有的长日照植物在短日条件下，要求进行光周期补光，有的要求给予一定的遮阴才能生长良好。

(一)遮光措施

通过使用遮光幕可以缩短日照时间。用完全不透光的材料铺设在设施顶部和四周，或覆盖在植物外围的简易棚架的四周，严密搭接，为植物临时创造一个完全黑暗的环境。常用的遮光幕有黑布、黑色塑料薄膜两种，现在也常使用一种一面白色反光、一面为黑色的双层结构的遮光幕。

(二)补光措施

补光的目的一是延长光照时间，二是在自然光照强度较弱时，补充一定的光照，以促进植物生长发育，提高产量和品质。补光方法主要是用电光源补光。用于温室补光的光源主要有白炽灯、荧光灯、高压汞灯、金属卤化物灯、高压钠灯。它们的光谱成分不同，使用寿命和成本也有差异。除用电灯补光外，在温室的北墙上涂白或张挂反光板(如铝板、铝箔或聚酯镀铝薄膜)将光线反射到温室中后部，可明显提高温室内侧的光照强度，可有效改善温室内的光照分布。这种方法常用于改善日光温室内的光照条件。

三、气体调控

由于栽培设施内长期处于密闭状态，通风换气受到制约，使设施内的大量CO_2被消耗之后得不到及时补充，严重影响了光合作用的正常进行。因此，对栽培设施内增施二氧化碳气肥，可促进园艺植物作物的生长和发育进程，增加产量，提高品质，促进扦插生根，促进移栽成活，还可增强园艺植物对不良环境条件的抗性，已经成为温室生产中的一项重要栽培管理措施。目前，蔬菜生产

注意：二氧化碳最佳释放时间为晴天10～11时、13～14时，阴雨天或低温时不宜施用。

中多采用化学反应产生CO_2，或采用CO_2燃烧发生器等方法进行CO_2施肥，补充二氧化碳的时间，一般在晴天日出后0.5 h开始。

四、湿度调控

（一）设施内的湿度主要指空气相对湿度和土壤湿度

通常情况下，温室的空气相对湿度偏高，特别是冬季和雨季，当相对湿度超过85%时，对园艺作物生长不利，一方面容易抑制作物的正常蒸腾和诱发真菌病害；另一方面易引起温室结露，降低温室的透光率。温室的排湿可借助于通风设施或通过升温来达到降低湿度的目的，还可以采用无土栽培的方法和地面覆盖来减少室内湿度。但在北方的春、夏季节和南方的夏、秋季节，则会出现相对湿度偏低的问题，易诱发病毒病和白粉病，并引起花瓣卷曲和花瓣边缘失水干枯，对园艺植物作物的正常生长造成障碍。所以，温室内也必须增设微喷加湿设施，根据不同品种对湿度进行调节，把温室内的空气相对湿度白天控制在60%～85%，夜间控制在50%～70%，才能有利于多数园艺植物作物的正常生长。

（二）土壤湿度的调节通过灌溉进行

目前使用的灌溉方式主要有漫灌、喷灌（移动式和固定式）、滴灌、渗灌等。漫灌无法精确控制灌溉的水量，也无法达到均匀灌溉的目的，常造成水肥的浪费。典型的滴灌系统由贮水池（槽）、过滤器、水泵、注肥器、输入管道、滴头和控制器等组成。使用滴灌系统时，应注意水的净化，以防滴孔堵塞，一般每盆或每株植物一个滴箭。固定式喷灌是喷头固定在一个位置，对作物进行灌溉的形式，目前温室中主要采用倒挂式喷头进行固定式喷灌。固定式喷灌还适用于露地园艺植物生产区及花坛、草坪等各种园林绿地的灌溉。移动式喷灌采用吊挂式安装，双臂双轨运行，从温室的一端运行到另一端，使喷灌机由一栋温室穿行到另一栋温室，而不占用任何种植空间，一般用于育苗温室。

是将带孔的塑料管埋设在地表下10～30 cm处，通过渗水孔将水送到作物根区，借毛细管作用自下而上湿润土壤。渗灌不冲刷土壤、省水、灌水质量高、土表蒸发小，而且降低空气湿度。

注意： 渗灌的缺点是土壤表层湿度低、造价高，管孔堵塞时检修困难。

五、土壤消毒

由于保护地设施的相对固定和保护地生产的多年连茬种植，常造成土壤和棚室中的病原菌、虫卵积累，尤其是一些土传病虫害连年发生，土壤消毒是控制土传病虫害的重要措施之一。棚室土壤消毒常用三种方法，即日光消毒、蒸汽消毒和药剂消毒法。日光消毒，主要是封闭棚室后，利用夏季的自然高温来杀灭土壤病原菌和害虫虫卵；蒸汽消毒一般是将土壤用塑料膜或篷布盖严，然后利用金属管将蒸汽导入其中，使内部温度升至 80～85℃，并保持 2 h，即可杀灭土壤中的病菌和害虫。药剂消毒常用 40% 甲醛，配成 1∶50 的药液均匀撒拌土壤，用塑料薄膜覆盖 1 周后，撤掉薄膜，晾晒 3～4 h，待甲醛挥发后便可种植。

【复习思考题】

1. 日光温室的类型有____________、____________、____________三种

2. 设施内的湿度主要指____________和____________。

3. 温室的保温系统主要有____________、____________、____________三种

4. 现代温室的基本结构包括哪几部分？

5. 现代温室内环境因子如何调控？

【评价与反馈】

见附录 1，下同。

项目二
蔬菜设施生产技术

任务一　蔬菜设施生产模式与茬口安排

任务二　瓜类设施生产技术

任务三　茄果类设施生产技术

任务四　豆类设施生产技术

任务五　叶菜类设施生产技术

本项目主要任务是学习不同设施类型蔬菜生产模式的设计和茬口安排，瓜类、茄果类、豆类、叶菜类蔬菜设施品种选择技术、环境调控技术、生产管理技术，能够进行瓜类、茄果类、豆类、叶菜类等蔬菜的设施生产。

完成本项目学习任务应具备以下条件：

教学环境：多媒体教室，瓜类、茄果类、豆类、叶菜类等蔬菜设施生产实训基地。

教学工具：栽培工具、植保机具、常见肥料与病虫标本。

师资要求：企业技术人员、生产人员、专职教师。

任务一　蔬菜设施生产模式与茬口安排

【案例导入】

内蒙古赤峰市春秋季气候温和，冬季温度较低，适宜露天种植番茄、菠菜、生菜等蔬菜，由于露天蔬菜受气候条件的限制，一般一年仅能种 2～4 茬，冬季则通过建造温室发展设施蔬菜，当地在温室内种植黄瓜、番茄、辣椒等蔬菜，大大缓解了冬季蔬菜匮乏的问题。作为蔬菜保护地生产的大棚蔬菜，由于投资大，用工多，在茬口安排上以品种多、产量高、质量优、收入高和周年供应为目的。然而，大棚蔬菜的茬口安排，又受建棚的地理位置、作物生长习性、产品价格等多种因素的影响和制约。经过多年的实践，赤峰市温室蔬菜的茬口安排已经基本形成了以下几种模式，并取得了良好的经济效益及社会效益。

(1)秋延后番茄→早春叶菜(菠菜、生菜、油菜等)→夏季休闲→越冬黄瓜 2 年 3 熟制。

(2)秋延后西葫芦→冬早春叶菜→夏季休闲→秋冬辣椒 2 年 3 熟制。

(3)秋延后叶菜→冬春番茄(或茄子)→夏季休闲→秋冬黄瓜、西葫芦 2 年 3 熟制。

以上几种温室蔬菜的土地茬口安排，既提高了土地利用率和光能利用率，又做到了反季节生产，提高了销售价格；既安排了合理轮作、避免了蔬菜重茬带来的病虫害，又做到了种地养地相结合，使日光温室在夏季有一定的休闲时间，一定程度上恢复了土地肥力。

【任务目标】

完成本学习任务后，你应该能

1. 理解设施栽培的茬口安排的含义；

2. 熟悉设施蔬菜茬口安排的种类；

3. 理解设施蔬菜茬口安排的原则；

4. 能够科学合理地安排设施蔬菜茬口。

【相关知识】

一、什么是蔬菜的栽培茬口

蔬菜栽培茬口分为季节茬口和土地利用茬口两种。季节茬口，是一年当中根据蔬菜栽培季节安排的蔬菜生产茬次，如越冬茬、早春茬、晚秋茬等。土地利用茬口，是指在同一地块上，在一年或连续几年安排蔬菜生产的茬次，如1年1熟(茬)、1年2熟(茬)、1年3熟(茬)、1年多熟(茬)等。这两种茬口，在蔬菜生产规划中共同组成完整的蔬菜茬口安排。

二、蔬菜的季节茬口有哪几种

在设施蔬菜的茬口安排上，一是要充分考虑不同蔬菜品种的生长发育特性，二是要充分考虑市场需求，进行反季节生产，以获得最大的经济效益。目前大体上可分为：

(一)越冬茬

即过冬菜，包括越冬的根茬菜，是一类耐寒或半耐寒的蔬菜。如东北的越冬菠菜、华北的根茬菠菜、芹菜，南方的菜心、乌塌菜、春白菜，华中的菜薹、莴苣、洋葱、大蒜苗、甘蓝、蚕豆、豌豆等。一般是秋季露地直播或育苗，冬前定植，以幼苗或半成株状态露地过冬，翌年春季或早夏供应市场，是堵春淡季的主要茬口。

(二)春茬(早春菜)

是一类耐寒性较强，生长期短的绿叶菜。如小白菜、小萝卜、茼蒿、菠菜、芹菜等，以及冬季保护地育苗，早春定植的耐寒或半耐寒的春白菜、春甘蓝、春花椰菜等。

(三)夏茬(春夏菜、夏菜)

指那些春季终霜后才能定植露地的喜温好热的蔬菜。一般在6～7月大量上市，形成旺季。

(四)伏茬(伏菜、火菜)

是专门用来堵秋淡季的一类耐热的蔬菜或品种。如早秋白菜、苋菜、蕹菜、落葵、豇豆、夏黄瓜、夏甘蓝等。

一般多在6～7月播种或定植，8～9月供应上市。

(五)秋冬茬(秋菜、秋冬菜)

是一类不耐热的蔬菜，如大白菜、甘蓝类、根菜类及部分喜温性的果菜类、瓜类和豆类以及绿叶菜。一般在立秋前后播种或定植，10～12 月供应上市。

三、蔬菜的土地利用茬口有哪些

夏季以早熟茄瓜豆为主，秋季以萝卜、大白菜、甘蓝、胡萝卜或两茬秋冬白菜为主，冬春以冬白菜、菠菜、小萝卜等为主。主要供应季节是 3～4 月、6～7 月、10～12 月。在三季菜收获盛期形成 3 个旺季，收获终了形成 3 个淡季，即 4～5 月、8～9 月、翌年的 2～3 月。

晚熟两大季或三大季：以晚熟冬瓜、茄子、辣椒、笋瓜、豇豆等为主，前茬一季白菜或莴笋、洋葱、大蒜、春甘蓝、蚕豆等或者冻垡，后茬一季晚熟秋冬菜萝卜、菠菜等，主要供应期在 4～6 月、8～9 月、11～12 月。

以叶菜类为主的多茬次栽培：它以速生菜为主，一年种植四茬以上。

四、温室蔬菜茬口安排的原则有哪几个方面

(一)根据蔬菜的生物学特性和生长发育特点合理安排

在茬口安排时，要根据每种蔬菜的生物学特性和生长特点，结合当地的气候条件，创造适宜的生长环境，将各种蔬菜的整体生长期安排在适宜的季节里，满足其对环境条件的要求，以获得最大的经济效益。

(二)根据市场需求合理安排种植茬口，以能够获得理想的经济效益

生产中，市场需要什么就生产什么，市场什么时候需要，就什么时候供应，在一般露地蔬菜供应无法满足市场和生产需要的情况下，进行温室种植，可以人为地根据市场的需要，使蔬菜生产提前、延后或延长采收时间。

(三)充分利用种植设施结构性能安排茬口

北方节能日光温室的采光保温性能优越，能够保证喜温果菜的安全越冬生产，故多采用长季节栽培。普通日光温室的光温条件不能满足喜温果菜类冬季安全生产需要，故多采用早春和秋冬两茬栽培。

大中棚除在华南和江南实行保温多层覆盖条件下进行喜温果菜类冬春茬栽培外，其他地区多推行春提前和秋延后两茬栽培。

> 把深根性的豆类、瓜类、茄果类同浅根性的白菜、黄瓜、葱蒜类进行轮作，可充分利用不同土层中的养分。

(四)要有利于土壤改良和土壤肥力提高,从而实现可持续生产

茬口安排应有利于发挥土壤中各种营养成分的作用。如把需氮较多的叶菜类、需磷较多的果菜类和需钾较多的茎菜类进行轮作,就能充分利用土壤中所含的不同养分。

(五)要坚持合理轮作的原则

生产中,合理分析安排茬口布局,切忌连作,以减轻病虫害的发生,有利于病虫害的防治。多年栽培同一种蔬菜,会使同种病虫害循环传染日益加重。如黄瓜的枯萎病、霜霉病、白粉病和蚜虫,对其他瓜类作物同样有传染的可能性,如果改种茄果类或其他种类蔬菜,可以使病原菌和病虫失去寄主或改变生活环境,从而达到减轻或消灭病害的目的。

同时,还要采取适宜的轮作年限。每种蔬菜都有一定的轮作年限,如黄瓜、茄子一般需间隔 5～6 年;番茄、辣椒、甘蓝、菜豆等需间隔 3 年以上;菠菜、韭菜、葱等需间隔 1 年以上。

五、蔬菜的茬口安排应注意什么

(一)选择适宜的蔬菜种类与品种

不同的季节,不同的茬口,要根据市场需求,选择适销对路的蔬菜种类和适宜的品种,才能充分发挥日光温室的生产潜力。日光温室深冬栽培的茄果、瓜、豆类蔬菜,要选择耐低温、耐弱光、抗病性强、节间短、雌花率高、对肥水要求不高的早熟品种。夏季高温季节栽培,要选择耐热、耐湿、抗病、适合消费者需求的品种。

(二)栽培的蔬菜种类不宜过多

在日光温室内,同一茬栽培的蔬菜种类不宜过多。因为每一种作物都有其特有的生物学特性和生长发育规律,对温、光、水、气、肥的要求也不同。因此,在田间管理上根本无法同时满足多种作物的需求。一般要求一茬只栽一种作物。

夏季高温季节可休棚,灌水封棚高温蒸晒,减少土壤病菌数量,减轻病害的发生。

(三)要突出主茬

日光温室茬口要根据市场行情和价格规律来安排。实践证明,深冬季节栽培的茄果、瓜、豆类蔬菜,不但采收期长,产量高,而且市场紧缺,价格亦高,生产上一般将这类蔬菜作为主要茬口,并根据这一主茬来搭配其他品种,安排全年茬口。

（四）采用轮作

同一温室内不宜长期连续栽培同一种作物，一定要轮作换茬，增施有机肥，培肥改土提高地力。

（五）间、套作要合理

根据日光温室空间大、设施固定的特点，可适当进行间、套作，提高复种指数，增加产量，提高经济效益。间、套作要根据不同的蔬菜种类和品种、不同的生育阶段，在互不影响生长的前提下安排。如在主茬作物定植后，因植株较小，生长量不大，可在行间间作一些生产期短的小白菜、杨花萝卜等速生菜，待主茬作物生长量大时，间作的速生菜采收上市。

此外，在主茬作物生长的中后期，可适当套作丝瓜或瓠子，主茬采收结束后，这些作物已开始攀缘，利用日光温室的结构，揭去薄膜以后，骨架作为这些作物的支架，使其正常生长，开花结果，陆续采收上市。

六、根据销售渠道的不同，蔬菜设施生产模式有哪些

（一）采摘和观光

选择有利游人采摘和携带的樱桃番茄、成串番茄、水果黄瓜、甜瓜、袖珍西瓜、水果苤蓝等适宜鲜食的品种；也可种植羽衣甘蓝、叶甜菜、紫叶生菜、樱桃萝卜等既能观赏食用，又适宜盆栽的品种，要安排好茬口在旅游旺季能采收，高标准种植，体现艺术特色和观赏价值。

（二）供应宾馆、饭店、酒楼和超市

要求全年均衡供应。供应饭店以外观新颖、具有保健功能的樱桃番茄、彩椒、水果黄瓜、球茎茴香、西芹、盖菜、栗味南瓜、香葱等特菜品种为主。供应超市以番茄、黄瓜、芹菜等品种为主，要分批排开播种，陆续采收供应，不能断档。

（三）装箱礼品菜

以外观新颖、耐贮藏的彩色甜椒、水果型黄瓜、栗味南瓜、樱桃番茄、成串番茄、水果苤蓝、袖珍胡萝卜、软化菊苣等瓜果类品种为主，适当搭配根茎类和叶类蔬菜品种。根据不同作物的生育期来确定播种定植期，保证装箱前正常采收。

（四）供应市民的普通蔬菜

目前这类蔬菜的种植面积最大，市场的需求量也最多，其价格受山东、河北等省市进京蔬菜的影响最大。应注意以下几个方面：第一，菜农可以种植不适宜远距离运输的作物，如韭菜、香椿、香菜、芥菜、油菜、油麦菜、生菜、空心菜、苋菜、荠菜、

水萝卜等。第二，种植在品种特色、上市时间和产品质量等某一方面要比周边地区有优势的作物及产品，如番茄、黄瓜、茄子、辣椒、架豆等；要确保产品安全，多生产受市民欢迎的名牌产品和优质产品。第三，由常规种植逐步向工厂化种植调整，如工厂化生产芽苗菜、食用菌等，从而提高抵御不良气候的能力。

(五)出口和运往外埠销售

根据本地优势和被销售地区的价格差异，争取订单，种植耐贮运的作物，如耐贮运番茄、山药、西兰花、冬瓜、栗味南瓜、芥蓝、菜心等品种，要根据每批走货的数量来确定播种时间和面积。

【任务实施】

一、一年四茬栽培模式

第 1 茬春茬黄瓜：1 月中旬播种，3 月中旬定植，6 月下旬拉秧。

第 2 茬越夏番茄：5 月下旬播种，6 月下旬定植，9 月中旬拉秧。

第 3 茬秋茬叶菜：9 月中旬种植叶菜类蔬菜，种植品种为菠菜、蒿子秆、茴香、香菜、油麦菜等，11 月初采收完毕。

第 4 茬越冬茬菠菜：11 月初播种，翌年 3 月中旬收获。

二、日光温室三茬高效栽培模式

(一)番茄—马铃薯—小西瓜

第 1 茬番茄：品种为合作 918。7 月中旬播种，8 月初定植，每亩栽 2 250 株，12 月下旬拉秧。第 2 茬马铃薯：品种为中薯 5 号。1 月上旬播种，株行距 60 cm×30 cm，4 月中旬收获。第 3 茬小西瓜：品种为京秀。3 月中旬播种，4 月中旬定植，株行距 75 cm×50 cm，6 月下旬拉秧。

(二)生菜—番茄—黄瓜

第 1 茬生菜：品种为丰速。8 月中旬育苗，10 月初定植，12 月初始收。第 2 茬番茄：品种为金樽 108。10 月中旬播种，12 月上旬定植，每亩定植 3 500 株。第 3 茬黄瓜：品种为经典佳美。

(三)生菜—黄瓜—生菜

第 1 茬生菜：品种为射手 101。10 月上旬育苗，10 月底分苗，翌年 1 月初定植，每亩栽 5 300 株。第 2 茬嫁接黄瓜：品种为中农 16。2 月中旬育苗，3 月中旬嫁接，4 月中旬定植，5 月中旬开始采收，9 月上旬拉秧，每亩定植 3 000 株，产量

11 500 kg。第 3 茬生菜：品种为玉湖。8 月中下旬育苗，9 月中旬定植，12 月上市。

三、日光温室蔬菜高效套种模式

（一）草莓套种西瓜高产技术

第 1 茬草莓：品种为童子一号。9 月初定植，亩定植 9 000 株，1 月上旬至 5 月中旬采收，每亩产量 3 100 kg。

第 2 茬套种小西瓜。品种为京秀。1 月下旬播种，2 月底定植，每亩定植 800 株（隔畦栽），5 月下旬至 6 月采收，亩产量 1 200 kg。

（二）西葫芦套种豆角高效栽培模式

第 1 茬西葫芦：品种为冬玉、瑞雪、京葫 33 号。9 月底或 10 月初播种，苗龄 15 d，收获期为 11 月底至翌年 5 月初，每亩产量 1.2 万～1.5 万 kg。

第 2 茬豆角：品种为架豆王。育苗播种期 1 月中旬，双株播种，2 月中旬左右定植在西葫芦行内，每株间定植 2 株，每亩定植 1 320 穴，4 月上旬至 7 月采收。每各产量 1 500～1 800 kg。

【复习思考题】

1. 设施蔬菜的季节茬口是指________________________。

2. 大棚常用的覆盖材料有__________、__________、__________和__________、__________。

3. 蔬菜的茬口安排应注意什么？

4. 安排温室蔬菜茬口应把握哪几个方面的原则？

5. 怎样根据销售渠道安排蔬菜茬口？

任务二　瓜类设施生产技术

子任务一　黄瓜设施生产技术

【案例导入】

青岛地区近年来大力发展设施农业，倡导高效、生态及品牌化农业，并以加强农业科技为保障，增加支农力度，极大地推进了现代农业建设。随着保护地设施的大力发展，以及多种栽培形式、茬口的合理安排，使得蔬菜生产效益大幅提高。初春于大拱棚内种植黄瓜，采收完后再种植番茄，可采收至 11 月上旬，一年种植两茬作物，经济效益显著增加。我们的任务是精心设计一个黄瓜冬春茬栽培方案，并负责实施。

【任务目标】

完成本学习任务后，你应该能

1. 学会黄瓜的栽培技术方案设计；
2. 学会黄瓜日光温室冬春茬栽培技术；
3. 选择适宜的黄瓜品种；
4. 掌握黄瓜嫁接技术。

【相关知识】

黄瓜属于葫芦科黄瓜属，是采用设施生产种植的主要蔬菜作物之一。其中，黄瓜随着栽培技术的提高和品种改良的配套，已能达到全年生产与供应，尤其是南方地区冬季采用大棚栽培，促早熟、增产、增收的效果显著。

一、黄瓜栽培设施有哪些

栽培设施应具有以下几个主要的功能分区：育苗区、繁苗区、栽种区、采收包装区。不同地区应根据各自的气候条件和设施水平进行合理的设施选择。

(1)全自动智能连栋温室。不受季节、气候条件的限制，适用于各个地区。

(2)塑料大棚。适合在城郊及农村大面积推广使用。图 2-2-1 为大棚黄瓜。

(3)日光温室。中国北方特有，在中国不同地理纬度地区，应采用相应的优化的采光屋面角度，如在北纬 40°附近地区，采光屋面的底脚角度应维持在 60°～70°，中部应保持在 30°～40°，上部靠近屋脊处 10°～15°。图 2-2-2 为连栋温室黄瓜栽培。

图 2-2-1 大棚内黄瓜栽培

图 2-2-2 连栋温室内黄瓜栽培

二、日光温室黄瓜栽培按茬口可分哪几种类型

日光温室黄瓜栽培主要有三大类型，即早春茬、秋冬茬和冬春茬。

(一)早春茬

早春茬黄瓜栽培的目的在于提早上市，解决早春淡季问题。

日光温室早春茬黄瓜上市期比大棚黄瓜上市提早 45～60 d。一般 12 月下旬至 1 月上中旬播种，2 月上中旬定植，3 月上中旬开始采收，7 月上旬拉秧。

(二)秋冬茬

秋冬茬黄瓜栽培的目的在于延长供应期，解决深秋、初冬淡季问题，日光温室秋冬茬黄瓜比大棚秋延后黄瓜供应期长 30～45 d。一般 8 月下旬至 9 月上旬播种，9 月下旬定植，10 月中旬始收，元旦过后基本拉秧。

(三)冬春茬

秋末冬初在日光温室播种的黄瓜，幼苗期在初冬度过，初瓜期在严冬季节，

1月份开始采收上市，采收期跨越冬、春、夏3个季节，收期长达150～200 d。

三、怎样防止黄瓜畸形瓜

黄瓜的畸形瓜的形成有两种原因，一种是机械畸形，由于支架、绑蔓等原因，使正在伸长的瓜条，受阻于叶柄、茎蔓或架杆上，不能下垂而造成弯曲。这种现象在绑蔓、缠蔓时稍加注意即能克服。另一种是生理畸形，阴天后骤晴，温度过高，引起水分不足，养分供不应求，授粉不良，都容易使瓜条形成弯曲瓜、尖嘴瓜、大肚瓜。防治的办法是加强肥水管理，进行人工授粉等方法来克服畸形瓜形成。

四、黄瓜嫁接有哪些好处

通过嫁接，可增强黄瓜植株的抗病性，是预防黄瓜土传病虫害的好方法，对枯萎病、蔓割病、青枯病等都有较好的预防作用，从而实现抗病丰产。嫁接优点具体如下：

(1)嫁接黄瓜抗病性显著增强。由于砧木根系对危害黄瓜的枯萎病、疫病有很强的抗性，因此可使发病率大大降低。

(2)嫁接黄瓜抗逆性增强。南瓜在土温8℃左右能生长新根，而黄瓜对地温较敏感。温度为25～30℃，低于12℃就不能正常生长，所以嫁接黄瓜耐低温能力显著增强，冬春季可比自根黄瓜早定植。嫁接黄瓜的耐酸性、耐盐性、耐旱性和耐涝性均强于自根黄瓜。

注意： 一代杂交黄瓜种，结瓜性很强，用乙烯利处理了反而会出现花打顶现象。

(3)嫁接黄瓜根系发达。根系吸收能力强，植株生长健壮，同化能力强。

(4)嫁接黄瓜可提前采收并延长采收期，产量高、效益好。

五、栽培黄瓜嫁接苗应注意哪些问题

(1)提早播种。嫁接黄瓜有个缓苗过程，南瓜根系耐低温可早定植，故要早播10 d左右，否则影响早熟。

(2)乙烯利处理。嫁接缓苗要求的温度偏高，使黄瓜坐瓜节位上升，瓜数少。因此，需要用乙烯利处理降低坐瓜节位和增加坐瓜数。方法是黄瓜长到1～2片真叶时，用100 mg/kg乙烯利喷叶，1周后再喷一次。

(3)尽量采用生态防治霜霉病。嫁接基本根治了蔓割病(枯萎病)，但其他病害和霜霉病等得不到直接防治。宜采取生态防治，采用四段变温管理，创造一个不适宜霜霉病发生的温度、湿度条件，再配合药剂综合防治。

(4)增施复合肥。嫁接可多年连茬,但往往导致土壤营养比例失调,某些营养缺乏。应多施农家肥、复合肥。

【方案设计】

(一)方案设计

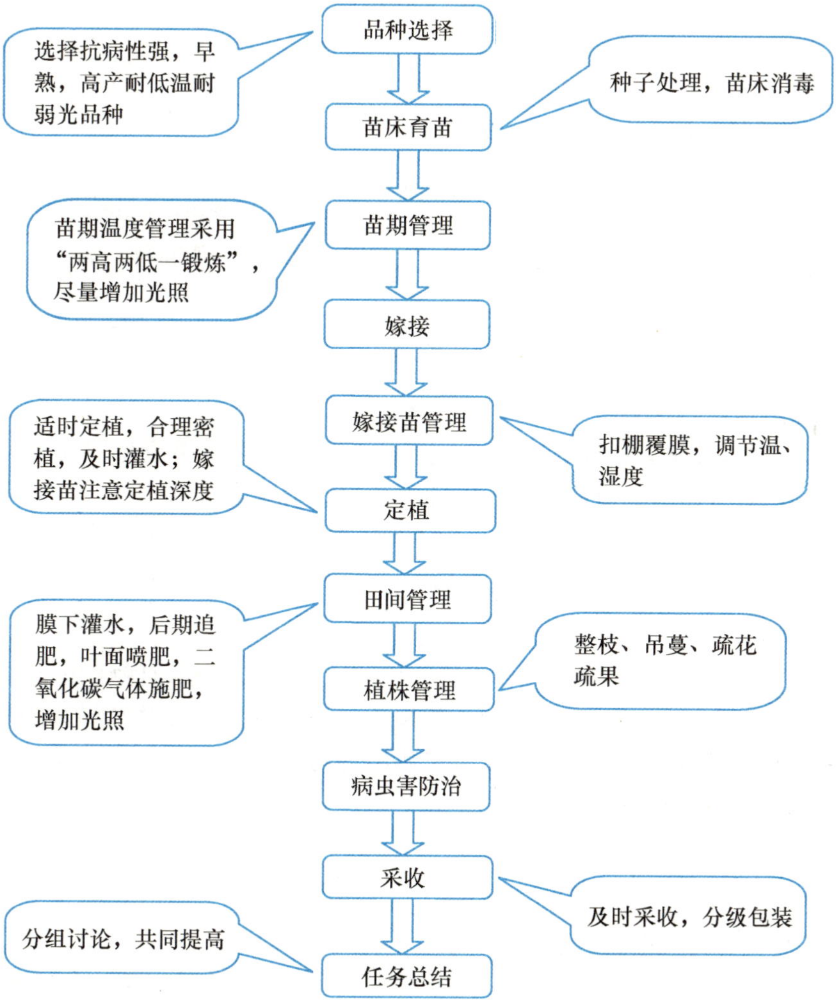

(二)学生模仿设计生产方案

1. 学生分组,在教师的指导下,通过多种信息渠道查询资料。阅读课本、参考书，查阅有关网站、资源库，准备数码相机、记录本、卷尺、钢笔、铅笔、速写本等。

2. 安排学生参观、考察黄瓜种植园，访谈种植技术员或种植户，做好详细记录。

3. 每人写一份黄瓜设施生产方案。小组讨论，推荐一份较好的方案，小组再进行充分地讨论，将每个同学好的思路，补充完善到一个方案中。

4. 每组选一个代表，在全班讲解小组的设计方案，组员补充方案的内容。教师组织全班同学讨论、评价各小组的方案，选出最佳方案，作为生产方案实施。

【任务实施】

一、品种选择

选择黄瓜品种时，首先要保证该品种不但要适合本茬栽培，而且要适合本地区栽培。冬春季节育苗如果是满足冬春茬、早春茬设施黄瓜生产，必须采用嫁接育苗。

> **注意：** 新引进的品种应先小面积试种，然后再大面积生产。

(一)接穗品种选择

接穗品种应选择抗病性强，早熟，高产耐低温耐弱光品种，且具有植株长势强、不易徒长、分枝少、雌花节位低、节成性好、瓜条商品性好的黄瓜品种。日光温室冬春茬黄瓜常选用津优系列、中农系列品种，如津绿 3 号、津优 35 号、中农 13 号、中农 19 号等等；也可选择一些无刺的水果黄瓜品种。一般每亩黄瓜播种量为 150 g 左右，若采用嫁接苗应加大播种量。

(二)砧木品种选择

砧木可用云南黑籽南瓜，最好为第 2 年的种子，不宜选用旧种子和当年产的新种子及劣质种子。如果选择当年的白籽南瓜或黄籽南瓜种子作为砧木，黄瓜的品质好于黑籽南瓜嫁接苗。砧木种子买来后不可随即播种，应提前做好发芽试验，一般每亩黑籽南瓜播种量为 1.5～2.0 kg，如发芽率、发芽势低，应加大播种量。

二、培育壮苗

(一)播种前准备

在塑料大棚内采用穴盘育苗，基质选用草炭、蛭石、珍珠岩按一定比例配制成基质，调整 pH 至 6.5～7.5。取 38%甲醛稀释 50 倍液，均匀喷洒到苗床和基质中，用塑料薄膜密封覆盖 3～5 d，之后打开 5～7 d，待甲醛气味完全挥发掉后即可。

（二）种子处理

将黄瓜接穗种子倒入 55℃热水中，边倒边搅拌，待水温降至 30℃时停止搅动，再浸种 4～6 h；然后将浸后的种子用 28～30℃温水淘洗 1 遍，浸种完毕后可先摊开种子，使种皮表面的水分散发，以改善催芽期间的通气状况，然后用湿毛巾包好，置于 28～30℃恒温条件下催芽。催芽期间早晚用温水将种子淘洗 1～2 次，约 12 h 后露白。砧木种子在催芽前要先将浸种后的种子置于 12～14℃恒温下凉种 18 h，然后在 30～32℃恒温条件下催芽。催芽期间，早晚用温水将种子淘洗 1～2 次，约 48 h 后露白。砧木和接穗种子待 70%以上种子露白即可播种。

（三）播种

待露白的种子即播入事先准备好的穴盘内。要求胚芽向下，种子平放，而且最好方向一致。播后在种子上再盖 1 层约 1 cm 厚的专用覆盖基质，最后盖地膜保湿保温以利出苗。

三、苗期管理

1. 温度管理

播种后白天保持 25～30℃、夜间 18～20℃。在发芽、发根时，一般要求高温、昼夜温差小。苗期温度管理采用“两高两低一锻炼”方法。

2. 湿度管理

苗床育苗在正常情况下不用浇水以利根系生长。穴盘苗出苗后子叶展平时，如基质含水量较少，可适当浇水，保证中午时子叶不萎蔫即可。空气湿度大及时通风。

3. 光照

冬春育苗采用反光幕或补光设施等增加光照。育苗期间需要 8～10 h 光照。因冬季光照时间短，光照强度弱，可在盖上草苫或保温被后，用 200 W 的荧光灯或钨丝灯补充光照 10 h，10 h 后关灯。

四、嫁接育苗

黄瓜出苗需 10～13 d，苗高 8 cm 以上，茎秆粗壮，真叶未展开，砧木第 1 片真叶顶心，是嫁接的最好时期。嫁接前应关注天气变化，必须确保嫁接当天和嫁接后 3～5 d 气晴朗。嫁接前一天，将接穗和砧木各浇透水 1 次，并对黄瓜苗用 75%百菌清粉剂 600～800 倍液喷雾。嫁接时，用草帘或遮阳网将嫁接苗床和操作区遮盖，减少强光直射。用酒精消毒的嫁接针将砧木的顶芽处刺孔，方向与砧木子叶张开方向呈十字形，从中间稍向外45°插入，直到接近对面胚轴表皮为止，戳出一个插接孔。然后将削好的接穗沿插入的竹签方向插入，使砧木与接穗紧密吻合。接穗要求子叶下茎长4～5 mm，斜面0.8～1 cm以此插接。

五、嫁接苗管理

嫁接后1～3 d内苗床要保持高温，以后逐渐降低温度。同时用草帘或遮阳网遮盖，防止水分蒸发，可根据棚内湿度情况每天喷水1～2次，3 d后适当通小风。靠接苗10 d后断根，插接苗10 d后伤口愈合，可转入正常苗床管理，培育壮苗。

六、炼苗

嫁接苗或自根苗定植前10～15 d，要增大通风量，适当降低室内温度，白天保持25～30℃，前半夜15℃以上，后半夜13～11℃，早晨揭帘前10℃左右，同时减少浇水，使幼苗既经受抗逆性锻炼，又促进雌花分化，培育壮苗。当苗龄35～40 d，苗高10～15 cm，3～4片真叶时即可定植。

七、定植

要在定植前15 d完成所用土地的施肥和消毒工作。每亩施优质腐熟农家肥4 000～10 000 kg，磷酸二铵50 kg，或过磷酸钙100 kg，尿素25 kg，硫酸钾30 kg作基肥，撒施深翻20～30 cm，整平地面。然后起垄覆膜，大畦宽120～150 cm，小畦宽60～80 cm，畦高30 cm以上，沟宽40～50 cm。同时应把滴灌系统准备好。缓苗后(即30 d左右)，每亩随水冲施尿素5.0～8.0 kg。定植1周后需配合滴灌进行营养液的浇灌，每天上、下午各1次，每次200 mL左右，注意将营养液配方调整至pH 6.0左右。之后用滴灌管滴灌，每天3次，每次3～8 min，具体灌水量随天气及幼苗的长势而定。同时，冬春季节补充CO_2，使设施内的CO_2浓度达到800～1 000 mg/kg，以利于植株光合作用。

八、田间管理

(1)前期管理。从定植到开花，需15～20 d，选晴天定植，浇温水，白天保持25～28℃，夜间13～15℃，地温20℃以上，促进新根生长，提早缓苗。

(2)中期管理。每隔5～7 d浇水1次，温度管理要适当提高，晴天白天25～30℃，并注意增加通风量，排湿、降温和补充二氧化碳气体。缓苗后至结瓜前，以锻炼植株为主，结瓜后要变温管理，上午25～30℃，下午20～25℃，上半夜15～20℃，下半夜12～15℃。注意通风换气，防止中午高温。

(3)尽量延长功能叶的寿命,促进侧枝生长,获取更多的回头瓜。

九、植株管理

为利于通风透光,注意调整植株生长。随着植株的生长,当植株长到3～4片真叶时,要对其进行单蔓整枝,抹掉其他侧芽,并进行吊蔓或插架绑蔓。植株长到7～8片真叶时,要及时把植株绕在吊蔓或绑在细竹竿上,一般2～3 d一次,宜在下午进行,同时去掉卷须和下部雄花。生长过程中要进行疏花疏果,一般每一节保留1～2朵花,多余的和不正常的花蕾要及时去除,从而保证果实营养的集中供应。

十、病虫害综合防治

(一)防治原则

贯彻“预防为主、综合防治”的植保方针,创造不利于病虫草害滋生和有利于各类天敌繁衍的环境条件。优先采用农业措施,提高选用抗病抗虫品种,非化学药剂种子处理,加强栽培管理,轮作等措施预防防治病虫害。

(二)病虫害类型及防治

主要有霜霉病、细菌性角斑病、灰霉病、枯萎病、蔓枯病、褐斑病、根结线虫病、蚜虫、粉虱等。防治黄瓜霜霉病的药物较多,可用5%百菌清可湿性粉剂600倍液、64%杀毒矾可湿性粉剂1 000倍液或80%代森锰锌500倍液等喷雾;细菌性角斑病可用77%氢氧化铜可湿性粉剂600倍液,或农用链霉素4 000倍液;灰霉病可用75%多菌灵可湿性粉剂1 000倍液,75%百菌清600倍液;根结线虫病可用1.8%阿维菌素2 000倍液+甲素质溶剂400倍液灌根,每株灌药液0.25～0.50 kg;枯萎病和猝倒病用75%百菌清可湿性粉剂600倍液;蚜虫用10%吡虫啉可湿性粉剂2 000倍液;粉虱可用25%灭螨猛可湿性粉剂1 000倍液喷雾。每隔5～7 d喷雾1次,连喷2～3次。

十一、适时采收

采收标准为:瓜现棱,顶花带刺。采收时掌握“根瓜”适当早收的原则,在结瓜盛期,隔日采收,每次采收植株上须留1～2个生长的幼瓜,采取“以瓜坠秧”措施。采收后尽量避免阳光直晒,避免人为伤害,应进行质量分级、包装储运。规格要求、包装、标识等按NY/T 1587-2008《黄瓜等级规格》的相关规定执行。

【复习思考题】

1. 日光温室黄瓜栽培按茬口可分为__________、__________、__________和__________。

2. 黄瓜冬春茬促成栽培适宜的定植时间__________；栽苗深度要求做到__________。

3. 黄瓜栽培设施有__________、__________、__________和__________。

4. 黄瓜冬春茬栽培选择品种时应考虑哪些因素？

5. 简述黄瓜温室促成栽培田间管理要点。

6. 怎样防止黄瓜畸形瓜？

子任务二　西瓜设施生产技术

【案例导入】

湖南省西瓜一般在清明至谷雨期间露地直播，由于播种迟、坐果晚，结果期往往和“梅雨”相遇，导致坐果困难，病害加重，甚至失收。为了解决这一问题，湖南省瓜农利用塑料大棚和中棚进行西瓜设施早熟栽培，可提早西瓜上市期，大大提高瓜农的经济效益。我们今天的任务是精心设计一个西瓜早春茬栽培方案，并负责实施。

【任务目标】

完成本学习任务后，你应该能

1. 学会西瓜的栽培技术方案设计；
2. 掌握西瓜日光温室早春茬栽培技术各个环节；
3. 掌握西瓜嫁接技术；
4. 发现并会分析西瓜设施栽培过程中出现的问题，并提出相应的解决办法。

【相关知识】

西瓜为葫芦科蔓性一年生草本，清爽解渴，味道甘甜多汁，不含脂肪和胆固醇，含有大量葡萄糖、苹果酸、果糖、蛋白氨基酸、番茄素及丰富的维生素 C 等物质，是一种具有很高的营养价值的健康食品。

一、西瓜生长有哪些发育时期？其特点有哪些

西瓜从种子萌发到形成新的种子经历了营养生长和生殖生长的全过程。一般需要 80～130 d，在其一生中可明显划分成发芽期、幼苗期、伸蔓期和结果期四个阶段。

（一）发芽期

从播种到第一片真叶显露的过程为发芽期。适宜温度下，西瓜发芽期为 7～13 d。此期生长所需养分主要依靠种子贮藏在子叶内的营养物质，胚轴是生长中心，根系生长较快，生理活动旺盛。主要栽培措施是：保持种子发芽所需的温湿条件，调制好空气，培育壮芽和壮苗。

（二）幼苗期

自第一片真叶显露到第 4 片真叶充分开展或第 5 片真叶露心（团棵）。这一时期所持续的时间为 25～30 d。植物主根不断伸长的同时，侧根陆续发生和生长。叶片生长加快，茎端不断分化叶原基，叶腋开始分化花芽，花原基和侧枝开始分化。生长适温 25～30℃，夜温 17～20℃。主要栽培措施是：增加土壤温度，保持土壤一定的湿度。在第二片真叶展平时，追施速效氮肥。及时清除杂草，防治病虫害。

（三）伸蔓期

从团棵到明显的生殖生长特征出现，如开花或坐果。在 20～25℃条件下，伸蔓期需 18～20 d。植株由直立生长转为节间迅速伸长，叶面积增长快，根系形成基本达到高峰，吸收水肥能力增强。到此期结束时，茎蔓伸长，抽出卷须，可以攀缘生长。雌、雄花相继孕蕾并有开放。主要栽培措施是：在继续促进和保护根系发育的基础上，促使茎蔓生长健壮。同时控制徒长，以促进生殖生长，防治病虫害。

（四）结果期

从抽蔓期结束到果实的生理成熟为结果期。在气温 25～30℃的适温下，需 28～45 d。果实的生长发育可进一步分为三个时期：坐果期、膨瓜期、变瓤期。

1. 坐果期

西瓜从理想节位雌花开放到果实褪毛为坐果期。在适温条件下，需 4～6 d。主要栽培措施是：及时整枝、压蔓，适当节制浇水，以控制过旺的营养生长，同时要进行人工授粉，促使适时适当结瓜，提高坐果率。

2. 膨瓜期

即从果实褪毛到定个这段时期。在适温条件下，需 15～25 d。主要栽培措施是：加强水肥管理，扩大和维持叶面积，延长叶片光合作用时间，开始进行“留瓜”“摘心”“打尖”，以集中养分供果实生长，加强病虫害的防治。

3. 变瓤期

从果实定个到生理成熟为变瓤期。在适温条件下，需 7～10 d。主要栽培措施是：保持叶片的同化功能，避免损伤叶片，防止蔓、叶早衰，停止浇水，注意排水，同时采取“垫瓜”“翻瓜”等措施，来提高果实品质。

二、西瓜对环境条件有哪些要求

（一）温度

西瓜种子发芽的最低温度为 15℃，最适温度为 25～30℃，40℃高温则对发芽有影响。西瓜生长的适温为 18～32℃，在此范围内，温度愈高，同化作用愈强，生长速度愈快。西瓜较耐高温而不耐寒，当气温达 40℃时仍有较同化作用，但如温度达到 43℃时，细胞的原生质凝固而生长受阻。气温下降至 15℃时生长缓慢，10℃为它的低限。开花、结果和果实的膨大需较高的温度，如坐果的低限温度为 18℃左右。在 18℃以下形成的果实扁圆，并呈厚皮、空心，含糖量低、品质差。

（二）光照

西瓜是需光较强的作物，在多晴天光照强的条件下，植株生长健壮，病害少，品质好。

（三）水分

西瓜需水量很大，但又是耐湿性较差，抗旱性很强的作物。一般应重视清沟排水，防止渍害。西瓜要求空气干燥，适宜的空气相对湿度为 50%～60%，空气湿度过高，生长弱，发病较多，坐果率降低，果皮厚，含糖量下降，品质差。

（四）土壤

最适宜种植西瓜的土壤，是土层深厚、排水良好、有机质丰富、肥沃疏松的壤土和沙壤土。结构良好的沙性壤土，透气性好，有利于根系的生长和吸收。在土质较黏或地下水位较高的田块种植西瓜，应做成高畦，特别注意清沟排水，以利根系正常生长。西瓜对土壤酸碱度的适应范围较广，在 pH 5～7 的范围内均能良好生长。

（五）养分

西瓜枝叶繁茂，产量高，需肥量较大。在氮、磷、钾三要素的吸收总量中，以钾较多，氮次之，磷稍少，西瓜全生长期氮、磷、钾的吸收比例为 3.28∶1∶4.33。因此，栽培西瓜宜多施有机肥，增施磷钾肥，做到氮、磷、钾互相搭配。

【方案设计】

(一)方案设计

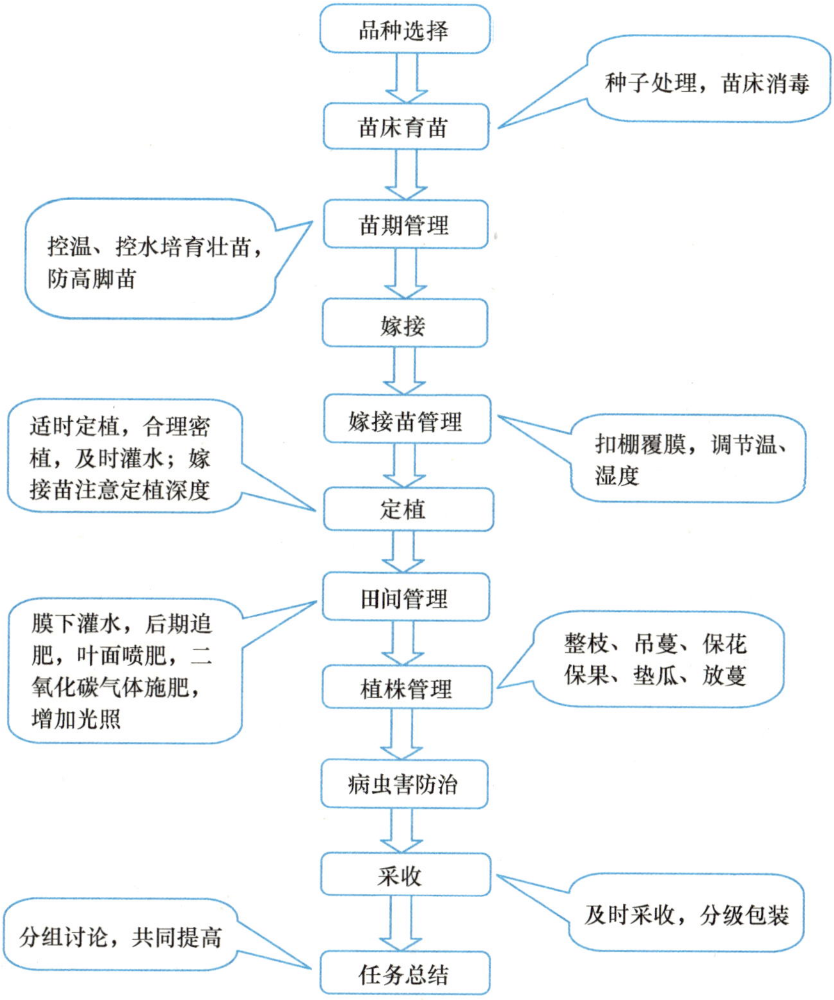

(二)学生模仿设计生产方案

1. 学生分组，在教师的指导下，通过多种信息渠道查询资料。阅读课本、参考书，查阅有关网站、资源库，准备数码相机、记录本、卷尺、钢笔、铅笔、速写本等。

2. 安排学生参观、考察西瓜种植园，访谈种植技术员或种植户，做好详细记录。

3. 每人写一份西瓜设施生产方案。小组讨论，推荐一份较好的方案，小组再进行充分地讨论，将每个同学好的思路，补充完善到一个方案中。

4. 每组选一个代表，在全班讲解小组的设计方案，组员补充方案的内容。教师组织发动全班同学讨论、评价各小组的方案，选出最佳方案，作为生产方案实施。

【任务实施】

一、品种选择

（一）接穗品种选择

遵循以下原则：①市场需要，外观和内在品质好；②早熟、耐低温、耐弱光、耐湿、抗病虫和易坐瓜；③外地市场销售的要求耐贮运性好。有籽西瓜类可选用珍冠、甜宝小玉、早春红玉、8424 薄西瓜、黑美人、京欣 1 号等西瓜品种。无籽西瓜类可选用黑童宝、博帅、金丽黄、神玉、博达隆 1 号、蜜童、洞庭三号、绿虎、帅童、雪峰、小玉红等西瓜品种。

（二）砧木品种选择

砧木主要以瓠瓜和南瓜较为常用，常用的瓠瓜品种有葫芦砧 1 号、瓠瓜 1 号、京欣砧一号、强刚一号、南砧一号、全能铁甲、超丰 F1、强刚二号；常用的南瓜品种有京欣砧二号、黑籽南瓜。

二、培育壮苗

（一）播种前准备

一般 1 月中下旬至 2 月初在塑料大棚内采用穴盘育苗，基质选用草炭、蛭石、珍珠岩按一定比例配制成基质，调整 pH 至 6.5～7.5，如图 2-2-3 所示。塑料大棚内安装加温、排湿等设备以创造适合秧苗生长发育的环境条件。

（二）种子处理

注意：砧木种子比西瓜接穗苗提早7～10 d 播于穴盆中。

精选饱满种子于晴天在太阳下适当晒 1～2 d，用 50%多菌灵可湿性粉剂 500 倍液浸种 1 h，将种子表面药液清洗干净后浸种，一般有籽西瓜浸种 6～8 h，无籽西瓜浸种 3～4 h。无籽西瓜需要先破壳，然后再催芽，破壳时用牙齿或钳子轻轻嗑一下种脐，使其略开一小口（约占种脐长度的 1/3 即可），注意不要伤及种仁。将处理好的西瓜种子用湿布包好后放入 30～33℃的温度下催芽，当大部分种子露白，胚根 0.5 cm 时即可播种。一般无籽西瓜种子催芽 24～28 h，芽长

0.5～1.0 cm 时即可播种。

(三)播种

播种时，先将配好的基质装入穴盆中，整齐排放在苗床上。播种前 1 d 用 800 倍甲基托布津液浇透营养土。在穴孔中间打一个 1 cm 深的小孔，然后将催好芽的种子放入穴孔中，每钵平放 1 粒种子，胚根向下，再覆盖 1～1.5 cm 厚的基质，然后在穴盘上覆膜保温保湿。西瓜播种后 3～5 d 出苗(图 2-2-4)。

图 2-2-3 基质消毒打孔后准备播种

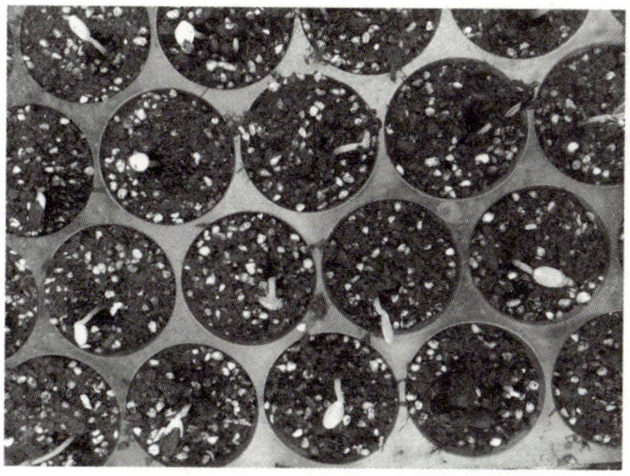

图 2-2-4 西瓜播种后 3～5 d 出苗

三、苗期管理

(一)环境控制

播种覆盖后 3 d 内，一般不必动苗床，温度不超过 40℃不必通风降温。当床内 70%种子出土时，应及时将地膜揭掉。同时，逐步降低苗床的温度，白天保持在 25℃左右，晚上保持在 18℃以上。避免温度过高形成高脚苗，或温度太低出现僵苗。苗床水分管理以控为主，一般来说，播种前浇透水以后，苗期一般不太浇水。只有连续晴天基质过干时，才在中午揭膜浇水。

(二)及时脱帽

由于育苗基质较轻，覆盖较浅，砧木苗与接穗苗容易戴帽出苗，影响幼苗早期光合作用，在种子发芽顶土后 2～3 d 内及时脱种壳。

四、嫁接

西瓜苗嫁接方法有靠接、劈接、贴接、顶插接等。

(一)靠接

适合营养钵育苗。靠接法(图 2-2-5)先保留西瓜根系，等嫁接成活后断根，此种方法成活率高，但嫁接口较低，定植后易产生不定根，降低了嫁接的防病效果。

（二）劈接

劈接（图 2-2-6）伤面较大，砧穗结合紧密，成活率高，接穗离地面高，防病效果好，但工序繁杂，操作不易。

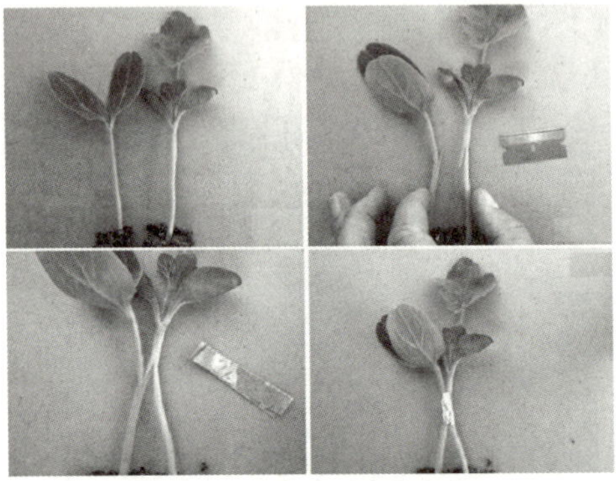

图 2-2-5 西瓜靠接示意图

图 2-2-6 西瓜劈接示意图

（三）贴接法

操作简单，速度快，但嫁接愈合不如劈接牢固，如图 2-2-7 所示。

（四）顶插法

生产上普遍采用断根顶插法，由于操作方便，成活率高，是目前西瓜工厂化育苗的主要方法。其嫁接方法如下：

（1）取健壮的砧木苗，用刀片将刚展出的第一片真叶及生长点从基部切去；刮除子叶叶腋间的隐芽生长点。

（2）用顶插器竹签在砧木上方切口处，斜戳深约 1 cm 的小孔。

（3）取接穗苗削成长约 1 cm 的楔形面。斜面要一刀削成，表面光滑，不能沾上泥土。

（4）将削好的接穗苗对准砧木孔插入、插紧，与砧木紧密结合。接穗的子叶方向与砧木子叶方向垂直，有利于光合作用。

图 2-2-7 西瓜贴接示意图

五、嫁接苗管理

> **壮苗标准：**苗龄25～30 d，子叶平展肥大，真叶2～3片，茎高3～4 cm，茎粗0.4～0.6 cm。

嫁接后苗床应盖棚膜并加盖遮阳网，以保持苗床湿度与防止阳光直射对接穗造成伤害，同时还要防止苗期高温。注意调节保湿与放风、见弱光与避强光两对矛盾。嫁接苗的前期管理主要是封棚控温、保湿，促进嫁接苗的伤口愈合。床温白天控制在25～30℃，夜间20℃左右；苗床内空气相对湿度保持在95%以上。嫁接后3 d可开始通小风，7 d后加大通风量以降低空气湿度。如果嫁接苗出现萎蔫现象，要及时遮阴。嫁接苗成活后，随时检查并去掉砧木上萌生的新芽，以防影响接穗生长。当幼苗长到2叶1心时就可及时定植。

六、合理定植

在中等肥力土壤条件下，结合整地每亩施腐熟优质有机肥2 000～2 500 kg、腐熟饼肥100 kg，有机肥一半撒施，一半施入瓜沟，三元复合肥35 kg作基肥全部施入瓜沟，肥料深翻入土，并与土壤混匀。为了提高地温，定植前5～7 d在瓜畦上提早覆盖地膜并密闭大棚膜进行增温以提高棚内地温，定植时，将幼苗从营养钵中取出栽入定植穴内，将瓜苗引出到地膜外面，定植深度以高出畦面1～2 cm为宜。若种植无籽西瓜，则应按(4～5)∶1的比例配种有籽西瓜授粉株。一般无籽西瓜定植密度为每亩500株左右；有籽西瓜为550株左右。采有支架栽培时每亩需要1 800株苗左右。

七、田间管理

(一)温度调节

定植后一般闭棚1周，白天棚内温度为30～35℃，夜间15℃，最低不低于10℃，促进瓜苗早发根早缓苗。缓苗后应进行适当通风，降低棚内温湿度。白天大棚内温度保持28～30℃，不超过30℃，下午要适当早关窗，使夜间温度平均保持在15℃以上，最低不低于10℃。西瓜进入开花坐果期，棚温白天控制在25～28℃，夜间15℃左右，以利坐果。进入膨大期，适当提高大棚内白天的温度，控制在28～32℃，以利糖分积累，提高西瓜品质。

(二)整枝吊蔓

保护地栽培西瓜有地蔓瓜和吊蔓瓜两种模式。

(1)地蔓瓜栽培模式。采用的整枝方式一般采用三蔓整枝法，即保留主蔓并在主蔓的基部选择 2 条粗壮的侧蔓，其余的侧蔓及主侧蔓叶腋内的侧枝应及时抹掉，在西瓜坐果后应减少抹叉次数或不抹叉。

(2)吊蔓瓜栽培模式。一般采用双蔓整枝。即除保留主蔓外，在主蔓第 3～5 节上选留 1 条健壮侧蔓。日光温室内设有专供吊蔓用的东西向拉紧钢丝(24 号或 26 号钢丝)三道，在东西向拉紧吊架钢丝上，按棚室上南北向西瓜行的行距，设置上顺行吊架铁丝(一般用 14 号铁丝)；在顺行吊架铁丝上，按本行中的株距挂上垂至近地面的尼龙绳作吊绳。吊绳的下端拴固在深插于植株之间的短竹竿上，短竹竿地上高度 20～30 cm。人工引蔓上吊架时，将西瓜蔓轻轻松绑于吊蔓绳上即可。

注意：西瓜忌氯，施用氯化钾会影响甜度。

(三)肥水管理

西瓜基肥的施用水平较高，在西瓜开花前一般不施肥。而结果期是西瓜生长最快，也是需肥量最大的时期，这一时期西瓜对钾肥的吸收量比较大，增施钾肥能促进糖类的合成、运输、贮藏，提高西瓜的含糖量。这个时期的追肥以氮肥和钾肥为主，一般每亩施尿素 10～15 kg，钾肥 20～25 kg。但具体的施肥量和施肥时期应根据不同品种不同的长势而定，切不可一刀切。

八、花果管理

(一)辅助授粉

在雄花开放后，选择适宜坐果节位的雌花，在每天上午 7～9 时用当日开放的雄花的花粉轻轻涂抹在雌花的柱头上，并使花粉布满整个柱头。一般小果型品种选择主蔓第二雌花和两条侧蔓上的第一雌花进行授粉坐果，中大型的品种选择主蔓的第二雌花授粉坐果，侧蔓一般不作为结果蔓。

(二)控制肥水

开花坐果期控制浇水，以防止徒长和促进坐果。幼瓜长到鸡蛋大小后，进入膨瓜期，应加强肥水管理，以促进幼瓜膨大。采收前 7 d 左右停止浇水，促进西瓜成熟和提高品质。

(三)瓜蔓掐顶

使用绑蔓的方法时，当瓜果长至鸡蛋大时，瓜蔓已爬满架要掐尖，及时疏除分枝，加强通风透光，减少养分消耗并提早成熟。

(四)套瓜或放蔓

使用绑蔓法后固定茎蔓,当果实长大后,需用草绳或尼龙网套住西瓜果实,绑在支架上。采用吊蔓栽培可以利用放蔓的方法使瓜放回地面,并摘除下部老叶。

九、病虫害防治

西瓜主要病害有猝倒病、枯萎病、蔓枯病、病毒病、炭疽病等,主要虫害有潜叶蝇、种蝇、瓜蚜、瓜叶螨等。防治以农业防治、物理防治为主,化学防治为辅,实施无害化综合治理。

(一)农业防治

主要采取选用抗病品种,无病床土及种子消毒处理,清洁田园。物理防治主要是在苗棚内利用通风口覆盖防虫网进行预防。

(二)化学防治

选用针对性农药,采取药剂灌根、喷洒和涂茎相结合进行防治。优先选用熏蒸剂防治病虫害,如猝倒病,喷洒 66.5%普力克水剂 1 000~1 500 倍液或 64%杀毒矾可湿性粉剂 400~500 倍液。枯萎病,发病初期可选用 70%甲基硫菌灵可湿性粉剂 500~1 000 倍液或 60%琥·乙膦铝可湿性粉剂350 倍液,灌药液 250~500 mL/株,间隔期 7~8 d;细菌性病害,采用 72%农用链霉素或 77%氢氧化铜类杀菌剂 500~750 倍液喷雾防治;蔓枯病和炭疽病可选用选择晴天下午用 50%多菌灵可湿性粉剂 500 倍液或 70%的甲基托布津可湿性粉剂 700 倍液或 75%的百菌清可湿性粉剂 500 倍液进行轮换喷雾,每隔 7~10 d 进行 1 次。防治叶螨和潜叶蝇可用 1.8%阿维菌素乳油 3 000~5 000 倍液或 50%灭蝇胺水溶粉剂 4 000~6 000 倍液喷雾,每季最多使用 2 次,安全间隔期为 7 d。防治种蝇,可用 1.8%阿维菌素乳油 3 000~5 000 倍液,于种蝇卵孵化盛期喷雾防治。防治瓜蚜选用 10%啶虫脒乳油 2 000 倍或 20%吡虫啉可湿性粉剂 1 500 倍液防治。

十、采收

为保证西瓜质量,应根据品种的特征特性及时采收,一般在西瓜授粉后 28~35 d 采收。

【复习思考题】

1. 西瓜的生长发育期可分为__________、__________、__________、__________和__________。

2. 早春茬西瓜育苗时间__________；西瓜嫁接砧木品种一般选择__________。
3. 西瓜坐果时大棚最适温度是__________。
4. 西瓜种蝇防治选择药剂__________。
5. 简述西瓜顶插嫁接技术要点及嫁接苗如何栽培管理？
6. 简述西瓜不同生长发育时期的栽培要点。

子任务三　西葫芦设施生产技术

【案例导入】

日光温室深冬茬西葫芦、夏茬春提前番茄栽培模式，产量高，效益好，该模式在卢龙县刘营乡村示范推广后，给当地村民带来了创收，其中西葫芦每亩产7 000 kg，平均售价 2.5 元/kg，亩产值 17 500 元，番茄亩产 6 000 kg，平均售价2 元/kg，亩产值 12 000 元，两茬合计总产值 29 500 元。今天的任务是精心设计一个西葫芦越冬茬栽培方案，并负责实施。

【任务目标】

完成本学习任务后，你应该能

1. 学会西葫芦的栽培技术方案设计；
2. 学会西葫芦越冬茬栽培技术；
3. 发现并会分析栽培过程中的问题，提出解决的办法。

【相关知识】

西葫芦（图 2-2-8）又名搅瓜、美洲南瓜，是南瓜属中的一个栽培种，原产于北美洲南部。其营养丰富，果胶含量高，含糖量低，多以嫩果炒食做馅，种子可加工成干香食品。随着设施农业的发展，西葫芦是作为冬春设施栽培的主要蔬菜作物之一，解决了淡季蔬菜供应。

一、西葫芦对环境条件有哪些要求

（一）温度

西葫芦在瓜类蔬菜中属耐低温的类型。不同发育阶段对温度的要求，适应温度 12～28℃，适宜温度 18～25℃，温度达到 32℃花器发育异常，低于 15℃生长缓慢,8℃以下或40℃以上则停止生长。长时间的高温和空气干燥易引起病毒病发生,日光温室或拱棚中栽培应保持在12℃以上。

图 2-2-8 西葫芦

(二)光照

西葫芦是短日照植物,苗期短日照有利于雌花形成,降低雌花节位,一般以8～10 h短日处理为适宜。西葫芦对光照强度要求是中光强度,耐弱光性能较强,光照不足时易徒长,不易结瓜;果实生长期要求较长时间的光照,此时应增加光照强度,以便于提高产量。

(三)水分

西葫芦根系强大,吸水能力强抗旱性好。适宜的土壤相对湿度为70%～80%。在苗期应控制水分,防止茎叶徒长。结果期需要大量水分,应保持土壤湿润。

(四)土壤及营养

以耕层深厚、肥沃的沙壤土或壤土栽培为好。适宜的土壤pH为5.5～6.8。西葫芦生长期短,产量高,需肥量大,应多用基肥,开花和结瓜期适当供应氮肥,结果期氮、磷、钾充分供应。西葫芦生产安排上也注意实行1～2年的轮作。

二、怎样提高越冬茬西葫芦坐果率

因冬季温室西葫芦生产温度低,本身花期短,花粉粒大而少,雌花量少,导致大量落花和化瓜,以下途径可以提高西葫芦坐果率。

(一)人工授粉

激素处理:常用浓度为25～30 mg/L的2,4-D或20～30 mg/L防落素喷花或涂花柄,在喷花蕊时,可在激素中加入0.1%速克灵同时防治灰霉病。

(二)疏花疏果

及时采摘果实。结瓜初期(1～2月)植株长势尚弱,为提高结瓜率,可适当进行疏花疏果,当上一个瓜采收后用同样的方法选留下一个瓜,至3月植株长势增强,光照和温度调节好转后,可视植株长势免去人工疏果,一株上可同时留几个瓜。

三、怎样防止西葫芦发生化瓜

化瓜原因:花粉发育不良;授粉受精不良;植株营养不良或植株徒长;病虫害严

重。防止化瓜措施:①培育壮苗。②适时整枝、疏瓜,减少养分消耗。③加强养分供应,控制水分,增加光照,适当降低夜温,加大昼夜温差。④根据植株长势采收,保持秧果生长平衡。⑤及时进行人工授粉或激素处理。

【方案设计】

(一)方案设计

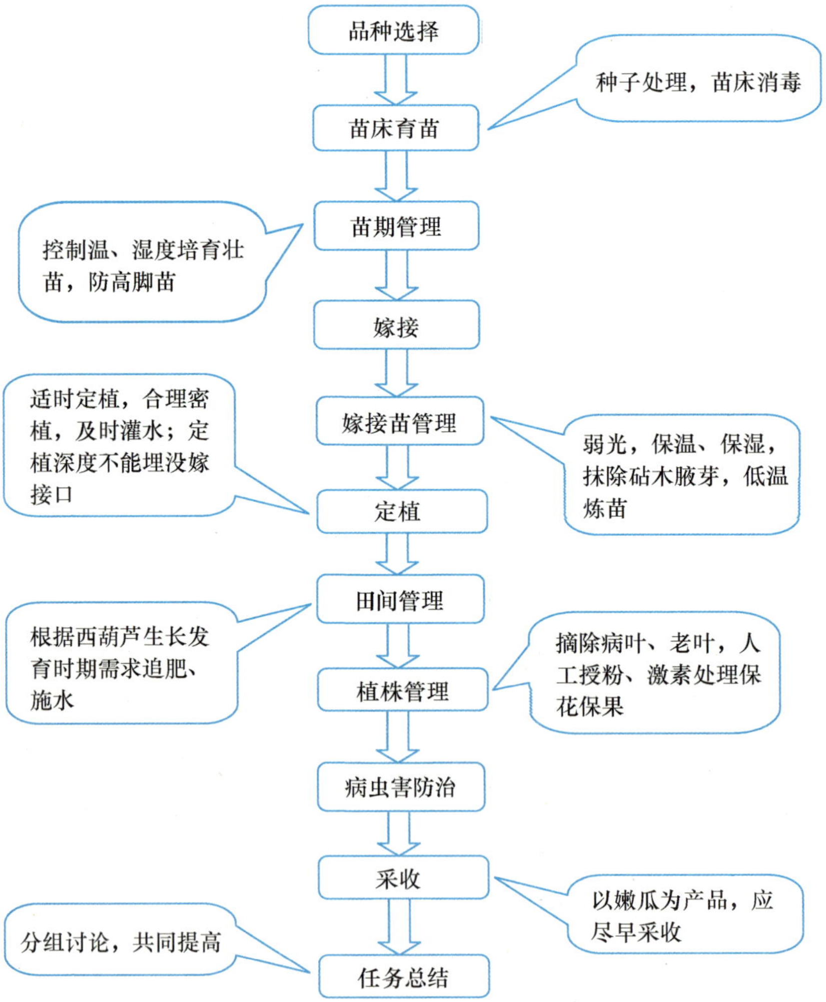

(二)学生模仿设计生产方案

1. 学生分组,强调纪律和安全。学生 4～5 人 1 组,以组为单位进行各项活动和交流。

2. 在教师的指导下,通过多种信息渠道查询资料。阅读课本、参考书,查阅有关网站、资源库,准备数码相机、记录本、卷尺、钢笔、铅笔、速写本等。

3. 安排学生参观、考察西葫芦日光温室栽培,访谈种植技术员或种植户,做好详细记录。

4. 每人写一份西葫芦设施生产方案。

【任务实施】

一、品种选择

西葫芦在日光温室栽培应选择植株低矮、叶片小、株型紧凑、不易分枝、耐低温、耐弱光能力强、抗病、早熟、丰产、品质好的品种的品种,如早青一代、碧玉(美国)、冬玉(法国)、京葫 3 号、翠玉、冠玉等。

以黑籽南瓜为砧木,西葫芦为接穗,进行嫁接,其亲和力强,成活率高,根系强大,抗寒、抗病、抗逆性增强,可延长结果期。一般在 10 月上旬播种,11 月下旬采收,供应元旦、春节市场,到翌年 5～6 月拉秧,采收期达 200 d,产品收获期是蔬菜淡季,产品畅销,效益比较高。一般每亩产可达 10 000～15 000 kg,高的达到 20 000 kg,采用嫁接栽培是不嫁接西葫芦产量的 2～3 倍。

二、育苗

(一)苗床准备

一般栽每亩需准备苗床 20 m^2,需西葫芦种子 200～300 g;有条件的可采用穴盘育苗,穴盘育苗每亩需准备 32 孔苗盘 60 张。选用前茬没有种过葫芦科蔬菜的优质疏松园土 60%,腐熟有机肥或畜禽 35%,炉灰或沙子 5%,分别过筛,然后按比例混合均匀,再每立方米中加入氮∶磷∶钾＝15∶15∶15 复合肥 0.5～1.0 kg,50% 多菌灵粉剂 100～150 g 拌匀备用;或购买育苗专用基质。

(二)种子处理

一般采用温汤浸种,把种子放入 55℃ 热水中,不断搅拌,保持水温 15 min,冷却至 30℃ 后浸泡 4～6 h。浸种后将种子搓洗干净,捞出并沥去水分,用干净的湿毛巾包好,置于 28～30℃ 催芽;也可采用药剂浸种,用 50% 多菌灵可湿性粉剂

500 倍液浸种 1 h,或福尔马林 300 倍液浸种 1.5 h,再用 10%磷酸三钠浸种 15～20 min,捞出洗净。消毒后的种子浸泡 4 h 左右后捞出洗净,置于 28～30℃催芽。催芽过程中,每天用温水冲洗 1～2 次,有 70%种子露白时即可播种。包衣种子无须处理,直播即可。

将黑籽南瓜提前在阳光下暴晒几小时,然后用 60℃温水浸种,并不断搅拌至 25℃时,换上 30℃的温水浸泡 13 h,然后捞出晾半天后待播。

注意: 砧木种子比西葫芦接穗苗提早1 d播种。

(三)播种

黑籽南瓜嫁接西葫芦,应先播种南瓜,后播种西葫芦,间隔 1 d 左右。播种前,先将苗床浇足水,覆土 1.5 cm 厚,然后喷 72.2%普力克水剂 600 倍加 5%辛硫磷乳油 800 倍混合液,按株距 1 cm 播种,上覆 2 cm 过筛细土,然后覆盖地膜,保持地温在 18～25℃,最高不超过 28℃,一般 3～4 d 出齐苗。

壮苗标准:茎粗壮,节间短,叶色浓绿,有光泽,叶柄较短,根系完整,3 叶 1 心,株型紧凑,苗龄 25 d 左右。

三、苗期管理

(1)温度:冬春育苗温度管理见表 2-2-1。

表 2-2-1 西葫芦苗期不同生长阶段对温度要求 ℃

时期	白天适宜温度	夜间适宜温度	最低夜温
播种至出苗	25～30	16～18	15
出苗至真叶顶心	20～25	13～16	12
真叶顶心到炼苗	25～28	14～16	13
炼苗	15～25	6～8	5

(2)肥水管理:苗期不旱不浇,如果干旱可在晴天中午洒水,严禁浇大水,浇水后放风排湿。苗期一般不追肥,后期可喷施 0.2%磷酸二氢钾溶液的叶面肥,促进幼苗生长。

(3)苗期病虫害防治:西葫芦苗期主要以防蚜虫为主,可以在阴天或夜晚密闭温室,用杀虫熏烟剂防治蚜虫。也可选用 10%吡虫啉可湿性粉剂 1 000 倍液或 2.5% 溴氰菊酯乳油 2 000 倍液喷雾防治。

四、嫁接

当黑籽南瓜和西葫芦幼苗的子叶接近平展，西葫芦真叶未露，南瓜真叶已露，呈尖状时为最佳嫁接时机。将黑籽南瓜和西葫芦幼苗轻轻用竹签挖出，用清水洗掉根部泥土，以南瓜做砧木，用竹签将南瓜砧木生长点剔除，在子叶下 0.5 cm 处用刀向下呈 40°下刀，刀口深达茎粗一半，再将西葫芦苗从子叶下 1.5～2 cm 处向上呈 35°下刀，刀口深过半(3/5)，将黑籽南瓜和西葫芦幼苗割口相对插好，用准备好的嫁接夹固定，西葫芦苗茎在里，南瓜苗茎在外。

五、嫁接苗管理

(一)光照的调节

开始早晚可见弱光，中午放苫遮阴，逐渐延长早、晚见光时间，缩短中午遮阴时间，10 d 左右不再遮阴。再经过 2 d 强阳光的照射后可进行断根，从夹子下用刀片将西葫芦根茎割断拔出。

(二)温湿度管理

嫁接后 3 d 内温室不能放风，保温保湿，促进嫁接伤口愈合。室温白天控制在 25～28℃，晚上 15～18℃，嫁接 5 d 后室温白天保持 20～25℃，晚上 10～15℃，定植前 5 d 可降温炼苗，白天控制温度 15～25℃，晚上 8～10℃。

(三)水肥管理

嫁接苗 3～4 d 后，若出现床土干旱，秧苗萎蔫，说明缺水，可用喷雾器去掉喷头靠地面用溜水办法，顺沟浇水，不要洒在夹子上，影响伤口愈合。若移栽时用水过量，苗床过湿，出现沤根、烂根现象，要及时松土散湿。育苗阶段一般不施肥，可叶面喷施 0.3%磷酸二氢钾或 0.5%尿素溶液，发现南瓜萌芽要及时掐掉，以防消耗营养，影响嫁接苗生长。苗龄 30～35 d、3 叶 1 心至 4 叶 1 心时进行定植。

六、定植

深翻土壤，基肥在定植前一次性施足。结合整地每亩施优质腐熟有机肥(优质腐熟猪粪或鸡粪肥)3 000～5 000 kg，磷酸二铵 50 kg，硫酸钾肥 30 kg。地整好后定植前 10～15 d 扣严棚膜，尽量提高棚内地温。定植按大小行，大行距 80 cm，小行距 40 cm，株距 50～60 cm，每亩栽植 1 600 株左右。秧苗定植后结合中耕，按小行距起垄，垄高 15～20 cm，垄上覆地膜，准备定植。

定植时在垄上开穴(深 12～15 cm)，把苗栽入穴中，定植深浅要一致，浇“定根水”，水渗下后，用土将地膜口盖严，并用少量土封住膜口。定植苗要大小分开，以便后期的水肥管理。

七、定植后管理

(一)温度

定植后保持高温高湿,促进缓苗,白天 28～30℃、夜间 18～20℃,不超过 30℃不放风。缓苗后要促根控秧,防止植株徒长,保持白天 22～25℃,超过 25℃时放风,20℃左右关闭通风口,夜间 10～15℃,早晨揭苫时可降至 8～10℃,这样有利于雌花提早形成和开放,并可有效控制徒长。根瓜开始膨大时,适当提高温度,白天 23～28℃、夜间保持 12～17℃,最低温度达 11℃以上。春季温度高时,要加大放风量,白天棚内温度不宜超过 30℃,夜间外界温度高于 12℃。

(二)肥水管理

缓苗后至坐瓜前适当控制浇水,以促根控秧。根瓜开始膨大时,应及时浇水,结合浇水可顺水冲施化肥,每亩施入磷酸二氢钾 15～20 kg。在根瓜普遍采收,第 2 条瓜膨大时,进行第 2 次追肥,每亩追施尿素 20～25 kg,以后每半个月左右追肥 1 次,或隔一水追 1 次肥。可追施 1 次氮素化肥、1 次复合肥,防止化肥过多导致徒长。

八、人工授粉和激素处理

西葫芦一般不能单性结实,在冬季和早春大棚内基本没有传粉昆虫,必须进行人工授粉,一般在上午 8～11 时进行,摘取当日开放的雄花,去掉花冠,在雌花柱头上轻轻涂抹。另外,在冬季雄花较少,温度低时花粉少,可用激素处理防止落花落果。常用的激素 2,4-D,处理时间在早晨 8～10 时,冬季浓度为 100～200 mg/kg、春季 25～30 mg/kg,涂抹在刚开的雌花花柱基部和花冠基部之间,也可涂抹在幼瓜上,但不要涂到植株的茎叶上。

九、植株调整

温室西葫芦生育期长,叶片大、叶数多,虽然大多采用的是矮生型品种,但节数多,也影响通风透光,并容易发生病害,因此应进行吊蔓,结合绑蔓,摘除下部老叶和病叶。一般保持 2 叶左右 1 条瓜,在拉秧前 30 d 左右摘心。

十、病虫害防治

设施西葫芦病害的防治除严格控制温、湿度合理浇水追肥,提高植株抗病能力外,还要掌握各种病害的症状,主要病害有:白粉病、灰霉病、霜霉病、病毒病等,灰霉病用 50%速克灵可湿性粉剂 800 倍液或 60%防霉宝超微粉 600 倍液喷雾。白粉病用15%三唑酮1 500倍液或25%腈菌唑乳油500倍液喷雾。病毒病要及早防治蚜虫、白粉虱，减少传毒机会。在病毒病发病初期可喷20%病毒A或15%病毒灵2～3次，如有蔓延趋势，用抗毒剂1号250～300倍液或20%的盐酸吗啉胍可湿性粉剂500倍液喷3～4次。主要虫害有蚜虫、白粉虱、潜叶蝇。其中，除在温室内张挂黄板诱杀外，蚜虫和白粉虱用10%的吡虫啉（蚜虱净）3 000倍液或25%扑虱灵1 500倍液喷雾防治。潜叶蝇选用阿维菌素喷雾防治，在羽化期用4.5%高效氯氰菊酯1 500倍液喷雾杀灭成虫。

十一、适时采收

西葫芦以嫩瓜为产品，第一瓜应早采收，一般250 g即可采收。腰瓜500 g左右采收。采收过晚，会引起化瓜、坠秧。对长势旺的植株可适当多留瓜，留大瓜，并适当晚收，对长势弱的植株应少留瓜，早采收，使其达到瓜秧生长平衡，这是获得早熟高产的重要措施之一。

【复习思考题】

1. 为提高西葫芦坐果率冬季激素2,4-D处理浓度为__________。

2. 越冬茬西葫芦设施生产适宜的播种时间为__________。

3. 提高西葫芦坐果率的方法有__________、__________、__________、__________和__________。

4. 西葫芦育苗前怎样对苗床消毒？播种时种子如何处理？

5. 怎样防止西葫芦化瓜？

6. 简述西葫芦设施栽培的田间管理要点。

子任务四　甜瓜设施生产技术

【案例导入】

中国传统医学认为，甜瓜瓜肉性味甘、寒、滑，具有止渴、除烦躁、治口鼻疮等功效。由于甜瓜具有果用为主、药用为辅的独特价值，将会有广阔的市场前景。1999年，通海引进甜瓜进行试种，2000年试种取得一定的经济效益，2001年试种面积迅速发展到2.4 hm^2，到2006年种植面积发展到34 hm^2，甜瓜产业成为农村经济增长新的突破口。我们的任务是精心设计一个甜瓜早春茬栽培方案，并负责实施。

【任务目标】

完成本学习任务后，你应该能

1. 学会甜瓜的栽培技术方案设计；
2. 熟悉甜瓜日光温室早春栽培技术各个环节；
3. 发现并会分析甜瓜设施栽培过程中出现的问题，并提出相应的解决办法。

【相关知识】

甜瓜是葫芦科黄瓜属一年生蔓性草本植物，广泛栽培于温带至热带地区，品种繁多。果实香甜，富含糖、淀粉，还有少量蛋白质矿物质及其他维生素。

一、甜瓜类型有哪些？其主要栽培区在哪里

我国栽培的甜瓜品种，因品种特性、适应性不同一般可分为薄皮甜瓜和厚皮甜瓜两大类型，近年来育种者利用这两大类型相互杂交，又育出了一批接近于厚皮甜瓜的中间类型品种。

薄皮甜瓜又称东方甜瓜、梨瓜、小瓜、脆瓜等，栽培上表现较为耐湿，主要分布在我国东部夏季潮湿多雨的地域，如东北、华北、江淮流域、东南、华南等地，适于露地栽培，保护地栽培时易徒长。

厚皮甜瓜主要指可在我国西北露地栽培，对环境条件要求较高，喜干燥、炎热、温差大和强日照，栽培上表现为不耐湿、不抗病，一般在我国东部夏季潮湿多雨的地域不能露地栽培，只能在早春或秋冬保护地内栽培，只有部分早熟品种在部分地区可进行小拱棚甚至露地栽培。

二、甜瓜对环境条件有哪些要求

（一）温度

甜瓜属高温短日照作物。其生长最适宜温度 25～35℃，当气温低于 13℃生长发育受到抑制，10℃以下，停止生长，厚皮甜瓜对温度的要求比薄皮甜瓜高 2℃左右，薄皮甜瓜耐低温的性能比厚皮甜瓜强。各生育期对温度的要求不同，发芽期最适宜的温度为 30～35℃，不能低于 15℃；幼苗期的适宜温度 20～25℃；结果期的适宜温度 30～35℃。一般栽培优质甜瓜需要的昼夜温差在 11℃以上。

（二）光照

甜瓜喜充足的光照，生育期里每日需 10～12 h 日照时数。厚皮甜瓜对光照时数、强度的要求严格，因此，对种植地区和栽培条件也要求比较苛刻。但薄皮甜瓜对光照度的适应范围较广，在南方各地均可种植。

(三)水分

甜瓜根系发达,能利用土壤中的水分,比较耐旱,适宜湿度为50%~60%。开花坐果期要求的湿度为80%左右。如果土壤水分不足,会影响瓜的产量和品质。厚皮甜瓜对湿度要求严格,薄皮甜瓜耐湿性较强。

(四)土壤营养

甜瓜根系的好氧性强,在通透性良好的冲积沙土或沙壤土上种植最为适宜。甜瓜能耐轻度盐碱,土壤的pH以6~6.8为宜。据研究表明,甜瓜对氮磷钾三要素的吸收比例约为30:15:55;在需要氮磷元素的同时特别需要钾元素,对钙镁硼的要求量也比较大。

三、整枝摘心方式有哪些

整枝方式常见的有单蔓、双蔓和多蔓整枝。

(一)单蔓整枝

主蔓第5片叶时摘心,留1条子蔓;或放任生长,基部坐瓜3~5个,以后子蔓上可相继结果。主要用于极早熟品种的整枝方式。

(二)双蔓整枝

主蔓3~5片叶时打顶摘心,以后选留2条生长健壮的子蔓,并引向畦面均匀伸展;孙蔓结瓜,瓜前留2片叶摘心,整成双子蔓结瓜,每株结瓜3~5个。搭架栽培时,4叶摘心,整成双子蔓上架,子蔓12~14片叶打顶,株高80~100 cm;每条子蔓3~4片叶腋处留2条孙蔓结瓜,瓜前留1~2片叶打顶。第一次结瓜应选取留2~3个;第二次结瓜应在2个子蔓的第8~9叶腋处留1条孙蔓结瓜,选留1~2个;第三次结瓜应在最上端1条孙蔓结瓜,选留1~2个。此为目前生产上最常见的整枝方式。

(三)多蔓整枝

主蔓4~6叶时打顶摘心,以后选留3~4条生长健壮的子蔓,并使其均匀地分布在畦上。利用其孙蔓结瓜,选留生长粗壮、健壮的带雌花的孙蔓结瓜,留1~2片叶打顶。每株结瓜4~6个。

四、甜瓜分为几个生育周期?其特点有哪些

甜瓜生育周期的长短,在不同类型和品种之间差异很大。一般来讲,厚皮甜瓜的生育期比薄皮甜瓜长,薄皮甜瓜中早熟品种的生育期65~70 d,而厚皮甜瓜的早熟品种85 d左右,晚熟150 d。在不同温度季节内生长时,甜瓜生育期长短表现不

一,在温度较低季节表现生育周期长。反之,生育周期则短。甜瓜从干种粒开始吸水发芽到果实成熟,也可以划分为发芽、幼苗、伸蔓和结果四个生育时期。

(一)发芽期

从种子吸水膨胀、萌动发芽至子叶平展,真叶露心为发芽期。此期一般需 6～10 d,此期内的生长量很小,幼苗生长主要依靠种子内部的贮藏养分。所以,在栽培上当幼苗出土后必须严格控制温湿度,以防止幼芽徒长。

(二)幼苗期

从子叶平展真叶露心至第五片真叶出现、开始伸蔓为幼苗期。此期一般需 25～30 d。此期根系开始旺盛生长,地上部也有一定的增长,生长中心仍以地下根系为主,并逐步向植株顶端生长点转移。第一片真叶时已开始花芽分化,第二至第四片真叶期是花芽分化的旺盛期,适当低温有利于花芽分化。此期间,栽培上主要是育苗,应在苗床内控制温湿度,以促进花芽分化、培养壮苗、防止徒长;直播的或幼苗定植后应控制浇水,多次中耕松土,以利促进根系发育。

(三)伸蔓期

从幼苗开始伸蔓至结瓜部位雌花开放为伸蔓期。此期一般需 20～25 d。此期内的生长量逐渐增加,全株以营养生长为主,地下强大根系已建成,是茎蔓伸长和叶面积增多增大的最快时期,生长中心稳定在茎蔓顶端的生长点上;同时雌花、雄花逐渐发育成熟,由营养生长转向生殖生长。此期内在栽培上主要通过合理的肥水管理和整枝、摘心、压蔓等管理为下一步开花坐果打下基础。

(四)结果期

从结瓜部位雌花开放至果实成熟为结果期。此期的长短不同类型和品种间差别很大。薄皮甜瓜特早熟品种只需 25 d 左右,一般中熟品种为 30～35 d,厚皮甜瓜的中熟品种大多在 35～45 d,特晚熟的品种甚至长达 70～80 d。此期内地下根系已全部建成,基本停止生长,茎叶生长进入高峰后迅速减缓,生长中心由茎蔓顶端转向果实。根据甜瓜结果期的特点和便于田间管理,结果期又可分为:坐果期、膨瓜期、成熟期。

坐果期是指从结瓜部位雌花开放至幼果达核桃大小,一般需 6～9 d,茎叶生长旺盛而达到高峰,栽培上主要通过控制肥水、合理整枝达到防止徒长与促进坐果。

膨瓜期是指从幼果核桃大小至果实基本定个,此期有的品种只需 10～12 d,而有的却需 25 d 以上。此期果实迅速膨大,是产量形成的关键期,在栽培上主要通过加强肥水供应,以充分满足果实膨大的生长需要,同时应及时打药和根外追肥,防止植株早衰和感病。

成熟期是从果实定个至果实生理成熟,此期有的只需 7～8 d,而有的却需 20 d

以上，此期果实内发生一系列生化变化，糖粉的积累，肉质转松脆或软化，并散发不同的芳香气味，果皮变色、果脐变软、产生离层的品种开始落蒂。在栽培上主要通过控制浇水、加强果面管理以保果实品质。一株多果品种此期应加强肥水和防病管理。

【方案设计】

（一）方案设计

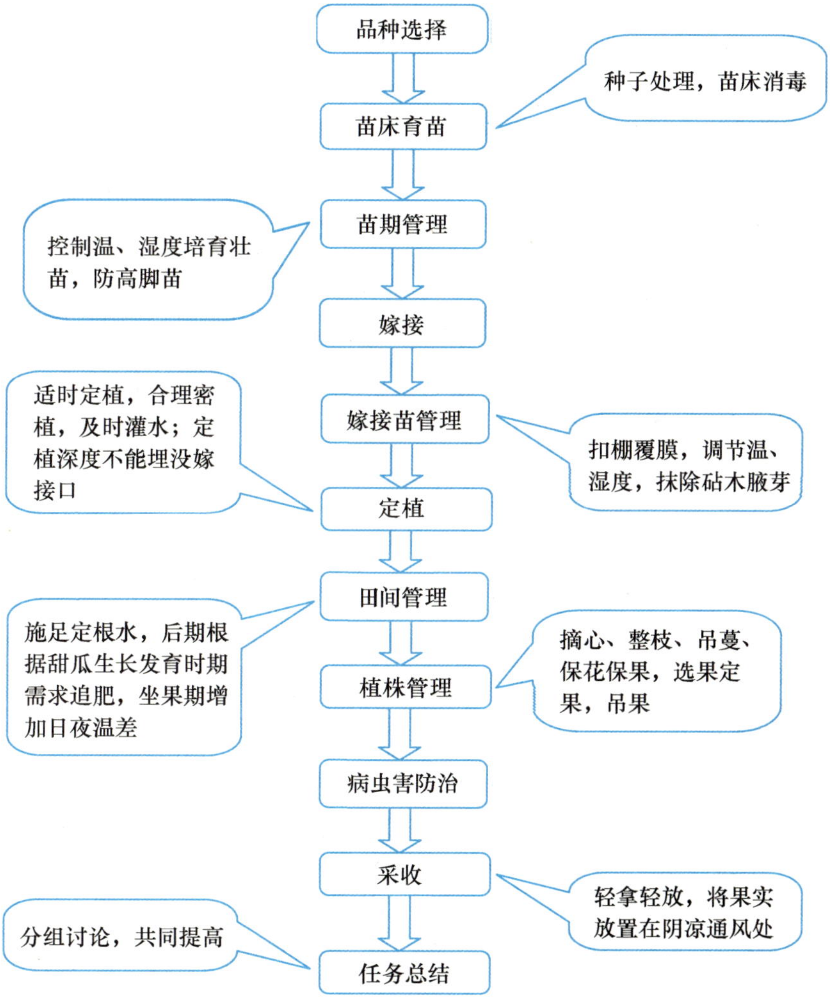

(二)学生模仿设计生产方案

1. 在教师的指导下，学生分组，通过多种信息渠道查询资料。阅读课本、参考书，查阅有关网站、资源库，准备数码相机、记录本、卷尺、钢笔、铅笔、速写本等。

2. 安排学生参观、考察甜瓜种植园，访谈种植技术员或种植户，做好详细记录。

3. 每人写一份甜瓜设施生产方案。小组讨论，推荐一份较好的方案，小组再进行充分地讨论，将每个同学好的思路，补充完善到一个方案中。

4. 每组选一个代表，在全班讲解小组的设计方案，组员补充方案的内容。教师组织全班同学讨论、评价各小组的方案，选出最佳方案，作为生产方案实施。

【任务实施】

一、品种选择

因地制宜、适时引进新品种。甜瓜品种的选择，首先是选择市场走向较好的、消费者较欢迎的品种，另外还应注意所选择的品种是否适应当地环境。早春的低温、弱光照、湿度大对甜瓜生长不利，容易造成低温伤害及病害发生，也易造成植株的雌、雄花不能正常发育，影响授粉坐果。日光温室早春茬甜瓜应选择耐寒性强、早熟、高产、优质、适应性广、抗病性强的品种。适宜的厚皮甜瓜品种有伊丽莎白、白香蜜、丰雷等；适宜的薄皮甜瓜品种有芝麻蜜、永甜 2030 等。砧木选用青萌砧木 1 号。

二、育苗

育苗时间一般根据定植期和产品上市时间而定，如早春茬甜瓜要在 4 月上中旬上市，定植期在 1 月底或 2 月初，播种时间就应在 12 月下旬，确定定植期向前推 35 d 即为播种适期。

(一)苗床准备

营养土按田园土(3～5 年内未种过瓜类的肥沃表土)和腐熟有机肥 6∶4的比例进行配制。在土壤肥力不足的情况下，每立方米营养土中可掺入过磷酸钙 2～2.5 kg、硫酸钾 0.5 kg、尿素 0.3 kg，再加入少量杀虫剂和杀菌剂。若土质过于黏重，可适当增加农家肥用量或加少量细沙，防止升温慢或浇水后发生板结，影响根系伸展及定植后缓苗；若土质过于疏松，可适当增加农家肥和黏土来调整，否则育苗土保水性差，定植时容易散坨和伤根，造成病害传染且不易缓苗。营养土消毒时，可用辛硫磷乳油 1 500 倍液、甲基托布津 800 倍液等与土充分拌匀。播种前 1 d 将营养钵装上营养土，并将其排列在育苗床上。营养土装钵时装到营养钵的3/4(也可购置蔬菜专用有机营养育苗基质)。播种前夜把苗床上准备好的营养钵浇透水。

(二)种子处理

挑选纯度≥95%、净度≥99%、发芽率≥85%、水分≤8%的种子。种子选好后，用55℃温水浸种10 min，然后不断搅拌使水温降至37～38℃，使大多数种子吸足水分下沉，水温自动冷却后再浸泡2 h，将种子捞出晾一下，再用干净的湿布包起来进行催芽。催芽温度保持在35～37℃，催芽24 h即可出芽。处理时还可采用高锰酸钾或多菌灵进行消毒，即用0.2%高锰酸钾溶液浸种20 min，捞出用清水洗净后再浸泡6～8 h，或用50%多菌灵可湿性粉剂500倍液浸种1 h，用清水冲净后再浸种6 h。

(三)播种

待芽长0.3～0.5 cm时(一般恒温催芽24～30 h)即可播入事先淋透水的营养钵或穴盘内。播种不能过深或过浅，一般保持0.5 cm；要求胚芽向下，种子平放，而且最好方向一致。播后在种子上再盖1层约1 cm厚的疏松营养土或专用覆盖基质，最后盖地膜保湿保温以利出苗。当50%的幼苗出土时即可揭开地膜。

三、苗期管理

(一)光照管理

光照不足时，可用白炽灯或农用荧光灯等补光，使之达到每天10～12 h的光照。

(二)温度

出苗前温度控制在37～38℃，出苗后控制在28～35℃。长期高低温交叉管理，白天温度高，夜间温度15℃左右，可有效防止高脚苗的发生。

(三)肥水管理

水分管理遵循见干见湿、早浇晚不浇的原则，防止湿度过大易徒长及感染病害，也可采用0.2%尿素和磷酸二氢钾或叶绿精(高效三元复合肥，N-P-K为15∶10∶15)溶液淋根代替浇水。

(四)炼苗

在定植前3～4 d逐步降温并控水，定植前1 d多淋水。

注意：嫁接时及时将嫁接好的苗子放置于可遮阳保温保湿的地方。

壮苗标准：子叶完整、下胚轴粗壮、真叶叶片厚、叶色浓绿、根系发育好、无病虫害，苗龄 25～30 d。

四、嫁接

当砧木苗 2 片子叶展平，1 片真叶顶心，茎粗与接穗苗基本相同，而接穗苗 2 片真叶展开，3 片真叶露心时为嫁接适期。

采用靠接法嫁接，嫁接前须将刀片消毒。先将砧木生长点去掉，在砧木子叶下方 1 cm 处，用刀片沿胚轴窄面 30°角向下斜切 1 刀，深度为茎粗的 2/5～1/2 处。然后取接穗用同样方法在子叶下方 1.5 cm 处，由下向上 30°角斜切 1 刀，深及胚轴 1/2～2/3 处，然后将砧木与接穗两者的切口镶嵌（互插），再用嫁接夹固定，一同栽入 10 cm×10 cm 的营养钵中。

五、嫁接苗管理

嫁接苗前期管理好坏直接影响嫁接苗的成活率，最初几天是嫁接成败的关键时期。一般嫁接后 24 h 形成愈伤组织。为了减少蒸腾，防止嫁接苗脱水萎蔫，嫁接后 3 d 内一定要用覆盖物遮光。一定要浇足底水，使湿度达到 100%，温度白天保持在 25～30℃，夜间 22～24℃，大约 3 d 后，据嫁接处伤口愈合及幼苗生长情况，逐渐揭掉覆盖物，按常规育苗方法正常管理。砧木子叶间长出的腋芽及时抹除，但不可伤及砧木子叶。

六、低温炼苗

在定植前 7 d，具有 2 片～3 片真叶时，要进行低温炼苗；移栽前，白天保持 18～25℃，夜间 10～15℃，使大苗逐渐适应外界环境。定植前 1 d 喷 1 次大民绿兴及 400 倍液寒必克，以提高幼苗的质量及抗性。当苗龄 30 d 左右，3～4 片真叶时及时定植。

七、移栽定植

定植前 7～10 d 应对温室彻底消毒。整地要求深耕 25～30 cm，耙平、打碎，在整地时视土壤酸碱度施入 50～100 kg 的生石灰中和改良土壤。基肥应深施于畦中间（距畦面 20～25 cm），以有机肥为主，一般每亩施肥 1 000～2 000 kg，也可加入 20～30 kg 的复合肥，同时盖土起畦，畦宽 1.5 m（含沟宽）。定植前 2 d 浇透种植畦，使土壤含水量 80%以上，最后用宽幅地膜覆盖保湿，提高棚内气温和土温并抑制土壤水分蒸发，降低空气相对湿度，棚内空气湿度可比外界低 10%～20%。春季定植时间宜选在天气回暖的晴天上午进行，一般每亩种植 1 400～1 600 株，行距

40 cm，株距 45～50 cm，双行“品”字形定植。按株行距在地膜上用竹棍开好定植穴。移栽时，将幼苗从穴盘中自底部向上挤出，手拿泥团尽量不散坨，切不可用手捻着幼苗胚轴拔出。从开好的定植穴将幼苗栽入膜下土壤中，定植深度与苗坨基质相平，用散土培根，浇足定根水，然后覆土封膜，将瓜苗根部四周的地膜封好。

八、田间管理

（一）水肥管理

（1）提苗肥：缓苗后用 0.3%～0.4%尿素+0.3%～0.4%磷酸二氢钾+1 000 倍液的甲基托布津和大生 M-45 灌根，既追肥又防病虫。提苗肥一般 3～4d 施 1 次。

（2）伸蔓肥：在心叶抽出后进行，以专用冲施肥或高氮复合肥促进蔓生长，一般 5～10 g/株。施后 1～2 d 灌小水保持土壤湿润。开花前 1 周应控制水分，并喷 800～1 000 倍液的开花精（N-P-K 为 15:30:15）。

（3）膨果肥：果实膨大前期每 6～7 d 施专用冲施肥或水溶性平衡三元复合肥 10～20 g/株，促进幼果膨大；果实膨大后期改用高钾型复合肥。网纹形成前 7 d 应控制水分，使水分控制在 65%左右，水分过多则易造成网纹开裂、过粗，甚至形成裂果。果实成熟期应控水肥，以便土壤适当干燥。采收前 10 d 淋腐熟花生麸溶液或叶面喷施 600～1 000 倍液的甜果精（N-P-K 为 8:12:24），可提高果实的糖度。

（二）温、湿度管理

通过四周和顶棚天窗薄膜的开闭调节棚内小气候，主要是在春茬前期的倒春寒晴天上午棚内温度升高后卷起边膜，傍晚太阳下山前放下边膜保温防冻。如遇降温天气和阴雨天气则全天盖膜保温防湿，但每天中午须通风换气，降低棚内湿度。在采收前 10 d，可通过棚膜的开闭，提高白天棚内的温度，晚上则适当降低温度，以增加其日夜温差，利于果实糖分累积，提高瓜的品质。

九、整枝、摘心和吊蔓

早熟品种采用单蔓整枝法，中、晚熟品种采用双蔓或三蔓整枝法。定苗或定植缓苗后，在幼苗 4～5 片真叶时将主蔓摘心，促发子蔓。单蔓整枝时，在发出的子蔓中选留 1

图 2-2-9 甜瓜单蔓整枝

条生长健壮的子蔓，其余子蔓摘除。春季选留主蔓上第 12～15 节位子所产生的子蔓作为结果蔓，结果蔓以下侧蔓应及早全部摘除，以上侧蔓视土壤肥力及长势而定，全部打除或留 1 叶摘心；侧蔓结果，留果蔓留 2 叶摘心。选留定瓜后，主蔓在留果节往上有 12 张叶以上时，保留 1～2 条侧蔓后打顶，防止营养生长过旺，保证幼瓜发育的营养需要。整枝摘心宜在晴天上午，同时辅以喷药防病。注意及时吊蔓，每株配 1 根塑料绳或棉绳，一头以活结系在植株上方的铁丝上，植株主蔓绕在绳子上。图 2-2-9 为甜瓜单蔓整枝。

十、保花保果

人工授粉：设施栽培需人工辅助授粉。授粉在雌花开放当天上午完成，晴天 7～11 时，阴天可延迟到 12 时（以 7～9 时最佳）。用 2～3 朵健壮雄花均匀涂抹于雌花柱头上。一般，一朵雄花可授 3 朵雌花。

激素处理：用高效坐瓜灵喷瓜，在雌花开花前 1 d 或当天，用坐果灵（上海产）1 片，对水 1.5～2.5 kg 喷花，或用 40～50 mL/kg 的防落素（番茄灵），用小型喷雾器向雌花（包括花柄）定向喷雾。注意应在雌花开放的当天或第二天喷花，且不要喷到茎叶上。为了防止重复喷花而出现裂瓜、苦瓜、畸形瓜现象，在药液中加入一定浓度的色素做标记。实践证明，用此法比较简单，易操作且坐瓜率达 95%以上，瓜膨大速度快，早熟高产。

十一、选果定果

定果在幼果长到鸡蛋大小时（授粉后 1 周左右）进行，选择颜色鲜嫩、果形端正、果柄粗圆、花脐小、无机械伤等的正常幼果。每株留 1 个果，其余全部摘除。选果宜在晴天进行，并注意通风干燥，利于伤口愈合，以免病菌入侵。

十二、吊瓜

当幼果长到 250～500 g 时开始吊瓜，将尼龙绳或布条的一端系到瓜柄靠近果实的部位，另一端系到牵引的铁丝上，并使结果蔓呈水平状态。

十三、病虫害防治

种前种子消毒，生长期内注意通风降湿，保持棚内地面干燥，及时打开顶窗加强通风，保持棚内空气相对湿度 60%左右，可减少病害发生。病害主要有蔓枯病、白粉病、霜霉病、细菌性角斑病等，根结线虫病和病毒病也时有发生。主要虫害有：瓜蓟马、蚜虫、斑潜蝇、叶螨等。病虫害发生时要坚持“预防为主，综合防治”的方针，以物理防治、生物防治为主，化学防治为辅。物理防治有用黄板诱杀蚜虫，蓝板诱杀蓟马等；生物防治：用瓢虫、草蛉来防治蚜虫，丽蚜小蜂防治白粉虱。防治蔓枯病可用 10%世高可分散粒剂 1 500 倍液喷雾，也可用 64%杀毒矾 100 倍液涂抹病部；防治白粉病可用 4%四氟醚唑水乳剂 1 000 倍液喷雾；防治细菌性角斑病、细菌性叶斑病可用可用 35%世福干悬浮剂 1 200 倍液喷雾；防治病毒病可用 20%病毒 A 可湿性粉剂 500 倍液或 1.5%植病灵 600 倍液喷雾；防治根结线虫可用 1.8%阿维菌素 2 000 倍液灌根；防治叶螨、斑潜蝇可用 1.8%阿维菌素乳油 2 000 倍喷雾；防治蚜虫、蓟马可用 10%吡虫啉悬浮剂 2 000 倍喷雾。

十四、采收

采收宜在糖分最高而肉质未变软时为好，适宜的采收时间可以通过观察果实、叶片和卷须等来判断。果皮变色，网纹充分形成，木栓化凸起明显，果蒂周围发生离层，周围变黄，结果侧蔓前叶片失绿变黄或干枯，结果节位的卷须干枯表明果实已经成熟。选择在早上露水干后或傍晚气温较低时采收。采收时留 10 cm 左右的 T 形瓜蔓，果实美观且可延长贮藏期。整个采收过程要轻拿轻放尽量避免人为机械损伤。包装好的商品瓜应存放在阴凉通风场所，以防止果肉发酵而降低品质和风味。

【复习思考题】

1. 甜瓜类型分为____________和____________。
2. 常见的整枝方式有____________、____________、____________。
3. 甜瓜常见病害有____________、____________、____________、____________、____________和____________等。
4. 怎样鉴别甜瓜成熟度？
5. 薄皮甜瓜和厚皮甜瓜在生物学特性上有何差别？
6. 简述甜瓜对环境条件的要求？
7. 简述定植后甜瓜肥水管理要点。

任务三　茄果类设施生产技术

子任务一　番茄设施生产技术

【案例导入】

邢台市南和县某蔬菜生产基地，采用两网一膜大棚蔬菜生产技术，生产的番茄果实硬度大，色泽亮丽，深受客商欢迎和消费者喜爱。其产品远销俄罗斯、广州、香港、深圳和东南亚地区。每亩平均纯收入 1 万元以上，每户种植管理 2 000 m^2 以上，户均纯收入 3 万元以上，经济效益可观。我们的任务是精心设计一个番茄越冬茬栽培方案，并负责实施。

【任务目标】

完成本学习任务后，你应该能

1. 学会番茄的设施栽培技术方案设计；
2. 掌握番茄日光温室越冬茬栽培技术；
3. 发现并会分析栽培过程中的问题，提出解决的办法。

【相关知识】

番茄又名西红柿，果实营养丰富，酸甜可口，并具有一定的抗癌和延年益寿之作用，深受消费者欢迎。番茄是世界上重要的设施蔬菜作物之一，我国南北方普遍栽培。

一、番茄设施栽培茬口有哪些

我国大部分地区可以通过设施栽培延长供应期，如采用小拱棚春季早熟栽培，可于当地晚霜前 10～15 d 定植；利用塑料大棚进行春提前、秋延后和越夏栽培，春提前定植期在当地晚霜前 30 d 左右定植，秋茬应在大棚内温度低于 0℃前 120 d 以上时间播种或定植；温室栽培的茬口安排见表 2-3-1。

表 2-3-1 温室番茄的栽培茬口安排

季节茬口	播种期	定植期	主要供应期	品种类型
越冬茬	8～9 月	10～11 月	12 月至翌年 6 月	中晚熟品种
冬春茬	11～12 月	1～2 月	4～6 月	中早熟品种
秋冬茬	6～7 月	8～9 月	10 月至翌年 1 月	中熟品种

二、番茄按生长习性分为哪两种生长类型

按番茄生长习性不同，分为有限生产与无限生长两种类型。

(1)有限生长类型。植株矮小，长势偏弱，当主茎上形成一定的花序后自行封顶，不再向上生长。开花结果早，一般主茎 6～8 节处着生第一花序，以后每隔 2 节左右着生一个花序，结果集中，属早熟品种，多用于早熟密植栽培。

(2)无限生长类型。植株高大，长势旺盛，条件适宜时主茎无限生长，一般主茎 8～9 节处着生第一花序，以后每隔 3 节左右着生一个花序，结果期长，单株结实多，增产潜力大。多为中晚熟品种，目前设施栽培主要选用此类型品种。

三、番茄对环境条件的要求有哪些

(1)番茄为喜温蔬菜，生育适温为 20～25℃。低于 15℃影响授粉受精和花器发育，低于 10℃影响植株生长，长时间低于 5℃易引起落花落果等低温危害，在－1℃下植株死亡。30℃以上光合作用减弱，高于 35℃停止生长，高于 45℃正常生理活动受干扰。种子发芽适温为 25～30℃，幼苗期为 20～25℃，开花期为 20～30℃，结果期为 25～28℃。适宜地温为 20～22℃，当地温降至 10℃时，根毛停止发生，降至 5℃时，根系吸收水养分受阻。

(2)番茄喜光，光饱和点为 7 万 lx，光补偿点为 0.15 万 lx。生产上一般要保证光照强度在 3 万 lx 以上。番茄属半耐旱植物，适宜的土壤湿度为 60%～80%，空气湿度为 45%～55%。

(3)番茄对土壤要求不严格，设施栽培宜选土层深厚、富含有机质的壤土或沙

壤土，适宜的土壤酸碱度为 pH 6～7。生育前期需要较多的氮、适量的磷和少量的钾，以促进茎叶生长和花芽分化。坐果后需要较多的钾、适量的氮和少量的磷。据报道，生产 5 000 kg 果实，需要从土壤中吸收钾 26 kg，氮 17 kg，磷 5 kg。

四、番茄生长发育周期分哪几个时期

番茄的生育周期分为发芽期、幼苗期、开花坐果期和结果期。

(1)发芽期。由种子萌发到子叶展平第一片真叶出现，为期 6～9d。

(2)幼苗期。由第一片真叶出现到现大蕾，在适宜温度、光照条件下，需 60d 左右。2～3 片真叶时，生长点开始花芽分化。

(3)开花坐果期。从第一花序现大蕾到坐果，包括开花、授粉、受精至子房开始膨大等过程，生产上要调节营养生长和生殖生长之间的矛盾，使之保持平衡，是栽培管理的关键时期。

(4)结果期。从第一花序坐果到采收完毕。一般番茄于授粉后 40～50d 开始着色，达到成熟。

【方案设计】

(一)方案设计

见下页。

(二)学生模仿设计生产方案

1. 在教师的指导下，通过多种信息渠道查询资料。阅读课本、参考书，查阅有关网站、资源库，准备数码相机、记录本、卷尺、钢笔、铅笔、速写本等。

2. 安排学生参观、考察番茄种植基地，访谈种植技术员或种植户，做好详细记录。

3. 每人写一份番茄设施生产方案。小组讨论，推荐一份较好的方案，小组再进行充分地讨论，将每个同学好的思路，补充完善到这一个方案中。

4. 每组选一个代表，在全班讲解小组的设计方案，组员补充方案的内容。

5. 教师组织全班同学讨论、评价各小组的方案，选出最佳方案，作为生产方案实施。

【任务实施】

日光温室越冬茬番茄生育期长，并经历了一年中温度最低、光照最弱的时期，培育合理的越冬株型是确保安全越冬的重要技术措施(图 2-3-1)。

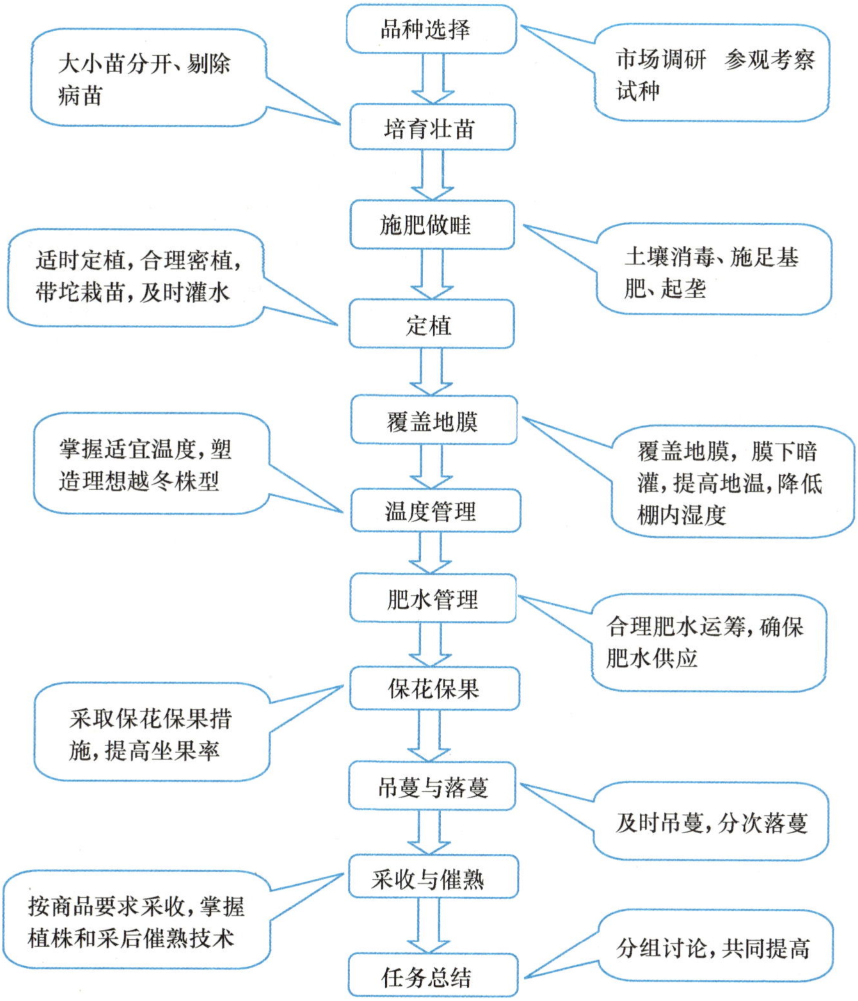

一、品种选择

选择耐低温、弱光，抗黄化曲叶病毒，优质高产的中晚熟品种，如金棚 11 号、雪莉等。

二、培育壮苗

注意： 引进的新品种应先小面积试种，然后再大面积生产。

每亩温室用种 25～30 g，播种面积以 10～15 m^2 为宜。用 8 cm×10 cm 的塑料钵育苗。

苗高20～25 cm，茎粗0.5～0.7 cm，5～6片大叶时进行定植。

每亩温室用种25～30 g，播种面积以10～15 m^2为宜。用8 cm×10 cm的塑料钵。

图 2-3-1 日光温室越冬茬番茄

三、施肥做畦

每亩施优质有机肥10 m^3以上，硫酸钾50 kg，磷酸二铵40 kg，尿素10 kg。2/3普遍撒施，施肥后翻两遍，深30 cm，1/3和200 kg以上饼肥开沟集中施入，沟内再翻两遍。施肥整地要在定植前15～20 d完成。

四、定植

采取起垄定植，垄距70～80 cm，垄高15～20 cm，每两垄为一组，在垄内侧定植，株距30～40 cm。也可平畦按大小行定植，大行距80～90 cm，小行距60～70 cm，缓苗水要浇透，待地面稍干燥后中耕，结合中耕分次培土成垄，并覆盖地膜。每亩定植2 200～3 000株。

五、覆盖地膜

垄上定植后，及时覆盖地膜，覆盖地膜后浇缓苗水。平畦定植，浇完缓苗水后稍干时，连续中耕2次，结合每次中耕分次培土成垄，最后垄高达15～20 cm，起垄后及时覆盖地膜。覆盖地膜可有效地降低棚内湿度，减轻病害发生。

六、温度管理

定植后为了促进缓苗，温度应适当高些，白天25～32℃，夜间15～20℃。缓苗后，适当降低温度，促进秧苗健壮生长，白天20～25℃，夜间10～15℃。

进入深冬季节，上午25～27℃，下午20～24℃，前半夜13～16℃，后半夜8～12℃。冬季栽培主要是保温，所以要尽量少通风，如湿度太大，可在中午温度高时短时通风。阴天散射光也能增加棚内光照和温度，故阴天也要尽量揭盖草苫，每天见光时间不少于4 h。长期阴天，夜间可能降至8℃，甚至短时6℃。但低温时间不能过长，较长时间8℃以下的低温能使番茄未转红的果实产生低温障碍，轻者转色不良，重者腐烂。这是冬季栽培的难点，也是番茄虽比黄瓜耐寒，但比黄瓜冬季栽培难的原因。采用四阶段温度管理，塑造良好的越冬株型，理想的越冬株型为：茎粗壮，节间紧凑，叶片小而肥厚，叶色深绿。

2 月底后天气转暖，通风口可适当加大。为了促进果实发育和成熟，以白天 25～28℃，夜间 15～16℃为宜。

七、肥水管理

定植后 5～7 d 浇缓苗水，缓苗水宜大些，一般直到第一花序坐果之前不要轻易浇水，植株干旱时只能少量浇水。生产上，浇缓苗水后高温高湿易造成植株徒长，可在浇缓苗水前喷 25%助壮素 1 500 倍液防止植株徒长。当第一穗果长至核桃大小时，开始浇水，只浇小沟，膜下暗灌。有条件的最好采用滴灌。深冬季节浇水量宜小，间隔时间宜长，20 d 左右浇 1 次小水。入春后天气转暖。浇水宜适当大些，10～15 d 浇 1 次水。随着气温进一步升高，通风量应进一步加大，应加大浇水量，大小沟都要浇水。

当第二、第三穗果膨大时，开始追肥，每亩追复合肥 20 kg，以后每浇 2 次水追肥一次，最后一穗果充分膨大后停止追肥。

八、保花保果

设施番茄常由于气温低于 15℃或高于 30℃，影响正常开花和授粉受精，而引起落花、落果。此外，在植株旺长、光照不足等情况下，也易引起落花、落果。

防止植株落花落果，除了培育壮苗，加强栽培管理外，还需采用化控技术相配合，一般使用 10～20 mg/kg 的 2，4-D 于开花当天涂抹花柄或 25～50 mg/kg 的 PCPA 喷花。

九、吊蔓与落蔓

单干整枝，当植株长至 30 cm 时，及时吊蔓，于植株上方南北拉一条不锈钢丝，于每植株上方吊一根细绳，上端系在钢丝上，下端系在植株茎基部，随着植株生长，将植株缠绕在吊绳上。

当植株长至架顶时，要及时落蔓。先要去掉下部老叶、黄叶，结合采摘果实落蔓，每次落蔓 30～50 cm 为宜，一次落蔓不可过长。以两行为一组，两行卧向相反，落下的蔓要保留在垄上，以防施肥料撒到茎上引起烧茎。落蔓可延长采收期，增加产量与效益。

十、采收与催熟

按商品要求，果实不带果柄或带一小段果柄采收。采收下的果实要按大小分级存放。

为了加速果实转色和成熟，可进行人工催熟，提前上市。目前一般采用乙烯利催熟，具体做法是：在田间植株上涂果处理，浓度为500～1 000 mg/kg，果实色泽品质均较好，但较费工费药，处理时若气温过低则效果差，若温度过高时则叶片发黄，处理时药液尽量不要滴在嫩叶上，以免发生药害。还可将绿熟期的果实采下后，用2 000～4 000 mg/kg 的乙烯利溶液将果实浸一下，然后置温暖处(22～25℃)经3～5 d即可着色，1周后可达食用程度，比自然成熟早5～7 d。

十一、番茄生理障碍与防治

(一)卷叶

卷叶是番茄生产上较为常见的现象，进入结果期后，卷叶现象尤为严重。轻者只是叶片的两侧微微上卷，重者则卷成筒状。卷叶不仅影响番茄正常的光合作用，而且也使果实暴露于阳光下，容易发生日烧病。

发生原因：高温，强光照，土壤干旱，供水不足，果叶比例失调，植株留果过多等。

防治措施：选用抗卷叶的番茄品种。叶小、叶厚的番茄品种抗卷叶，叶大而薄的品种不抗卷叶；合理密植，在盛夏前封垄，以免强光照射地面；加强肥水管理，防止脱肥脱水。

(二)裂果

果实着色后，在果实蒂部周围呈放射状开裂或成环状开裂。番茄裂果主要发生在大果型品种上，小果型品种裂果较少。果皮薄、质地柔软、含水量高的品种易裂果。

发生原因：一般久旱遇雨或突浇大水或果实暴晒后突遇大雨情况下，引起果实突然大量吸水，体积膨大过快，胀破果皮，发生裂果。

防治措施：选用抗裂果的品种；结果期经常保持土壤湿润，防止土壤忽干忽湿；果实采收前15～20 d，向果面喷撒0.5%氯化钙溶液，对防止裂果有较好的效果。

(三)畸形果

果实在环境条件不适，或植物生长调节剂浓度处理不当时，表现出多心室、尖顶、果实开裂、种子外露等各种畸形现象。

发生原因：养分过多，特别是氮肥施用过多，花芽分化过旺，形成多心室畸形果；苗期低温（低于 12℃）引起花芽分化不良，造成畸形花，发育成畸形果；植物生长调节剂使用浓度过大或处理过早，造成果实开裂种子外露或果实顶端突出，形成尖顶果。

防治措施：苗期温度管理不低于 8℃，最好在 12℃以上；平衡施肥，防止偏施氮肥；花开展后在用植物生长剂进行处理，处理浓度要适宜，不在高温时期处理花朵。

（四）空洞果

果实胎座部分发育不良，严重时果实表皮带棱，果实体积大重量轻，形成空洞果。

发生原因：花期高湿或低温，授粉受精不良，果实发育不良；光照弱；干旱缺水；植物生长调节剂处理后，肥水跟不上或蕾期处理等。

防治措施：加强通风管理，避免温度过高或过低；加强肥水管理；掌握好植物生长调节剂处理浓度和时期。

（五）顶腐病

又称脐腐病、尻腐病，果实顶部变褐干枯凹陷，果实转色往往较早，生产上较为常见。

发生原因：主要是氮肥过多，土壤过干、钾肥施用过多、高温等造成缺钙引起。

防治措施：平衡施肥，不偏施氮肥；保持土壤湿润；加强通风换气，防止高温；结果期叶面喷洒 0.5%氯化钙溶液。

（六）筋腐病

其症状可分为褐变型、白化型两种类型，前者果实内维管束及其周围组织褐变，后者果皮或果壁硬化、发白。

发生原因：两种类型的发病条件相似，是由多种不良条件诱发引起的。生长期间光照不良；土壤钾、硼缺乏；铵态氮过多；夜温过低或过高；病毒病侵染等可能综合影响导致发病。

防治措施：选用抗筋腐病品种；合理密植；适当增施钾肥；叶面喷施硼肥；及时预防病毒病等。

十二、番茄病虫害防治

（一）番茄早疫病

（1）种子消毒。用 1%高锰酸钾溶液浸种 15～20 min，清洗后播种。

（2）农业防治。实行轮作，避免与茄科作物连作；采用高垄栽培；及时整枝打杈，摘除病叶、老叶，加强通风透光。

(3)药剂防治。发病初期用80%代森锰锌可湿性粉剂600倍液、75%百菌清可湿性粉剂600倍液、47%春雷·王铜可湿性粉剂600倍液、64%恶霜·锰锌可湿性粉剂500倍液喷雾处理。阴天或雨天采用粉尘或烟剂进行防治。粉尘法：用5%百菌清粉尘剂，每亩1 kg。烟剂法：用10%百菌清烟剂每亩500 g。

(二)番茄晚疫病

发病初期可用72.2%霜霉威(普力克)水剂800倍液、72%霜脲氰·锰锌(克露)可湿性粉剂600倍液、69%烯酰吗啉·锰锌(安克锰锌)可湿性粉剂600倍液喷雾处理。其他方法参见番茄早疫病。

(三)番茄灰霉病

(1)农业防治。以增温、控水、放风、降湿为主。不可大水漫灌，减少田间结露时间。同时摘除病叶、病果，集中烧毁或深埋。

(2)药剂防治。番茄蘸花时加0.1%多·霉威，预防灰霉效果较好。也可在花期喷40%嘧霉胺悬浮剂1 000～1 500倍液、或50%异菌脲(扑海因)1 000倍液、或50%多·霉威1 000倍液、65%甲硫·霉威可湿性粉剂800倍液。果实膨大期，以保果为主，重点喷果实。药剂有5%多·霉威或甲硫·霉威、氟吗啉(灭克)粉尘剂每亩1 kg。

(四)番茄溃疡病

(1)植物检疫。划定疫区，严禁调运，防止扩散。

(2)农业防治。选用无病种子，培养无病壮苗；温汤浸种用52℃温水浸种20 min，杀灭种子内外的细菌；实行3年以上轮作；发现病株立即拔除销毁。

(3)药剂防治。30%DT 500倍液、77%氢氧化铜(可杀得2 000)800倍液、新植霉素或硫酸链霉素3 000～4 000倍液。对中心发病区，可用上述药剂灌根封锁。

(五)蚜虫

清除田间杂草。挂银灰膜条避蚜；可选用10%吡虫啉可湿性粉剂1 000倍液，5%啶虫脒乳油2 000倍液。每隔5～7 d一次，连喷2次。

(六)白粉虱

(1)生物防治。释放丽蚜小蜂，温室内白粉虱成虫在0.5头/株以下的每隔两周放1次，共放3次。

(2)物理防治。白粉虱对黄色有强烈的趋向性，尤其以橙黄色最强，可在温室内设置黄板诱杀成虫。每亩设置32～34块，置植株同等高度。

(3)药剂防治。25%噻嗪酮(扑虱灵)1 500倍液、20%甲氰菊酯(灭扫利)2 000

倍液、10%吡虫啉可湿粉 1 000 倍液、25%噻虫嗪(阿克泰)水分散剂 3 000 倍液。烟剂:每亩温室用 0.4～0.5 kg 敌敌畏对锯末或 10%异丙威烟雾剂 500 g 熏烟。

(七)茶黄螨

1.8%阿维菌素乳油 3 000 倍液、73%克螨特乳油 1 000 倍液、25%灭螨猛可湿性粉剂 1 000 倍液、25%哒螨灵乳油 2 500～3 000 倍液、2.5%联苯菊酯(天王星)乳油 2 000 倍液。

【复习思考题】

1. 按番茄生长习性不同,分为__________和__________。

2. 番茄生育适温为__________℃;适宜地温为__________℃。

3. 番茄的生育周期分为__________、__________、__________和__________。

4. 越冬茬番茄如何施肥做畦?

5. 越冬茬番茄如何进行温度管理?

6. 越冬茬番茄如何进行肥水管理?

7. 番茄顶腐病发生原因有哪些? 如何进行防治?

子任务二 辣椒设施生产技术

【案例导入】

邢台市某辣椒专业合作社成立于 2009 年,注册资金 1 000 万人民币,现有社员 110 户,合作社通过与社员签订种植收购合同,为社员提供种苗、农资、栽培方案、种植技术培训和服务,统一收购销售,生产的辣椒品质好,深受客商欢迎和消费者喜爱。今年合作社与俄罗斯签订了辣椒收购合同。我们的任务是精心设计一个塑料大棚辣椒早春茬栽培方案,并负责实施。

【任务目标】

完成本学习任务后,你应该能

1. 学会辣椒的设施栽培技术方案设计;

2. 掌握辣椒塑料大棚早春茬以及再生连秋栽培技术;

3. 发现并会分析栽培过程中的问题,提出解决的办法。

【相关知识】

辣椒原产于南美洲热带草原区，富含维生素 C 和辣椒素。目前生产上存在的主要问题是病毒病危害，造成不同程度的减产。

一、辣椒设施栽培茬口有哪些

辣椒中小拱棚设施栽培多进行春提前栽培，塑料大棚多进行早春栽培和秋延后栽培，日光温室主要有秋冬茬栽培、越冬茬栽培和冬春茬栽培，见表 2-3-2。

表 2-3-2 设施辣椒主要栽培季节与茬口安排

设施类型	播种期	定植期	采收期
温室秋冬茬	上/7～上/8	中、下/8～下/9	中/10～中、下/2
温室越冬茬	下/8～上/9	下/10～上/11	下/12～下/6
温室冬春茬	上/9～上/11	上/11～翌年上/2	下/1～上/4 始收
大棚早春茬	12/上～翌年上/1	中/3～上/4	上/5～下/7
大棚秋延后	上/6～下/7	下、中/7～上/9	中/9～下/12

二、辣椒分枝结果习性有哪些规律

辣椒分枝结果很有规律，按分枝结果习性可分为无限分枝型和有限分枝型，多数品种为无限分枝型，植株生长到 8～15 片叶时，主茎顶端出现花蕾，蕾下抽生出 2～3 个枝条，枝条长出一叶，其顶端又出现花蕾，蕾下再生二枝，形成一叶一蕾二枝的规律，从而形成了不同级次的分枝和花果。不同级次的果实有不同的名称，一般自下而上分别叫作“门椒”“对椒”“四门斗”“八面风”“满天星”。处在同一级次上的花，几乎是同日开放。

三、辣椒对环境条件的要求有哪些

(1)辣椒属喜温性蔬菜，怕霜冻。种子发芽的最适温度为 25～30℃，低于 15℃或高于 35℃，均不利于正常发芽。幼苗期的适宜温度为 20～25℃，但在 15～30℃均可正常生长。辣椒在三叶期以下时抗寒力最强，一般可忍耐短时的 0℃低温。开花结果期的适宜温度为 20～30℃。辣味型品种的耐热能力强于甜椒型品种。

(2)属中光性植物。要求中等光照强度，光饱和点 3.0 万 lx，光补偿点 0.15 万 lx，较耐弱光。但光照太弱，将导致徒长和落花落果。

(3)不耐干旱，也不耐涝。在中等空气湿度下生长较好。

(4)对土壤适应能力较强，在各种土壤中都能正常生长，以壤土最好。需肥量大，对氮、磷、钾的吸收比例为 1∶0.5∶1。

四、辣椒生长发育周期分哪几个时期

辣椒的生育周期分为发芽期、幼苗期、开花结果期和结果期四个时期。

（1）发芽期。由种子萌发到第一片真叶出现，需 6～9 d。

（2）幼苗期。从第一片真叶出现到现蕾，一般温室育苗 60～70 d。展开 4 片真叶时，开始花芽分化。

（3）开花结果期。从现蕾到门椒坐住，需 20 d 左右。

（4）结果期。从门椒坐住到拉秧，陆续开花，连续结果，栽培形式不同，此期长短不一。

五、设施辣椒栽培有哪些品种类型？什么是彩色辣椒

（1）设施青椒栽培的品种类型主要有灯笼型和长椒型两种类型。

（2）彩色辣椒是近年来新兴起的一类特色菜椒品种，果实在幼果期或成熟期表现出红、黄、橙、白、紫等多种颜色，色泽亮丽，汁多味美，营养价值高，以生食为主，故又称为“水果甜椒”。根据果实颜色变化不同，彩色辣椒又分为转色品种和本色品种两类。转色品种幼果绿色，成熟果呈现出不同的颜色，如橘亚红、红英达、橘细亚、麦卡比等；本色品种幼果期就表现出应有的颜色，如白公主（白色）、紫贵人（紫色）等。

六、辣椒“三落”发生原因及防止措施有哪些

辣椒“三落”即落花、落果、落叶，对生产影响很大，一般落花率达 20%～40%，落果率达 5%～10%，造成“三落”的原因很多，归纳起来主要有以下几个方面：

（1）低温或高温高湿影响授粉授精，引起落花；

（2）高温、干旱引发病毒病；

（3）偏施氮肥，枝叶徒长；

（4）长势弱，营养不良；

（5）定植密度大，光照不足；

（6）病虫危害，如炭疽病、轮纹病、烟青虫等。

生产上主要防治措施：培育壮苗；加强田间管理，及时追肥浇水和排涝；平衡施肥，防止偏施氮肥；采取地膜覆盖等措施。早春尽量提早定植，高温季节到来时，促使植株封垄，降低地温，减轻病毒病危害；及时防治病虫害；应用生长调节剂，防落素 25～30 mg/kg 在开花期喷花，能有效防止落花，提高产量。

【方案设计】

(一)方案设计

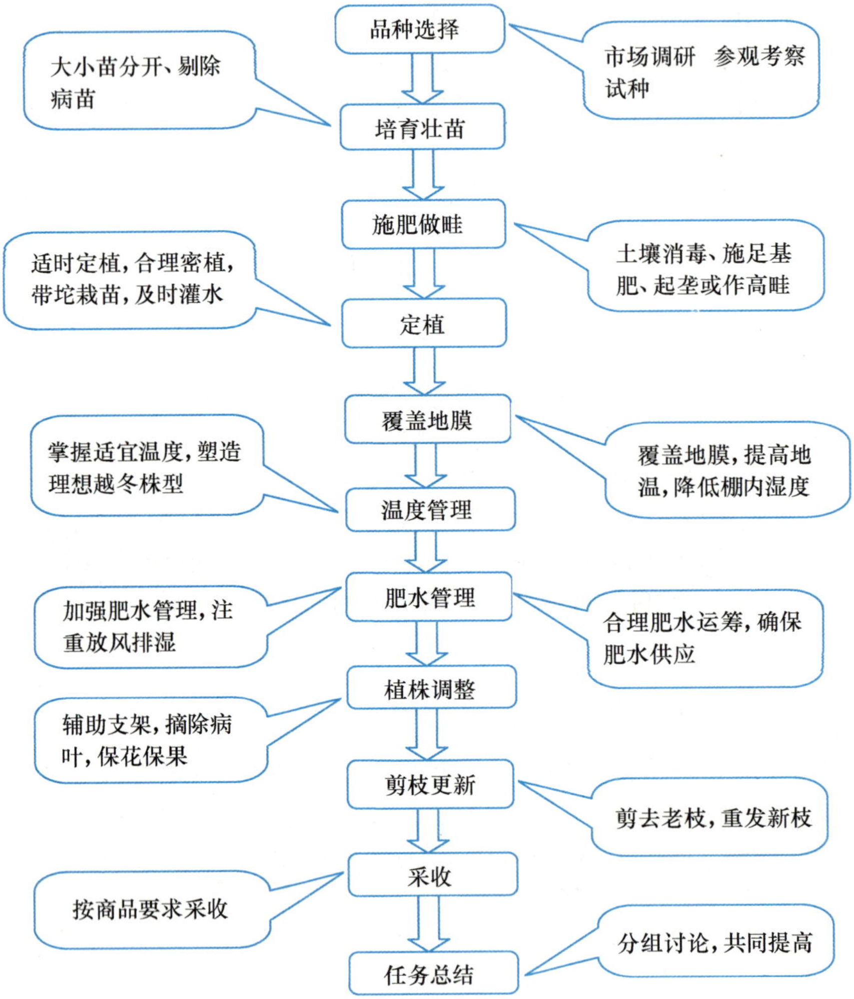

(二)学生模仿设计生产方案

1.在教师的指导下,学生分组,通过多种信息渠道查询资料。阅读课本、参考书,查阅有关网站、资源库,准备数码相机、记录本、卷尺、钢笔、铅笔、速写本等。

2.安排学生参观、考察辣椒种植基地,访谈种植技术员或种植户,做好详细记录。

3. 每人写一份辣椒设施生产方案。小组讨论，推荐一份较好的方案，小组再进行充分地讨论，将每个同学好的思路，补充完善到一个方案中。

4. 每组选一个代表，在全班讲解小组的设计方案，组员补充方案的内容。教师组织发动全班同学讨论、评价各小组的方案，选出最佳方案，作为生产方案实施。

【任务实施】

辣椒设施栽培以日光温室秋冬茬、越冬茬和冬春茬以及塑料大棚早春茬、秋延后为主，下面以塑料大棚春提前以及再生连秋栽培为例介绍辣椒设施栽培技术要点。

一、品种选择

塑料大棚春季辣椒栽培应选择早熟、丰产、株型紧凑、适于密植的品种，如农大8号、中椒5号、甜杂6号、津椒3号、湘研11号、富康等品种。

二、培育壮苗

温室育苗，种子应提前晾晒，精选后进行消毒。可用10%磷酸三钠溶液浸种20 min钝化病毒。早熟品种苗龄80～90 d，晚熟品种90～100 d。

壮苗标准为株高20 cm，茎粗0.6 cm，具有12～13片真叶；叶色浓绿，叶片肥厚；门椒花已现大蕾；须根多。

注意：引进的新品种应先小面积试种，然后再大面积生产。

三、施肥做畦

每亩施入腐熟优质粪肥8～10 m^3，复合肥100 kg。其中2/3翻地前铺施，1/3集中施入定植沟内。起垄或高畦栽培。垄作采取大小垄栽培，大垄距60～70 cm，小垄距30～40 cm，高畦栽培畦宽60 cm，沟宽40 cm。

四、定植

当大棚内10 cm地温稳定在12℃以上时定植。无前作的大棚宜提前半个月扣棚烤地。有前作的大棚应在整地做畦后扣严大棚，烤地5～7 d，以利提高地温。垄作每垄1行，高畦栽培，每畦栽2行，畦内行距40 cm，株距30～33 cm，每亩4 000株左右。定植深度以苗坨与畦面或垄面相平为宜。栽后覆盖地膜。

五、温度管理

辣椒定植后1周内要密闭大棚不通风，白天30～35℃，夜间棚外四周围草苫保温防冻。缓苗后通风降温，白天20～25℃，夜间15～17℃。进入开花结果期，白天25～30℃，夜间16～18℃。辣椒越夏后进入秋季，当日均气温20～22℃、夜间最低气温在15℃时，开始扣膜，并逐步减小放风量。当日平均气温下降至15℃时扣严薄膜，低于10℃时采取保温措施，当外界气温过低，棚内辣椒不能正常生长时，及时采收，以免果实受冻。

六、肥水管理

缓苗后浇水，并中耕蹲苗。当大部分植株门椒坐果后，结束蹲苗开始浇水，保持地面经常湿润。盛果期每隔4～5 d浇1次水。春季宜在晴天上午浇水，水量不宜过大，每次浇水后要加强放风排湿，保持棚内空气干燥，阴天也要适当放风排湿，雨天关闭风口防止雨水淋入棚内诱发病害。

夏季剪枝更新后，要增加浇水，促进新枝的发育和开花坐果，力争在扣棚前大量坐果。扣膜初期棚内气温较高，植株生长较快，要及时浇水，当密闭棚膜后，减少浇水量，做到不旱不浇水，以防空气湿度过大，引起徒长和病害的发生。

门椒坐果后追第一次肥。每亩随水冲施尿素15～20 kg，以后每浇1～2次水追肥1次。每次每亩交替追尿素和复合肥15～20 kg。盛果期还可叶面喷肥，每周交替喷1次0.3%尿素水溶液和0.2%磷酸二氢钾水溶液。

七、植株调整

大棚辣椒植株生长旺盛，为防倒伏应进行简易支架或吊蔓，并于封垄前结合中耕除草在根际培土，厚5～6 cm。

当株高25 cm左右时，将分杈以下叶片及这些叶腋上发生的侧芽全部摘除，以利通风透光。在四门斗椒坐果后，保留上部一个长势强的侧枝，将另一侧枝留1～2片叶摘心，及时去掉下部的病叶、老叶和黄叶。

大棚内的高温高湿是造成落花的主要原因，除控制温度、加强放风外，还应采用化控措施保花。用25～30 mg/kg防落素喷花促进坐果。

八、剪枝更新

进入高温期，植株长势衰弱，结果部位上移，花、果易脱落。为使秋季多结果，可采取剪枝再生措施，促使重发新枝开花结果。修剪的方法是把第三层果以上的枝条留 2 个节后剪去。为防伤口感染，第二天应喷洒 70% 甲基托布津 600 倍液防病。

九、采收

青椒栽培一般于开花后 25～30 d 采收上市。长势旺的植株可适当晚采，长势弱的早采，以协调秧果关系，平衡长势。

十、病虫害防治

(一)辣椒疫病

(1)农业防治。选用抗病品种；轮作倒茬；高垄栽培；加强田间管理。

(2)药剂防治。64%恶霜·锰锌(杀毒矾)可湿性粉剂 500 倍液、72%霜脲·锰锌可湿性粉剂 600 倍液。每隔 7 d 喷 1 次，连喷 2～3 次。然后地面撒波尔多粉。

(二)辣椒炭疽病

(1)农业防治。选用抗病品种；用 55℃温水浸种 15 min；适当增施磷、钾肥，提高植株的抗性。

(2)药剂防治。发病初期喷 75%百菌清 600 倍液、80%福·福锌(炭疽福美)600 倍液、70%甲基硫菌灵 600 倍液。每隔 7 d 喷 1 次，连喷 3～4 次。

(三)辣椒青枯病

主要以预防为主，如实行水旱轮作，深沟高畦种植，定植后用硫酸铜 800～1 000 倍液淋根部等。发病初期用 77%氢氧化铜(可杀得 2 000)600 倍液与硫酸链霉素 4 000 倍液交替灌根，每株 250 mg，隔 7～10 d 一次，连用 2～3 次。

(四)辣椒病毒病

(1)农业防治。选用抗病品种；培育无病壮苗。

(2)种子消毒。先用清水将种子浸 10～12 h，再放入 10%磷酸三钠溶液中浸 30 min，捞出后冲洗干净再催芽。

(3)药剂防治。及时防治蚜虫，发病初期喷利巴韦林 1 500 倍液或盐酸吗啉胍·乙酸铜(病毒 A)600 倍液。

蚜虫、白粉虱、茶黄螨、棉铃虫和烟青虫防治参考番茄病虫害防治。

【复习思考题】

1. 按辣椒分枝结果习性可分为__________和__________。

2. 辣椒展开__________片真叶时开始花芽分化。

3. 辣椒的生育周期分为＿＿＿＿＿＿、＿＿＿＿＿＿、＿＿＿＿＿＿和＿＿＿＿＿＿。

4. 辣椒“三落”发生原因及防治措施有哪些？

5. 塑料大棚早春茬以及再生连秋栽培如何进行温度管理？

6. 塑料大棚早春茬以及再生连秋栽培如何进行肥水管理？

7. 塑料大棚早春茬以及再生连秋栽培如何剪枝更新？

子任务三　茄子设施生产技术

【案例导入】

山东某茄子专业合作社成立于 2008 年，注册资金 505 万元，合作社采用公司＋农户的发展模式，进行农产品的产业化发展，以果蔬产品为主导产业，生产供应优质、新鲜、无公害农产品。合作社发展成员 600 余名，带动社员发展设施蔬菜 2200 多亩，温室 800 余栋。目前，合作社与“丹尼斯”等十八家大型超市建立了合作供货关系。我们的任务是精心设计一个茄子日光温室越冬茬栽培方案，并负责实施。

【任务目标】

完成本学习任务后，你应该能

1. 学会茄子的设施栽培技术方案设计；

2. 掌握茄子日光温室越冬茬栽培技术；

3. 发现并会分析栽培过程中的问题，提出解决的办法。

【相关知识】

茄子原产于印度热带地区。我国栽培历史悠久，全国各地均有栽培。茄子设施栽培起步较晚，近几年设施栽培面积逐年扩大。

一、茄子设施栽培茬口有哪些

设施栽培的主要茬口有日光温室秋冬茬、越冬茬、冬春茬；大中拱棚春提前栽培、秋延后栽培；小拱棚以春提前栽培为主。

二、茄子开花结果习性有哪些

当主茎达一定叶数后，顶芽分化形成花芽，其下端邻近的两个腋芽萌发抽生侧枝，代替主茎生长，形成假二杈分枝。侧枝上生出2～3叶后，顶端又现蕾封顶，其下端两个腋芽又抽生两个侧枝。如此继续向上生长，陆续开花结果。按果实形成的先后顺序，它们的名称分别叫门茄、对茄、四门斗、八面风、满天星。实际上一般只有1～3次分枝比较规律，结果较好，以上的分枝和结果情况，与管理技术水平有关。

三、茄子花型与授粉关系有哪些

根据茄子花柱长短不同，可分为长柱花、中柱花和短柱花（图2-3-2）。长柱花：柱头高出花药，花大、色深，容易在柱头上授粉，为健全花；中柱花：柱头与花药平齐，授粉率较长柱花偏低；短柱花：柱头低于花药，花小，花梗细，授粉的机会非常少，为不健全花。

图2-3-2 茄子花型

四、茄子对环境条件的要求有哪些

茄子耐热性较强，对温度的要求比番茄、辣椒高。种子发芽适温为25～30℃，幼苗期适温为20～25℃，结果期适温为25～30℃。在17℃以下时生育缓慢，15℃以下时引起落花，低于10℃时新陈代谢失调。高温以不超过35℃为宜。

茄子对光照强度的要求较高。在日照长、强度高的条件下，生长旺盛，花芽质量好，果实着色好，产量高。

茄子要求较高的肥水条件，适于在富含有机质、保水保肥能力强的土壤中栽培。对氮肥要求较高，缺氮时花芽分化延迟，尤其在开花盛期，如果氮不足，花多发育不良，短柱花增多。

五、茄子生长发育周期分哪几个时期

茄子的生育周期分为发芽期、幼苗期、开花结果期和结果期。

（1）发芽期。从种子萌发到第一片真叶出现，为期9～12 d。当温度低于20℃时，发芽期可延续到20 d以上。

（2）幼苗期。从第一片真叶出现到现蕾，需60～70 d。低温期育苗，苗床温度不足时，可长达100 d左右。当幼苗长至4叶期时，生长点开始分化花芽。

(3)开花结果期。从花蕾膨大开放到门茄“瞪眼”(即幼果膨大从萼片中露出，光亮似眼球状)，8～12 d。

(4)结果期。从门茄坐果到采收完毕为结果期。茄子果实发育历经瞪眼期、商品成熟期和生理成熟期，各期经历的天数随着栽培条件、品种等的不同而异。一般从瞪眼到商品成熟需 13～14 d，从商品成熟到生理成熟期需 30 d。

【方案设计】

(一)方案设计

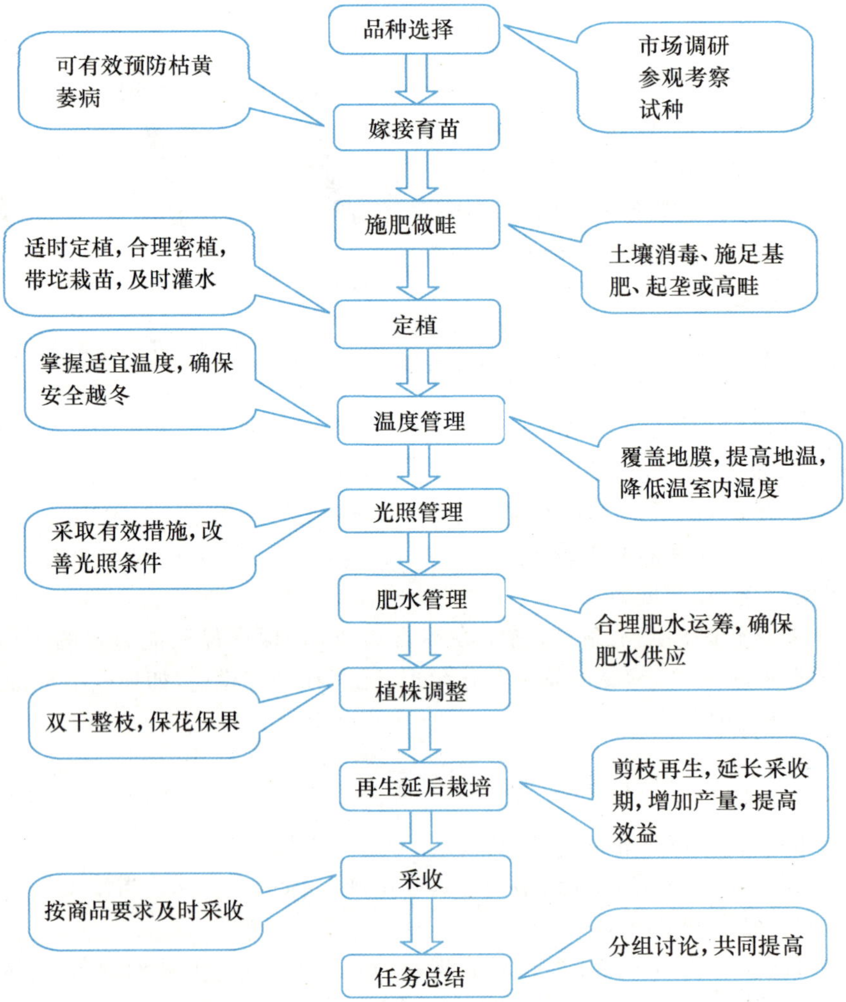

(二)学生模仿设计生产方案

1. 在教师的指导下，学生分组，通过多种信息渠道查询资料。阅读课本、参考书，查阅有关网站、资源库，准备数码相机、记录本、卷尺、钢笔、铅笔、速写本等。

2. 安排学生参观、考察茄子种植基地，访谈种植技术员或种植户，做好详细记录。

3. 每人写一份茄子设施生产方案。小组讨论，推荐一份较好的方案，小组再进行充分的讨论，将每个同学好的思路，补充完善到这一个方案中。

4. 每组选一个代表，在全班讲解小组的设计方案，组员补充方案的内容。教师组织全班同学讨论、评价各小组的方案，选出最佳方案，作为生产方案实施。

【任务实施】

日光温室越冬茬茄子，第一年夏末秋初育苗，晚秋定植，入冬后收获上市，采收至初夏。若经剪枝再生，可栽培至初冬或更长时间。

一、品种选择

应选用耐低温、耐弱光能力强，早熟，抗病，植株开张角度小，适于密植，果实品质优良，形状、果色符合当地消费习惯要求等的品种。如黑丽圆、丰研 2 号、布里塔、东方长茄等。

二、嫁接育苗

采取嫁接育苗，接穗苗一般在 8 月上旬至 9 月上旬播种，育苗期 55 d 左右。砧木托鲁巴姆比接穗早播 25 d。

采用劈接法或套管法嫁接。接穗苗易于徒长，可在 3 片真叶时喷 750 mg/kg 的矮壮素，控制生长速度。

三、施肥做畦

每亩施腐熟鸡粪 7～8 m^3，或腐熟猪粪 10 m^3、磷酸二铵 40～50 kg，硫酸钾 40～50 kg，2/3 铺施后深翻 2 遍。1/3 按行距开沟后集中施入沟内，并使肥土混合均匀。采用垄畦或高畦栽培。垄畦做成大小垄，冬季在小垄沟内浇水。采取滴灌浇水时，一般做成高畦。

四、定植

采用大小行距定植。一般大行距 90～100 cm，小行距 50～60 cm，株距 40～

50 cm。嫁接苗带夹子定植，接口距离地面 3～4 cm。选晴天栽苗，定植后覆盖地膜。

五、温度管理

缓苗期白天 30℃，夜间不低于 17℃；缓苗后白天温度 20～30℃，夜间 15℃以上。入冬后，要加强防寒保温，保持白天 20～30℃，夜间气温 13～15℃，不低于 10℃。进入 2 月温度回升，应升温促果，实行四段变温管理，即上午 25～30℃，下午 20～25℃，上半夜 13～20℃，下半夜 10～13℃，地温保持在 13℃以上。

六、光照管理

茄子对光照条件要求高，光照不足，坐果率低，果小，着色浅。可通过张挂反光幕、擦拭薄膜、及时摘叶、延长见光时间等措施改善光照条件。

七、肥水管理

定植时浇足底水和缓苗水，至坐果前一般不再浇水；当 2/3 以上植株的门茄坐果后，开始追肥浇水。结合浇水，每亩施复合肥 15～20 kg，半个月后再追一次肥；深冬期间，减少水肥，避免降低地温。入春后，温度回升，生长加快，应加强浇水，并随水冲施肥料，交替追施硝酸铵钙、硫酸钾、沼液等。

八、植株调整

双干整枝。门茄坐果后保留 2 个侧枝，以下的侧枝全部去除，向上每坐一果也只保留一个侧枝，向上延伸。除整枝外，还应及时去除老叶、病叶。

保花保果。用 40～50 mg/kg 防落素喷花，或用 20～30 mg/kg 的 2,4-D 点抹花柄，防止落花落果。

九、再生延后栽培

日光温室越冬茬嫁接茄子，经剪截再生，可栽培至初冬甚至更长时间，提高产量和经济效益。选择植株生长高大，结果位置上移，果实生长衰弱且市场茄子价格不高时实施夏季剪截，剪截的部位是在嫁接口上留 3 节把主茎剪断，使留下的主干萌发新枝，剪截口上可涂 50 倍液代森锰锌，防止病菌侵入。

剪截后清除杂草枯枝，喷百菌清 600 倍液防病。随后浇 1 次透水，促进新枝萌发。当新枝伸长至 10 cm 以上时，每株留一新枝，邻近有缺株处可留 2 个新枝。及时去除砧木上的萌芽。新株现蕾时施复合肥 15～20 kg，门茄开花坐果期间不灌水、不追肥。坐果后施尿素 15 kg，促进秧果生长。对茄生长期施复合肥 15～20 kg，采收期再浇一水，促秧果生长，以后随气温降低，减少水肥量，以叶面追肥为主。门茄和对茄适当提早采收，以后温度下降，尽量延迟采收。

当外界气温降至 12℃左右时扣膜，并及时盖草苫，维持夜间最低温度在 15℃以上。

十、采收

当果实的萼片与果皮上部交界处的白色环带由宽变窄、稍变暗淡，果实又基本够大时，即可采收。门茄要早采收，以防坠秧。采收时用剪刀把果柄剪断即可。

十一、病虫害防治

（一）茄子绵疫病

（1）农业防治。选择高燥地块；高垄栽培；实行轮作；及时摘除病果病叶。

（2）药剂防治。77％氢氧化铜（可杀得）可湿性微粒粉剂 600 倍液、64％恶霜•锰锌（杀毒矾）可湿性粉剂 500 倍液、72％霜脲•锰锌（克露）可湿性粉剂 600 倍液喷雾防治。

（二）茄子早疫病

发病初期可用 80％代锌锰锌可湿性粉剂 600 倍液、75％百菌清可湿性粉剂 600 倍液、64％恶霜•锰锌（杀毒矾）可湿性粉剂 600 倍液，7～10d 喷雾一次，连喷 3～4 次。

（三）茄子褐纹病

（1）农业防治。实行 2～3 年轮作；从无病植株上采种。

（2）药剂防治。发病初期用 75％百菌清可湿性粉剂 600 倍液、58％甲霜・锰锌可湿性粉剂 500 倍液、64％恶霜•锰锌（杀毒矾）可湿性粉剂 500 倍液喷雾防治，每 7～10d 一次，连喷 2～3 次。

（四）茄子黄萎病和枯萎病

（1）农业措施。进行轮作；种子消毒；用营养钵育苗，减少伤根；嫁接防病。

（2）药剂防治。发病前选用 70％甲基硫菌灵 600 倍液、99％恶霉灵 3 000 倍液灌根，每株 300 mL，6～10 d 一次，连灌 3～4 次。发病后及时拔除病株烧毁，并撒上石灰。

虫害防治参见番茄。

【复习思考题】

1.茄子对温度的要求比番茄、辣椒____________。茄子对光照强度的要求较____________。

2.番茄生育适温为____________℃;适宜地温为____________℃。

3.根据茄子花柱长短不同,可分为__________、__________和__________。

4.日光温室越冬茬茄子如何施肥做畦?

5.日光温室越冬茬茄子如何进行温度管理?

6.日光温室越冬茬茄子如何进行肥水管理?

7.如何防治茄子早疫病?

任务四　豆类设施生产技术

子任务一　菜豆设施生产技术

【案例导入】

李双喜是饶阳有名的蔬菜种植大户，但是今年他种植的大棚菜豆，却出现了问题，前期秧很壮，但是落花落荚严重，产量低，后来病害蔓延，最终没有好的收成。今天我们的任务是帮他分析菜豆生产问题所在，并制定一个菜豆设施生产方案，为更多的像李双喜一样的菜农解决实际问题。

【任务目标】

完成本学习任务后，你应该能

1. 学会菜豆的栽培技术方案设计；
2. 学会菜豆日光温室和塑料大棚栽培技术；
3. 发现并会分析栽培过程中的问题，提出解决的办法；
4. 学会菜豆的病虫害识别与防治技术。

【相关知识】

菜豆又名芸豆、四季豆、梅豆，为豆科菜豆属栽培种，一年生植物。露地与保护地栽培，可四季生产，周年供应。

一、菜豆有哪些栽培方式

菜豆喜温暖不耐霜冻也不抗炎热。适宜栽培的月平均温度为10～25℃。北方露地春秋季均可种植，大棚有春提前栽培和秋延后栽培，温室栽培，春、秋、冬均可。菜豆设施栽培茬口，以北京地区为例，见表 2-4-1。

表 2-4-1 北京地区菜豆设施栽培茬口

栽培方式	播种期	定植期	收获期	备注
温室冬春茬	1月中下～2月上	—	4月上～6月上	蔓生菜豆，间作
温室秋冬茬	9月上～9月下	—	11月中～12月下	矮生菜豆
温室越冬茬	9月上中～10月		11月下～翌年4、5月	蔓生菜豆
小棚春提前	2月上	2月底～3月上	4月中～5月上	矮生菜豆，设施育苗
大棚春提前	3月上	3月下	5月上中～7月上	蔓生菜豆，温室育苗
大棚秋延后	8月上	—	10月上～10月下	蔓生菜豆

二、菜豆具有哪些形态特征与类型

菜豆根系为直根系，发育快，但再生能力弱、不耐移植。可与根瘤菌共生固氮。

根据茎的生长习性，可分为有限生长型（矮生）和无限生长型（蔓生）两类。有限生长型（矮生）直立生长，每节均可抽生侧枝，不需搭架。无限生长型（蔓生）缠蔓生长，侧枝发生较少，需搭架。

菜豆基生叶为对生单叶，其他叶为三出复叶、互生。蝶形花冠，自花授粉。

三、菜豆的生长发育周期分为哪几个时期

菜豆生长发育周期分为：

(1)发芽期。从种子萌发到第一对真叶展开。这一阶段主要靠子叶储存营养生长。

(2)幼苗期。第一对真叶展开到抽蔓前。这一阶段以营养生长为主，开始花芽分化，幼苗茎部节间短，根系生长快于茎叶生长。

(3)抽蔓期。茎蔓节间开始伸长到现蕾开花。这一阶段生长迅速，需肥量大，但要注意防止秧旺长。

(4)结果期。植株坐荚后就进入结果期。一般开花后 15 d 左右嫩荚长足即可采收，25～30 d 完成种子发育。

菜豆的整个生育期，蔓生种为 90～130 d，矮生种为 75～90 d。

四、菜豆对环境条件有哪些要求

(1)温度。菜豆性喜温暖，不耐霜冻，亦不耐热，对温度要求较严，种子发芽适温在 20～25℃，枝叶生长适温为 16～20℃，蕾期和开花期适温 18～25℃，低于

15℃或超过32℃高温，花粉发芽力大减，易引起落花落荚。

(2)光照。菜豆属于喜光植物，连续阴天可造成落花。我国目前栽培的菜豆品种，对日照长短要求不严，各地可相互引种。

(3)水分。适宜的土壤湿度为60%～70%，适宜的空气相对湿度为60%～80%，对干旱有一定的忍耐能力。

(4)土壤与营养。菜豆最适于腐殖质多，土层深厚，排水良好的壤土，pH以6.2～7.0为好。生育期中吸收氮钾肥较多，微量元素硼和钼对菜豆的发育和根瘤菌的活动都有良好作用。

五、菜豆落花落荚的原因有哪些

(1)由于植株本身营养供应不均，花朵之间、花序之间、豆荚之间相互争夺营养是引起落花落荚的内在因素。

一般来讲，初期落花主要是由于植株正在生长发育期，花器中得不到正常需要的养分而引起；中期的落花落荚，主要是花与花之间、豆荚与豆荚之间争夺营养而引起；后期落花落荚主要是植株生长势减弱，同化物质减少，营养不良或环境条件不良引起。

(2)栽培环境不良是引起落花落荚的外在因素，早春低温、夏季高温，连雨天、密度过大、苗期追施过多氮肥引起徒长、病虫害及采收不及时等都会造成其大量的落花落荚。

(3)其他原因如选地不当，栽培密度过大，搭架、浇水、施肥以及病虫害防治等农事操作过程中的机械损伤等，也都会引起菜豆的落花落荚等。

六、温室及土壤消毒的方法有哪些

用福尔马林50～100倍液1～1.5 kg/m^3喷洒进行土壤消毒，密闭一昼夜，放风7～10 d后定植，或用50%多菌灵可湿性粉剂500倍液对棚室土壤、屋顶及四周表面喷雾消毒。

【方案设计】

(一)方案设计

见下页。

(二)学生模仿设计生产方案

1.在教师的指导下，学生分组，通过多种信息渠道查询资料。阅读课本、参考

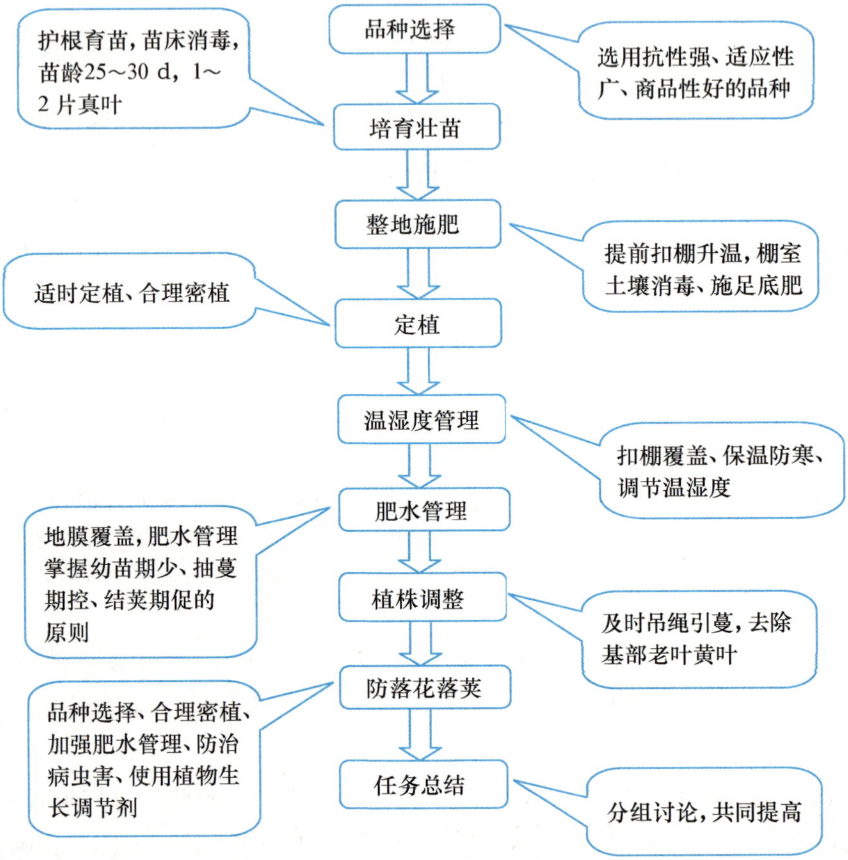

书，查阅有关网站、资源库，准备数码相机、记录本、卷尺、钢笔、铅笔、速写本等。

2. 安排学生参观、考察菜豆生产基地，访谈种植技术员或种植户，做好详细记录。

3. 每人写一份菜豆设施生产方案。小组讨论，推荐一份较好的方案，小组再进行充分地讨论，将每个同学好的思路，补充完善到这一个方案中。

4. 每组选一个代表，在全班讲解小组的设计方案，组员补充方案的内容。教师组织发动全班同学讨论、评价各小组的方案，选出最佳方案，作为生产方案实施。

【任务实施】

菜豆日光温室生产技术

一、品种选择

选择经济效益高、耐弱光性好、耐湿抗病性强、对温度适应性强、适合市场要求的蔓生品种。如架豆王、双季豆、双丰 1 号、芸丰 623、绿龙等。每亩用种量 3.5～4 kg。

二、培育壮苗

日光温室菜豆栽培最好直播，在前茬未结束的情况下可以育苗。

（一）育苗床土的准备

选择温室中部温光条件好的位置，做成东西向的育苗畦，畦宽 1.2～1.5 m，长度根据需要而定。选用 6 份充分暴晒的田园土、4 份腐熟好的有机肥，过筛后掺匀，装入塑料钵或纸袋内，整齐摆入育苗畦内。

（二）浸种催芽与播种

将精选好的种子放在 5 倍于种子重量的 50～55℃温水中不断搅拌 10 min，水温降到 37℃再浸种 1～2 h。浸泡过的种子可直接播种，也可催芽后再播。将种子沥干水分，放在 25～28℃温度下催芽，2 d 左右即可发芽。发芽的种子要及时播种，播前将苗床营养钵浇透水，每个营养钵均匀地播 3～4 粒种子，然后覆盖营养土 3～5 cm。

（三）苗期管理

播种后，在育苗畦上覆盖薄膜，保温保湿，使苗床内气温达到 20～25℃，播后 3 d 即可出苗，出苗后将薄膜去除。幼苗出齐到第一片复叶展开，适当降低床温，白天 15～20℃，夜间 10～15℃。第一片复叶展开到定植前 10 d 开始锻炼幼苗，前 5 d，白天保持 15～20℃，夜间 10～15℃；后 5d 夜间降到 8～12℃。育苗期间苗床水分管理掌握营养土见干见湿，切不可浇水量或浇水次数过多，使幼苗矮壮、节间短粗、夜色深。

（四）整地施肥做畦

定植前 10～15 d 扣棚烤地增温，整地施肥。每亩施腐熟有机肥 4 000～5 000 kg，过磷酸钙 50 kg 或腐熟的鸡粪 2 000 kg，复合肥 50 kg，将肥料 2/3 普施菜田，1/3 集中施在定植垄里。深耕细耙，南北起垄，垄高 20 cm，垄宽 70 cm，垄间沟宽 50 cm，每垄中间开深 10～15 cm 的浅沟，沟上覆膜，膜下灌水。

三、温室消毒

定植前 3～4 d 进行温室消毒。可用硫黄、百菌清熏蒸的方法，密闭 48 h 后，通风 24 h。高温季节密闭温室，高温闷棚 5～7 d。

四、适期定植，合理密植

选在“冷尾暖头”晴天上午定植。定植时穴距 25～30 cm，每穴 2 株，先栽苗后浇水，水渗下后覆土，盖地膜，掏苗。若直播，按同样的密度，每穴 3～4 粒种子，出苗后按苗期管理方法，及时补苗和间苗，保证每穴 2 株健壮苗。

五、温度管理

定植前期以保温防寒为主，白天 25～28℃，夜间 15～20℃为宜。当白天温度超过 30℃时，通风降温。菜豆进入开花期，适当降低白天温度，白天 22～25℃，夜间 15～20℃为宜。进入结荚盛期，加大放风量，防止出现高温造成落花落荚。

六、光照管理

冬季寒冷季节，要经常保持棚膜干净，在温度条件允许的情况下尽量延长光照时间，增加温室光照；温室后墙悬挂反光幕可增加光照强度。

七、肥水管理

定植时一次浇足底水，从定植到开花前以控为主，土壤不过于干燥不浇水。结荚后开始追肥灌水，每隔 10～15 d 灌水 1 次，每隔 1 次清水追肥 1 次(可追 2 次)，每亩施氮磷钾复合肥 15～20 kg。注意浇水时间，选在冷尾暖头的天气，上午浇水，阴天、雪天、寒流、大风降温等不良天气不能浇水。

八、二氧化碳施肥

在菜豆盛果期可以增施二氧化碳气肥。

九、中耕、植株调整

一般定植后 2～3 d 开始中耕，每隔 1 周中耕 1 次，直到菜豆开花。蔓生菜豆在伸蔓时，应及时吊绳引蔓，生育后期，及时去掉植株下部老黄叶，如秧过旺，郁蔽严重，可去掉部分老叶，以利于通风透光。

十、防止落花落荚

(1)结合当地气候,选择适宜品种,并适时播种。选择适应性强、坐荚率高的丰产优质品种,争取较长的适宜生长季节,确保开花结荚有适宜的环境条件。

(2)合理密植。采取吊绳引蔓方式,保证株间通风透光,生长后期摘老叶,对旺盛植株摘心打杈等,减少落花落荚。

(3)加强肥水管理。花前少施肥,花后适量施肥,结荚期重施肥,不偏施氮肥,增施磷钾肥等。田间灌溉不要过干或过湿。湿度大时要及时放风。

(4)适时采收。适时采收,减少养分消耗,采后重施追肥 2～3 次,可以促进菜豆翻花,延长采收期,提高产量。

(5)及时防治病虫害。

(6)施用植物生长调节剂。花期喷施 5～25 mg/kg 的萘乙酸或 30 mg/kg 的防落素,可有效防止落花落荚。

十一、采收

菜豆为嫩荚采收,采收过早影响产量,过晚影响品质。应掌握好采收时期,蔓生菜豆从播种到采收需要 60～70 d,一般落花后 10～15 d 为采收适宜期,进入盛荚期 2～3 d 采收 1 次,可连续采收 50～60 d 或更长。

十二、病虫害综合防治

菜豆主要病害有根腐病、炭疽病、锈病、枯萎病、灰霉病等。在病害防治上,轮作倒茬,品种选择,种子消毒,土壤消毒,培育壮苗,加强肥水管理,做好温室温湿度调节等农业生态防治;药剂防治,使用 70%甲基硫菌灵 800 倍液,50%多菌灵 500 倍液喷施,每隔 7 d 喷施 1 次,连续 2～3 次,可防治根腐病、炭疽病;用 50%多菌灵可湿性粉剂 600 倍液淋洒根际,每隔 7 d 淋 1 次,连续 2～3 次,可防治枯萎病;每亩用三唑酮(粉锈宁)150～200 g 对水 75 kg 喷施,可防治菜豆锈病;连阴天使用烟雾剂或粉尘剂。

菜豆虫害主要有蚜虫、豆荚螟、茶黄螨、潜叶蝇等。虫害防治,轮作、清理田园等农业生态防治;采用设防虫网、黄板诱杀等物理防治及生物防治;化学防治采用 80%敌百虫可湿性粉剂 1 000 倍液、2.5%的溴氰菊酯 3 000 倍液,每隔 7 d 一次,连喷 2～4 次,可防治豆荚螟、潜叶蝇;1.8%阿维菌素乳油 3 000 倍液防治茶黄螨。

菜豆塑料大棚春提前生产技术

一、品种选择

选用早熟、高产、植株紧凑、叶片较小，豆荚性状满足消费者的需要的品种。相对而言，矮生菜豆比蔓生菜豆更合适大棚栽培。目前大棚栽培矮生菜豆品种主要有供给者、优胜者、矮早 18、新西兰 5 号等，蔓生菜豆有白花四季豆、红花四季豆、1409、绿龙、芸丰等。

二、培育壮苗

用营养钵育苗，苗龄 30 d 左右，1～2 片真叶未甩蔓时为宜。

(一)播种

选种、晾晒后，用种子重量的 0.5%的 50%多菌灵可湿性粉剂拌种，或用托布津 500～1 000 倍液浸种 15 min，能有效地预防苗期灰霉病；为预防炭疽病，可在播种前用 1%福尔马林浸种 20 min，再用清水冲洗后播种。经药剂处理的种子应晾干后再播种，不宜湿种子播种。此外，播种前可用福美双拌种，用量为播种量的 0.3%。营养钵育苗，在事先准备的营养钵内播种，每钵播种 3～4 粒，覆盖 2～3 cm，播种后覆盖保温。

(二)苗期管理

播种后，温度保持在 20～25℃，5～7 d 子叶展开，适当降低温度，白天保持在 15～20℃，夜间保持在 10～15℃，以防徒长。第一片复叶出现后，适当提高温度，白天 20～25℃，夜间 15～20℃。定植前 1 周通风炼苗，白天 15～20℃，夜间 10～15℃，最后几天夜间 5～10℃。

菜豆幼苗比较耐旱，不十分干旱的情况下不浇水，以确保植株根系发达健壮。

蔓生菜豆适宜的生理苗龄 25～30 d，矮生菜豆为 20～25 d，1～2 片复叶未甩蔓是为宜。

三、整地施肥做畦

定植前 15～20 d 扣棚盖膜，每亩撒施优质腐熟有机肥 4 000～5 000 kg，过磷酸钙 30～40 kg，草木灰 100 kg，深翻细耙，做畦，平畦畦宽 1.3～1.6 m，起垄，垄高 10～15 cm，宽 50 cm，覆盖地膜。

四、适期定植

(1)定植时间。大棚内地下 10 cm 地温达到 10℃时即可定植。

(2)定植密度。蔓生菜豆株距 25～30 cm，小行 50 cm，大行 80 cm，每穴 2～3 株。矮生菜豆平畦栽种，每畦种 4 行，穴距 30 cm，每穴种 2～3 株。

(3)定植方法。定植时剔除秧脚发红的病苗和失去第一对真叶的幼苗；定植时地膜破口要小，定植后应及时浇水，并用泥土将定植口封住，以利于成活。

(4)补苗。定植后要及时检查，对缺苗或基生叶受损伤的幼苗应及时补苗。补苗后要及时浇透水，以保证这些苗能与其他正常苗同步生长。

五、温度管理

定植后成活前，应保持较高棚温，白天保持 25～30℃，夜间保持在 15℃以上，密闭不通风，以提高地温，促进缓苗。如果定植后有强冷空气来临，温度较低，则采取搭建小拱棚、挂吊幕等保温防寒措施。缓苗以后，棚温白天保持在 22～25℃，夜间不低于 15℃。若棚温高于 30℃，即通风降温。进入开花期后，白天棚温以 20～25℃为宜，夜间不低于 15℃。菜豆定植后不同时间的温度管理见表 2-4-2。

表 2-4-2 菜豆定植后不同阶段的温度管理 ℃

生长时期	白天温度	夜间温度
缓苗期	25～30	14～16
甩蔓期	20～28	12～16
开花期	20～25	14～16
结荚期	18～28	12～16

六、肥水管理

(一)浇水

大棚菜豆栽培中水分管理总的原则是“浇荚不浇花”，缓苗后到开花结荚前，要严格控制水分，否则会引起徒长。一般定植后隔 3～5 d 浇 1 次缓苗水，以后原则上不浇水。初花期控制浇水，水分过多，会造成植株营养生长过旺，养分消耗过多，使花蕾得不到足够养分而引起落花落荚。坐荚后，植株转入旺盛生长，既长茎叶，又陆续开花结荚，需水量增加，要供应较多的水分，以促进果荚伸长和膨大，增加结荚数，并保持植株较好的长势。一般幼荚有 2～3 cm 时开始浇水，以后每隔 5～7d 浇水 1 次。

(二)追肥

菜豆追肥的原则是“花前少施，花后多施，结荚期重施”。

一般秧苗成活后追施 1 次提苗肥，以促进植株多发侧枝，增加花数，降低结荚部位，每亩施尿素 10～15 kg。坐荚后第 2 次追肥，每亩追施尿素或复合肥 10～15 kg，有条件的可追施腐熟的稀粪 500～600 kg。

七、及时搭架

蔓生菜豆需要搭架，一般应在植株开始“甩蔓”时搭架引蔓，防止相互缠绕，以利于通风透光，减少落花落荚。大棚栽培多采用吊绳引蔓。

八、采收

菜豆在定植后 30～40 d 即达到始收期。菜豆在开花后 20 d 左右即达到商品成熟期，可陆续采收，具体的采收标准为豆荚由细短变为粗长，显现品种固有的色泽，尚未“鼓豆”。采收过早，则产量低，若采收太迟，则豆荚容易老化，且菜豆落花落荚严重，采收更应及时。采收时，用力不宜过重，以免将整个花序、甚至整个侧枝折断。

【复习思考题】

1. 菜豆栽培类型有哪些？
2. 菜豆塑料大棚春提前栽培技术要点是什么？
3. 菜豆温室栽培技术要点是什么？
4. 菜豆落花落荚的原因及如何防治？
5. 菜豆采收标准如何？

子任务二　豇豆设施生产技术

【案例导入】

豇豆是夏季主要蔬菜之一蔬菜，炒菜、凉拌、腌渍、做菜码等吃法很多，深受消费者喜欢，而且价格便宜，平均 2～4 元/kg。春节期间同样的豇豆，能卖到 16～20 元/kg，甚至更贵。衡水市邓庄村菜农老王看到了这一商机，他想利用承包的温室栽培豇豆，春节供应市场，但是不知道从哪儿下手，今天我们的任务是精心设计一个豇豆设施生产的方案，为菜农们解决生产问题，实现冬季豇豆市场供应。

【任务目标】

完成本学习任务后，你应该能

1. 学会豇豆的栽培技术方案设计；

2. 学会豇豆日光温室、塑料大棚栽培技术；

3. 分析豇豆和菜豆栽培技术的异同点，牢固掌握两者的栽培技术。

【相关知识】

豇豆又名带豆、豆角、筷豆。豇豆营养价值高，嫩荚可炒食、凉拌、腌渍，老熟豆粒可做粮食食用。豇豆耐热性强，是调剂 8～9 月淡季的重要蔬菜。

一、豇豆有哪些栽培形式

露地栽培一般有春播夏收、初夏播种连秋栽培和从春到秋一年一茬三种栽培形式。半蔓生和矮生豇豆常和甘薯、玉米及大蒜等间作。设施栽培有日光温室和塑料大棚栽培。设施栽培茬口如表 2-4-3。

表 2-4-3 豇豆设施栽培茬口

栽培方式	播种期	定植期	开始收获期
温室冬春茬	10 月下～11 月上	11 月下～12 月上中	1 月上
温室秋冬茬	8 月中～9 月上(育苗或直播)	—	10 月下
温室越冬茬	10 月中下	11 月上	12 月上中
小棚春提前	2 月上	2 月底～3 月上	4 月中～5 月上
大棚春提前	2 月中下	3 月中下	5 月上中
大棚秋延后	8 月上(直播或育苗)	8 月下	9 月中

二、豇豆有哪几个生长发育周期

豇豆自播种至嫩荚采收结束需 90～120 d。从种子萌发到结出新种子需 110～140 d，需经过发芽期、幼苗期、抽蔓期和开花结荚期。

(1)发芽期。从种子萌动到真叶展开为发芽期。发芽期需 6～8 d。

(2)幼苗期。从真叶展开到抽蔓前为幼苗期。此期以营养生长为主，同时开始花芽分化，茎部节间短，地下部生长快于地上部，根系开始木栓化。幼苗期需 15～20 d。

(3)抽蔓期。幼苗期后(即 7～8 片复叶后)主蔓迅速伸长，同时在基部节位抽出侧蔓，根系也迅速生长，并形成根瘤。抽蔓期需 10～15 d。

(4)开花结荚期。从现蕾开始到采收结束为开花结荚期。此期的长短因品种、栽培季节和栽培条件的不同而有很大差异，短的 45 d，长的可达 70 d。

三、豇豆对环境条件的要求有哪些

(1)温度。豇豆耐热性强，不耐低温。种子发芽和植株生长适温为 25～30℃，

35℃以上仍能正常生长和结荚,40℃时生长受抑制,15℃以下生长缓慢。

(2)光照。豇豆喜光,尤其是蔓生品种,矮生种和半蔓生种较耐阴,常和其他高秆作物间作。大多数品种要求短日照,尤其秋季日照缩短时开花结荚多,且能降低花絮着生节位。但也有对日照要求不严格品种,适合各地引种和不同季节栽培。

(3)水分。豇豆根系较深,叶面有蜡质,较耐旱。

(4)土壤与营养。豇豆对土壤适应性广,以中性土壤为好,过于黏重的土壤不利根系和根瘤菌的发育。豇豆的根瘤菌不发达,整个生育期需肥较多。

【方案设计】

(一)方案设计

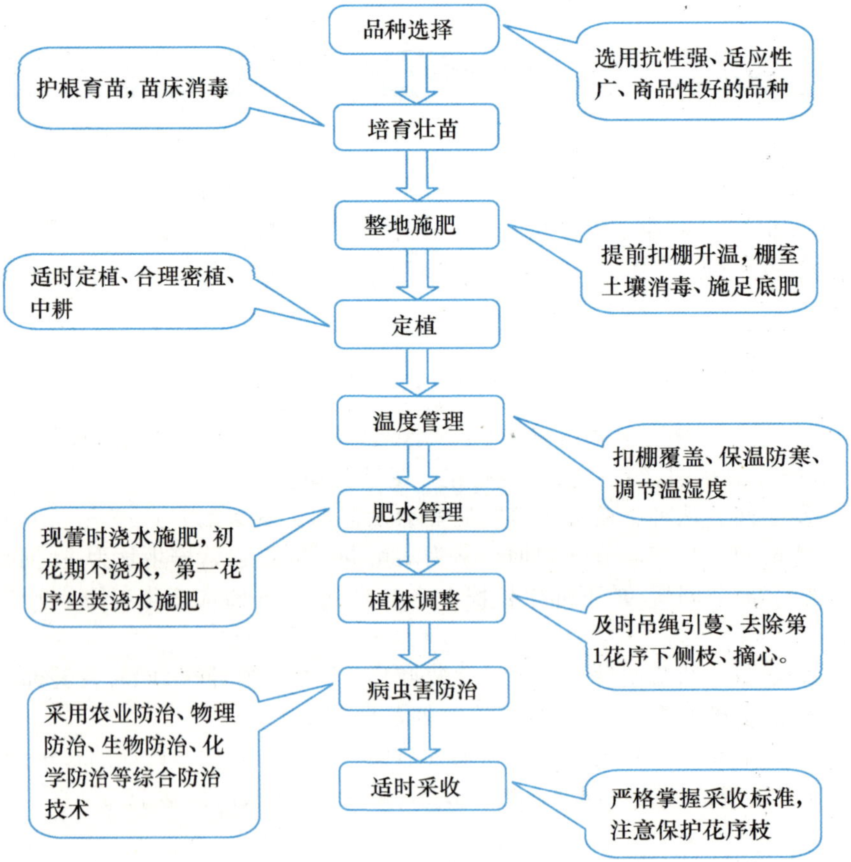

(二)学生模仿设计生产方案

1. 在教师的指导下,学生分组,通过多种信息渠道查询资料。阅读课本、参考书,查阅有关网站、资源库,准备数码相机、记录本、卷尺、钢笔、铅笔、速写本等。

2. 安排学生参观、考察豇豆生产基地,访谈种植技术员或种植户,做好详细记录。

3. 每人写一份豇豆设施生产方案。小组讨论,推荐一份较好的方案,小组再进行充分地讨论,将每个同学好的思路,补充完善到这一个方案中。

4. 每组选一个代表,在全班讲解小组的设计方案,组员补充方案的内容。教师组织全班同学讨论、评价各小组的方案,选出最佳方案,作为生产方案实施。

【任务实施】

豇豆日光温室生产技术

一、品种选择

日光温室栽培,选择经济效益高、弱光性好、耐湿抗病性强、对温度适应性强、迎合市场要求的品种,一般多选用蔓生品种。目前常用的品种有:龙须豇豆、青丰豇豆、之豇特早30、90等。

二、培育壮苗

采用营养钵、纸筒、塑料钵或营养土方育苗,并对营养土消毒。每亩用种量为2.5～4 kg,将种子用25～30℃的水浸泡4～6 h捞出播种。播前浇足底水,水渗下后,每钵播种3～4粒,覆土2～3 cm。

播种后,白天30℃左右,夜间25℃,促进出苗。出苗后降温,白天20～25℃,夜间14～16℃。定植前7 d低温炼苗。苗期一般不追肥,但要防止土壤干旱,加强水分管理,土壤相对湿度在70%左右。

三、施肥做畦

施足底肥,每亩施入腐熟的有机肥8 000 kg,过磷酸钙100 kg,硫酸钾50 kg。深翻30 cm,细耙做垄,小垄40～50 cm,垄上开沟覆膜,大垄70～80 cm,高温闷棚4～5 d。

注意: 禁止大水漫灌和阴天傍晚浇水,提倡膜下滴灌,掌握豇豆浇水的原则。

四、适期定植，合理密植

当10 cm地温稳定15℃，气温稳定在12℃以上时定植。定植前10 d左右扣棚烤地。株距25～30 cm，每穴2株。

五、温度管理

定植后3～5 d不放风，提高温度，促进缓苗。缓苗后白天25～30℃，夜间15～20℃。秋冬茬生产的，进入冬季后，要采取有效措施加强保温，尽量延长采收期。

六、肥水管理

定植时根据茬次掌握浇水。在定植水的基础上，秋冬茬缓苗后连续浇2次水；冬春茬分穴浇2次水，之后中耕、蹲苗，严格控制浇水。现蕾时浇1次小水，继续中耕，初花期不浇水。待蔓长1 m左右，叶片变厚、节间短、第一花序坐荚、花序相继出现时，开始浇水，同时每亩施入硝酸钾20～30 kg，过磷酸钙30～50 kg。以后植株生长加快，下部果荚伸长，中上部花序出现时，再浇1水。以后掌握浇荚不浇花，见干见湿的原则，大量开花后每隔10～12 d浇1水，1次清水1次肥水。

七、植株管理

植株伸蔓后要及时搭架或吊绳引蔓，注意不要折断茎蔓，否则下部侧枝丛生，通风不良，落花落荚，影响产量。

主蔓第一花序以下萌生的侧枝长到3～4 cm时掐掉，确保主蔓健壮生长。第一花序以上各节初期萌生的侧枝，留1片叶摘心，中后期发生的侧枝留2～3片叶摘心促进侧枝第一花序的形成。当主蔓爬满架后摘心，促进各侧蔓上的花芽发育、开花、结荚。

八、适时采收

当豆荚长成粗细均匀、豆粒不鼓，但种子已经开始生长时，为商品嫩荚收获的最佳时期，应及时采收上市。采收时不要伤及花序枝，更不要连花序柄一起摘下，要严格掌握标准，采收的豆角整齐一致。

九、病虫害综合防治

豇豆病虫害主要有豇豆煤霉病、白粉病、病毒病、茎腐病、蚜虫、豆荚螟等。病虫害防治采用合理轮作、清理田园、选择抗病品种、培育壮苗、加强田间管理、适时浇水追肥、注重有机肥及磷钾肥施用、促进植株生长健壮等农业防治；设置防虫网、使用黄板诱杀、高温闷棚等物理防治；释放昆虫天敌、以菌治虫治病等生物防治及化学防治相结合的综合防治技术。使用50%多菌灵可湿性粉剂500倍液，或75%百菌清可湿性粉剂600倍液，或70%甲基硫菌灵可湿性粉剂600倍液，每隔7～10 d喷1次，连续喷2～3次，防治豇豆煤霉病、茎腐病；每亩用三唑酮（粉锈宁）150～200 g对水75 kg喷施，防治豇豆白粉病；用20%盐酸吗啉胍·乙酸铜（病毒A）600倍液，3.85%苦·钙·硫黄600倍液防治病毒病；用10%吡虫啉2 000倍液，40%乐果乳油600～1 000倍液，每隔5～7 d喷1次，连喷2次，可防治蚜虫。

豇豆塑料大棚春提前生产技术

一、品种选择

选择抗病、优质、高产、抗逆性强、适应性广、商品性好、符合目前市场消费习惯的品种，主要有901、之豇28-2、高产4号、之豇特早30、早翠等。

二、培育壮苗

早春大棚豇豆宜采用育苗移栽，苗龄25～30 d，播种期一般在2月中下旬。播种过早，地温低，易出现沤根死苗，苗龄过大，定植时伤根重，缓苗慢；播种过迟达不到早熟目的。最好采用营养钵育苗，用4份充分腐熟的农家肥与6份田园土充分拌匀后，再用40%甲醛300～500倍液喷洒消毒，营养钵大小8 cm×8 cm或10 cm×10 cm，先装5～7 cm深的营养土，摆放到苗床上浇水，水渗下后播种，每钵播3粒，然后覆土2 cm。苗期注意保温防寒。

播种后温度控制在白天25～30℃，夜间不低于18℃。幼苗出土后，降低温度，白天23～28℃，夜间15～18℃。10 d后，开始间苗，每个营养钵内留2～3株。定植前炼苗，白天20～25℃，夜间13～15℃。幼苗长出第2片复叶时定植。

三、施肥做畦

春提前栽培豇豆要在定植前15～20 d覆盖大棚膜，每亩撒施优质腐熟的有机肥4 000～5 000 kg，过磷酸钙30～40 kg，草木灰100 kg，深耕细耙做畦或作垄，畦宽1.3～1.6 m，作垄采用小垄50 cm、大垄80 cm大小垄，垄高10～15 cm。

四、适期定植

大棚内地下 10 cm 地温稳定通过 15℃，夜间最低气温稳定超过 12℃，在晴天上午定植，株距 25～30 cm。

五、肥水管理

豇豆齐苗或缓苗后，一般追肥 1 次，每亩浇施腐熟的人粪尿 750 kg。当苗高 25～30 cm 时，结合浇水，每亩追施尿素 15 kg。当第一花序开始结荚后，宜加大追肥量，保持土壤湿润。每亩追施腐熟的人粪尿 1 000 kg，隔 5～7 d 追 1 次，连追 3 次。

六、中耕

缓苗期进行第 1 次浅耕，以散掉土壤中多余的水分，第 2 次深耕 10～15 cm，增加土壤透气性，提高地温，第 3 次结合培土起垄中耕 1 次。甩蔓前，覆地膜。覆膜时十字开口掏苗，用土封严，膜下浇水施肥。

七、植株调整

当植株抽蔓时及时插架或吊绳引蔓。第 1 花序以下侧枝长到 3 cm 时，及时摘除，以保证主蔓健壮生长。第 1 花序以上各节位侧枝留 2～3 片叶摘心，促进侧枝形成第 1 花序。当主蔓长到 15～20 节，摘心，促进下部侧枝花芽的形成。

八、采收

根据市场需求及时采收。结荚盛期宜隔 1 d 采收 1 次。采收时要保护好同一花序上的花，避免影响后期的开花坐果，进而影响产量。

九、病虫害防治

及时拔除病株、病叶和病荚，并将其带出棚外处理。悬挂黄板于行间或株间，高出植株顶部，每亩挂 30～40 块，防治蚜虫、白粉虱等害虫，或用 10%的吡虫啉可湿性粉剂 1 500 倍液防治蚜虫。可使用 1.8%阿维菌素乳油 3 000 倍液，73%克螨特乳油 1 500 倍液喷雾防治红蜘蛛，重点喷叶背面。用 1.8%阿维虫清乳油 3 000 倍液，2.5%溴氰菊酯乳油 3 000 倍液，防治豆野螟。用 1.8%阿维菌素乳油 3 000～4 000 倍液喷雾，防治美洲斑潜蝇。用 70%代森锰锌可湿性粉剂 1 000 倍液加 15%粉锈宁可湿性粉剂 2 000 倍液喷雾，10 d 防 1 次，连喷 2 次，可防治枯萎病，其他病害同上述温室栽培。

【复习思考题】

1. 豇豆生育周期包括__________、__________、__________和__________四个阶段,各阶段生长特点及管理重点是什么?

2. 豇豆的栽培形式有哪些?

3. 豇豆与菜豆对环境条件的要求有何不同?

4. 豇豆与菜豆在植株调整方面有何不同?

5. 简述豇豆大棚春提前栽培技术要点。

6. 简述豇豆温室栽培技术要点。

7. 简述豇豆采收时技术要求。

8. 简述豇豆病虫害综合防治技术。

任务五　叶菜类设施生产技术

子任务一　韭菜设施生产技术

【案例导入】

韭菜含有维生素 C、维生素 B_1、维生素 B_2、尼克酸、胡萝卜素、碳水化合物及矿物质，还含有丰富的纤维素，能促进肠道蠕动、预防大肠癌的发生，同时又能减少对胆固醇的吸收，起到预防和治疗动脉硬化、冠心病等疾病的作用。今天我们的任务是设计韭菜设施标准化生产方案，掌握韭菜的安全生产技术，并加以推广。

【任务目标】

完成本学习任务后，你应该能

1. 学会韭菜的栽培技术方案设计；
2. 学会韭菜日光温室、塑料拱棚栽培技术；
3. 掌握韭菜设施生产中病虫害防治技术；
4. 发现并会分析栽培过程中的问题，提出解决的办法。

【相关知识】

一、韭菜有哪些类型

根据食用部位不同分为根韭、叶韭、花韭和叶花兼用四种类型。

二、什么是韭菜分蘖和"跳根"

随着韭菜植株的生长，体内营养物质不断积累，在靠近生长点的上位叶腋处，形成蘖芽，初期蘖芽和原生长点被包裹在同一个叶鞘中，随着蘖芽的加粗生长，胀破叶鞘而发育成一株新的分蘖。分蘖的数量与品种、营养状态和株龄有关，一般清明播种的夏季长出5～6片叶时，便开始分蘖，以后，每年分蘖1～3次。分蘖时期以春夏两季为主，通常定植后3～4年时为分蘖盛期，产量也高，5～6年逐渐下降，需要更新。随着分蘖次数增多和新鳞茎的生长，新根不断上移，使根系逐渐接近地面，称为"跳根"，所以生产上要培土。

三、韭菜的生育周期有哪些

(一)营养生长阶段

(1)发芽期。从萌动到第1片真叶出现，一般10～20 d。

(2)幼苗期。第1片真叶到2～3片真叶，一般40～60 d。

(3)营养生长盛期。5片真叶到花芽分化。

(二)生殖生长阶段

(1)抽薹期。花芽分化至花序总苞破裂。

(2)开花期。总苞破裂至整个花序开花结束，一般7～10 d。

(3)种子成熟期。开花结束至整个花序种子成熟，一般30 d左右。

四、韭菜对环境条件的要求有哪些

1.温度

韭菜属于耐寒适应性广的蔬菜，地上部能耐－5℃～－4℃的低温，当温度降到－7℃～－6℃时，叶片枯萎进入休眠。不耐高温，当气温超过24～25℃时，植株生长缓慢，品质差。生长适温12～24℃，不同时期对温度要求不同，发芽适温15～18℃，幼苗生长适温为12℃，抽薹开花期，对温度要求偏高到适温最高值。

2.光照

韭菜属于长日照植物，长日照能促进开花结子，但对光照强度要求中等，耐阴性强。但光照过弱，光合产物积累少，分蘖少而细弱，产量低，易早衰；光照过强，温度过高，纤维多，品质差。

3.水分

韭菜根系吸收力弱，要求较高的土壤湿度，但能耐较低的空气湿度，生产上根据不同的季节不同的栽培方式，适当供给水分，确保产品鲜嫩。

4.土壤营养

韭菜能适应各种土壤，但以排灌方便，土层深厚，比较肥沃的地块为宜。对酸碱度适应性较广，并有一定的耐盐碱能力。韭菜耐肥力强，需要大量的氮肥，适量配合磷钾肥。施入有机肥，增加土壤的透气性，促进根系生长，有利于养分积累。

【方案设计】

(一)方案设计

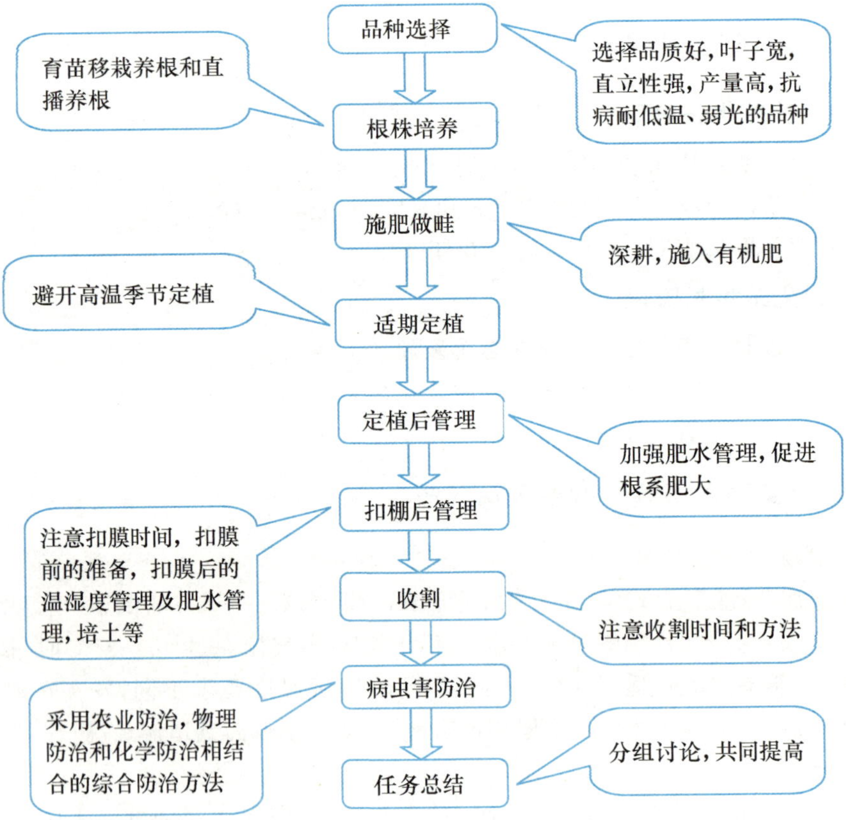

(二)学生模仿设计生产方案

1.在教师的指导下，学生分组，通过多种信息渠道查询资料。阅读课本、参考书，查阅有关网站、资源库，准备数码相机、记录本、卷尺、钢笔、铅笔、速写本等。

2. 安排学生参观、考察韭菜生产现场,访谈种植技术员或种植户,做好详细记录。

3. 每人写一份韭菜设施生产方案。小组讨论,推荐一份较好的方案,小组再进行充分的讨论,将每个同学好的思路,补充完善到这一个方案中。

4. 每组选一个代表,在全班讲解小组的设计方案,组员补充方案的内容。教师组织全班同学讨论、评价各小组的方案,选出最佳方案,作为生产方案实施。

【任务实施】

韭菜温室栽培技术

一、品种选择

日光温室里栽培的韭菜应选择品质好,叶子宽,直立性强,产量高,抗病耐低温、弱光的品种。由于各温室生产者生产经验、接茬方式和上市时间不同,可根据自己的需要选择不同休眠习性的品种。栽培较多的韭菜品种有汉中冬韭、大金钩、河南 791、杭州雪韭、犀浦韭菜、寿光独根红、寒青等。

二、根株培养

日光温室韭菜栽培,其根株培养非常关键。养根有育苗移栽养根和直播养根两种方法,但一般都采取育苗移栽养根的办法。因为育苗移栽能够给植株提供均等的营养面积,植株均匀一致,同时也便于合理密植,这是韭菜高产稳产的关键。

韭菜春秋两季都可以进行播种。韭菜种子发芽的适温是 15～18℃,春季播种的持续时间比较长,从“谷雨”到“立夏”之间是春播韭菜的最适时期。秋播可以为下一年扣棚生产早育根株,适播期是“白露”到“秋分”。用于秋播的韭菜种子宜放到冷凉处保存,以防高温引起发芽率降低。

育苗床选择富含有机质的肥沃土壤。每亩施有机肥 5 000 kg,磷酸二铵 20 kg 做基肥,精细整地,做畦。3 月下旬至 4 月上旬播种,每亩播种量 10～15 g。播种方法是将种子均匀撒于畦面,覆土 0.5～1 cm,用脚踩一遍,使种子与土密切接触,然后浇水。幼苗出土前保持土壤湿润,以利出苗。幼苗期及时除草,当株高 18～20 cm 时即可移栽。

三、施肥做畦

韭菜为多年生蔬菜,一次栽培后多年不再耕翻,所以定植前必须深耕,以利根系发育。结合深耕每亩施入优质有机肥 5 000 kg、磷酸二铵 40 kg、磷酸钾 10 kg,

旋耕 2 次，使土肥充分混合，平整土地。为使韭菜根系分布均匀，利于分蘖，垄栽时最好栽成小长条。

四、适期定植

定植时期根据播种的秧苗大小而定。春季播种，应在夏至后定植。秋季播种，第二年春季清明定植。定植时最好避开高温高湿季节，以免影响缓苗。

定植方式分为沟栽或畦栽。沟栽按行距 30～36 cm 开沟，沟深 10～14 cm，穴距 15～20 cm，每穴 20～40 株，行距大便于培土，适于软化栽培。畦栽按行距 15～20 cm，穴距 10～15 cm，每穴 6～10 株，适于生产青韭。栽植深度以不超过叶鞘为宜。

五、定植后的管理

以促进缓苗为主。立秋后是适宜韭菜生长的季节，也是肥水管理的关键时期。应加强肥水管理，每隔 5～7 d 浇 1 次水，结合浇水，追施速效氮肥 2～3 次，每亩施尿素 10 kg，促进植株生长，为根茎的膨大和根系的生长奠定物质基础。

六、扣膜后管理

（一）扣膜时间

种植不需回青可连续生产的韭菜时，扣棚前 7 d 可收割一刀。这类韭菜扣膜时间一般是在当地严霜到来之前。北方品种的韭菜，由于具有深休眠特性，需要等到地上部分干枯或基本干枯时扣棚。

（二）扣膜前的准备

（1）浇水补肥。结合浇水提前造足底墒，前期肥料不足时，可顺水追入硝酸铵、磷酸二铵或硝酸磷肥等。

（2）清除残枝枯叶。将田间的枯枝残叶等清理干净，以防传播病虫害。

（3）扒土晾根。扒土是用铁齿钩横着扒土，扒至“韭葫”露出。可以通过冻晒刺激打破休眠，防治根蛆，提高根部温度，使土壤疏松，易于韭菜萌发。扒土多在邻近扣膜前露地进行，若地面已结冻，可先扣膜，待地面解冻后再进行。

（4）顺沟灌农药。用晶体敌百虫、辛硫磷等农药对水顺沟灌入，可毒杀越冬幼虫，同时灌入赤霉素溶液，以利打破休眠。灌药后即可填土将沟搂平。

（5）施蒙头粪。韭菜清茬或收割后，在韭菜种植地块上撒一层充分腐熟的牛马粪，既有利于提高地温，又可提供一定的养分，供韭菜及下茬作物的生长。

(三)扣膜后的温度管理

韭菜是喜冷凉的蔬菜,在温室内,由于湿度大,光照弱,温度高使韭菜生长过快,抵抗力下降,温度管理不当易引起烂韭。温度过高会引起干尖。因此,严格控制韭菜生长期间的温度,对保证蔬菜健壮生长具有重要意义。

韭菜温度的管理要依据需要来掌握,在清茬和收割后,韭菜未萌发以前,气温可尽量高些。当韭菜长出地面后,温度要从严掌握。第一刀韭菜生长期间,白天温度 17~23℃,以后各刀生长期间,控制温度上限可比第一刀高些。

连秋生长的韭菜,扣棚初期,外界温度高,可以放底风。但天冷后,特别是"回青"韭菜萌发后,不能放底风。严冬季节可开启上排风口。还要注意夜间温度不宜太低,容易造成叶面结露或形成水膜,引起病害发生。

(四)分次培土

注意:韭菜收割后,伤口尚未愈合,不浇水,待长到7~10 cm再浇。

每刀韭菜植株长到 10 cm 左右高时,就要在前期松土的基础上,从行间取土培到韭菜根部。每次培土 3~4 cm,随着韭菜生长共培土 2~3 次,最后培成 10 cm 的小高垄。培土软化假茎,提高韭菜品质,株型紧凑,有利于改善田间通风透光,植株生长势壮,方便收割。

七、肥水管理

扣膜前浇过水,扣膜时不再浇水。扣棚前形成的土壤水分能满足头刀韭菜萌发和前期生长的需要,收割前 7~10 d 浇一次增产水。以保持产品鲜嫩,为下刀韭菜的萌发和前期生长提供水分保证。韭菜喜欢干燥,空气湿度不宜过大,湿度大时,容易发生病害。降低湿度的有效方法是放风排湿,减少地面水分蒸发和加强保温不使夜温过低。

微肥、激素的应用。韭菜可喷施的微肥激素较多,收效也好。生产上使用较多的有赤霉素、叶面宝、光呼吸抑制剂、光合促进剂、磷酸二氢钾、白糖等。

赤霉素是一种生长促进剂,可使细胞明显伸长,从而使韭菜的生长速度加快。喷用赤霉素一般是在收割前 15 d 左右,或韭菜约 20 cm 高时进行。赤霉素还可以加快结束休眠。

叶面宝多效植物生长调节剂。一般从秋季养根开始喷用。韭菜在温室生产期也可喷用。

光呼吸抑制剂用来降低光呼吸强度,抑制光呼吸消耗,增加有效积累,从而增加产量。喷药时必须先用60℃水溶化，然后再按比例对水。为提高效果，可掺入尿素、磷酸二氢钾、白糖等，随配随用。

白糖、尿素混合剂：每亩每次用白糖500 g，尿素150～200 g，对水50 kg喷用。可促进叶色变浓，增加产量。白糖可与其他农药、激素混用。

八、收割

收割时间和方法是否得当，会直接影响到韭菜的产量和寿命。需要“回青”的韭菜，扣膜前，当年播种，当年扣棚生产时，扣棚前不收割。不需“回青”的韭菜，当年播种，当年扣棚生产时，在邻近扣棚前4～5 d可留高茬收割一刀。第二年的韭根准备冬季扣膜生产时，或一大茬生产后进入第二年露地养根期间，也要严格控制收割次数，以便使茎叶制造的养分能更多地积累到地下部分，供扣膜后生长的需要。

割茬高度直接影响到韭菜的衰老速度和下一茬刀的产量。一般在鳞茎以上3～4 cm处收割为宜，刀口呈黄色。不需“回青”连续生产的韭菜在扣膜前割的一刀，要留茬高些，留下高茬可以为下茬韭菜生长留下较多养分。

连续收割的韭菜两刀之间以相隔1月为宜。第一刀韭菜收割时韭菜最好长足5片叶。温室韭菜收割宜在上午进行。收割时把草苫揭开一些，不影响工作即可。在收割完并包装以后再揭开草苫，可保持韭菜新鲜不打蔫。

九、病虫害综合防治

主要虫害以韭蛆、潜叶蝇、蓟马为主；病害以灰霉病、疫病、霜霉病等为主。采用农业防治、物理防治和化学防治相结合的综合防治方法。在药剂防治上，优先采用粉尘剂、烟雾剂，杜绝禁用农药及其他高毒、高残留农药，采用高效低毒、低残留、残效期短的农药；并注意轮换用药，合理混用和不在安全间隔期内采收。

韭菜拱棚生产技术

一、品种选择

应选择抗寒力强，耐高温高湿，分蘖力强，休眠期短，生长快，叶片肥厚宽大，抗病力强的品种。适合拱棚种植的韭菜品种有大金钩、791韭菜、汉中冬韭等。

二、施肥做畦

畦为平畦，大棚栽培南北向，小拱棚栽培则东西向，畦宽1 m，长30 m左右，畦埂宽 20 cm，高 10 cm，三畦联为一组，每组之间相隔 1.8 m。先将畦内 12～16 cm 深的表土取出，放在畦边，再从畦内取 10 cm 深的底土置于田外，然后再将表土放回畦内，整平。畦做好后施足基肥，一般每亩施优质腐熟圈肥 8 000 kg，过磷酸钙 50 kg，磷酸二铵 15 kg，可在畦面圈肥喷施 50%辛硫磷乳油 800～1 000 倍液，防治韭蛆成虫。

三、播种及苗期管理

韭菜一般采用直播法，种子不经浸种催芽而直接干播。

（一）播种时间

春季当气温回升到 5～10℃时，即可播种，一般春分至清明为韭菜的播种适期。

（二）播种

采用条播。先在畦内浇透底水，然后按行距 30 cm 开沟，沟宽 4～6 cm，深 1 cm，再在沟内播种，每亩播种子 3～4 kg，播种后覆土 1.5 cm。覆土最好分 2 次进行，第 1 次覆土 0.5～0.7 cm，待土壤充分吸湿后，进行第 2 次覆土，这样形成上干下湿的表土，疏松保墒、利于出苗。最后盖地膜保墒增温。

（三）苗期管理

韭菜播种后一般 12～20 d 出土，发现幼苗露头后，及时撤去地膜。苗期应重点抓好浇水、追肥、除草三项工作。韭菜子叶细弱，弯曲出土，只有保持土壤湿润和疏松，才利于出土和生长。幼苗出土前一般不浇水，苗齐后畦面干旱可浇小水。若出苗不齐，地面干，宜小水轻浇，忌大水漫灌。大雨后要及时排水，防止积水死苗。幼苗期一般浇小水 2～3 次，并结合浇水在苗高 4 cm 左右时进行喷药，可选用 48%地乐胺乳油，每亩用药 200 mL，对水 50～60 kg，于土表均匀喷雾，可有效防止苗期病害。

四、养根壮秧

冬春韭菜生长，主要是靠根茎中贮藏的养分，韭菜生长得好坏和产量的高低决定于韭根的强弱。因此，必须采取措施养根壮秧。

（一）肥水管理

夏季高温多雨不适于韭菜生长。立秋前，一般不追肥、浇水和收割。夏季遇热雨后应浇井水降温以防烂根。8 月中旬以后，气温开始下降，为韭菜生长旺盛期。此期要重追一次肥，每亩追施充分腐熟的豆饼 200～300 kg。追肥方法是将粉碎并经过发酵的豆饼撒于畦间，将土、肥混匀，随即浇一次大水。以后每 5～7 d 浇水一次。9 月中下旬可结合浇水每亩追施尿素 15～20 kg。10 月上旬停止施肥浇水，以防韭菜贪青徒长，影响营养物质的积累和正常“回根”。

（二）二年生以上韭菜的养根及管理

韭菜的根株可连续生产 3～5 年。当春季停割后，韭根养分已消耗很大，应结合中耕追肥 1 次，一般每亩追施优质圈肥 5 000 kg 以上。以后管理同上述当年育苗的韭菜。

五、扣膜后的管理

（一）适时覆盖

11 月上中旬，韭叶枯死，在土壤未上冻前，每两畦或三畦为一组，搭好拱棚（小拱棚则扣 1 个畦）。11 月下旬至 12 月上旬开始覆盖。覆盖前搂掉枯叶，清理畦面，将韭根附近的畦土扒开，使鳞茎外露，经日晒、冷冻 4～5 d 后，灌一次杀虫剂，将土复原；1～2 d 后浇一次大水，并每亩撒施尿素 15～20 kg，水渗下后撒一层干土，然后盖膜。大棚北头及西侧要用草苫围起来，小棚夜间要加盖草苫，以利保温。

（二）温度及光照

韭菜生长适温为 12～24℃，覆盖前期外界气温低，应加强保温，小棚草苫早揭晚盖，保持薄膜洁净透光。白天温度保持在 14℃以上，夜间 5～10℃。第 1 茬生长期间，棚内很少超过适温范围，一般不通风，但当温度超过 30℃时，应及时通风。草苫应照常揭盖，短时间雨雪过后，及时清除积雪。第一茬收割后，盖严薄膜，待苗高达 8～10 cm 时进行通风，随着气温的升高，逐渐加大通风量，保持最适温度。第 3 茬收割后，可撤掉薄膜，进行露地养根。

（三）肥水管理

冬春覆盖栽培，主要靠根株中积累的养分和土壤中的水分进行生长，因此，第 1、2 茬一般不进行追肥浇水，第 3 茬在苗高 8～10 cm 时，随浇水每亩施尿素 10～15 kg。

六、采收

韭菜高 30 cm 左右时即可收割。收割时，韭刀要贴地面收割，留茬高度要一致，切忌深一刀浅一刀，勿使鳞茎受伤，以利下茬整齐生长。第 1 茬生长缓慢，约需 40 d 左右。随着气温升高，生长速度加快，收割时间随之缩短，第 2 茬需 25 d，第 3

茬需 20 d 左右。一般当年韭菜收割 3 茬，二年生以上韭菜收割 4 茬。3 月中旬撤棚后不再收割，进行养根。

七、病虫害综合防治

韭菜常见的病虫害有灰霉病、疫病、锈病、菌核病和韭蛆，目前可通过较为安全和环保的方式进行防治。以防为主，防重于治，综合防治，以农业防治为主，药剂防治为辅。用 50%多菌灵，或 70%甲基硫菌灵（甲基托布津）可湿性粉剂 600 倍液，防治韭菜灰霉病，喷药会增加棚室内湿度，最好用药液灌根或施用百菌清烟剂或粉尘剂。每 7～10 d 施药 1 次。用 64%噁霜灵·锰锌（杀毒矾）可湿性粉剂 400～500 倍液、40%三乙磷酸铝可湿性粉剂 300 倍液、0.1%～0.2%硫酸铜溶液浇灌植株根茎部，可防治韭菜疫病。喷施 50%超微硫黄悬浮剂 200～300 倍液，或 20%石硫合剂膏剂 150～200 倍液，7～10 d 喷 1 次，连喷 3～4 次，可防治韭菜锈病。

【复习思考题】

1. 什么叫韭菜分蘖？
2. 什么叫韭菜跳根？
3. 韭菜根株培养的方法？
4. 适合温室栽培和拱棚栽培的韭菜品种有哪些？
5. 温室韭菜的管理措施有哪些？
6. 韭菜收割注意的事项有哪些？
7. 拱棚韭菜栽培技术要点有哪些？
8. 扣棚前的管理措施有哪些？

子任务二　芹菜设施生产技术

【案例导入】

芹菜是人们餐桌上常见的蔬菜之一，因其富含有维生素和矿物质营养，同时，具有平肝清热、祛风利湿、清肠利便、润肺止咳、降低血压、健脑镇静的功效，而备受人们青睐，市场需求不断扩大，栽培面积逐年增加，随着温室大棚面积的逐年增加，露地芹菜生产开始进入设施栽培。如何生产出高品质的芹菜，增加生产者的收入，满足消费者的需求，是生产者面临的主要问题。今天我们的任务就是设计芹菜设施生产的方案，掌握设施芹菜生产技术，帮助农民解决生产中常出现的问题。

【任务目标】

完成本学习任务后，你应该能

1. 学会芹菜的栽培技术方案设计；

2. 学会芹菜日光温室、塑料大棚栽培技术；

3. 发现并会分析栽培过程中的问题，提出解决的办法。

【相关知识】

一、芹菜的栽培形式有哪些

芹菜在凉爽、短日照条件下，营养生长旺盛，产量高，品质好，所以全国大部分地区均以秋季栽培为主，芹菜适应性强，春夏季也可栽培，北方地区温室、大棚均可栽培。

二、芹菜对环境条件有哪些要求

(1)温度和日照。芹菜属于耐寒性蔬菜，在冷凉湿润的气候条件下生长良好。种子发芽适温 15～20℃，7～10 d 出芽，温度高了发芽困难。幼苗的适应力强，成苗可耐－7℃的低温。营养生长的适温 15～20℃。幼苗 3～4 片真叶后，遇到 10℃以下的低温，经过 10～20 d 通过春化，抽薹开花。

(2)水分。芹菜根系浅，吸收力弱，栽培密度大，叶面蒸腾量大，对空气湿度和土壤湿度要求高。栽培过程中要有充足的肥水供应，才能保证优质高产。

(3)土壤。芹菜适宜在富含有机质，保水、保肥力强的壤土或黏壤土中生长。生长期以氮肥为主，磷肥能使幼苗生长健壮，并能增加叶柄长度；钾肥可使叶柄脆嫩有光泽。对硼反应敏感，缺硼叶柄发生裂纹。

【方案设计】

(一)方案设计

见下页。

(二)学生模仿设计生产方案

1. 学生分组，在教师的指导下，通过多种信息渠道查询资料。阅读课本、参考书，查阅有关网站、资源库，准备数码相机、记录本、卷尺、钢笔、铅笔、速写本等。

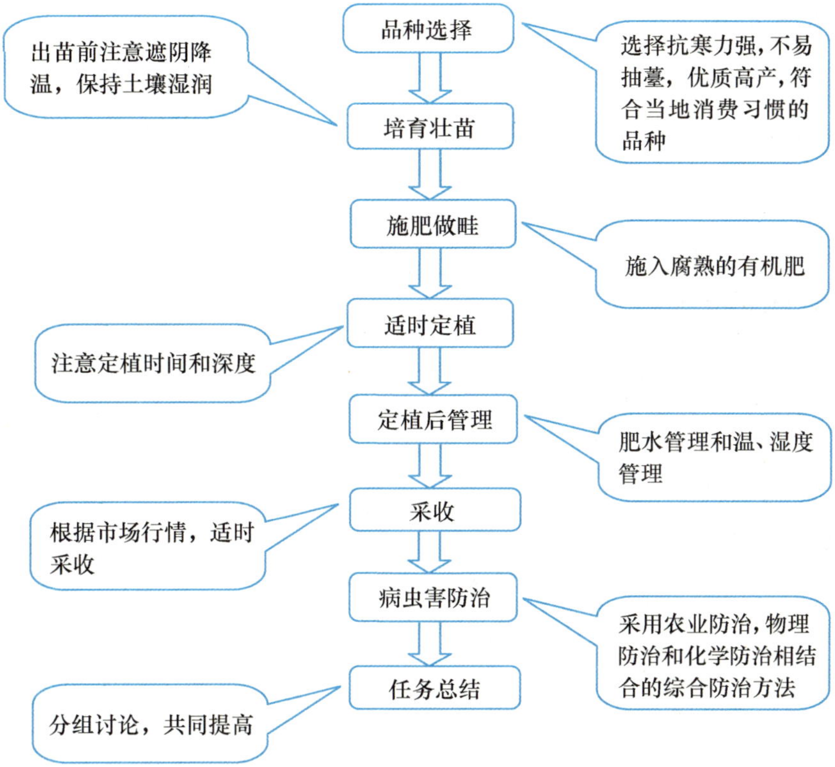

2. 安排学生参观、考察芹菜生产现场，访谈种植技术员或种植户，做好详细记录。

3. 每人写一份芹菜设施生产方案。小组讨论，推荐一份较好的方案，小组再进行充分地讨论，将每个同学好的思路，补充完善到这一个方案中。

4. 每组选一个代表，在全班讲解小组的设计方案，组员补充方案的内容。教师组织全班同学讨论、评价各小组的方案，选出最佳方案，作为生产方案实施。

【任务实施】

芹菜日光温室秋冬茬生产技术

一、品种选择

可根据当地消费习惯选择西芹、北京铁杆青、开封玻璃脆等品种。

二、培育壮苗

(一)播期确定

日光温室芹菜，一般在初霜前90～100 d，北方在6月下旬至7月中下旬播种育苗。初霜前30 d左右定植。生产上芹菜有60 d苗龄，株高10～13 cm，3～4片叶；也有采用80 d苗龄。株高20～23 cm，5～7片叶的。多采用60 d苗龄，育苗条件好可采用80 d或更大一些的苗子定植更好。由当地定植期向前提早60 d或80 d即为适宜的播期。

(二)苗床准备

苗床宜选在地势较高、土壤肥沃、排灌方便的地块。畦宽100 cm左右，每亩施入有机肥3～5 kg、磷酸二铵30～50 g，充分混匀，搂平踏实待播。

(三)种子处理

芹菜一般干籽直播，也可催芽播种。浸种时把选好的种子放在15～20℃的清水中浸泡24～48 h，完毕后用清水淘洗，拌入干种子重量5倍的细沙中，放在18～20℃的环境中催芽，催芽期间每天翻动1～2遍。沙子要保持湿润。5～7 d即可出芽。

(四)播种方法

苗床浇足底水，趁水没有渗完时，用细土找平畦面。若干籽播，水渗下后，撒一层细土，再播，然后覆盖0.5 cm厚的细土或1 cm细沙。每亩播干种子2～3 g，每亩需种子80～100 g。播种后为尽快出苗注意遮阴，或用遮阳网或与高秆作物间作套种。为防止杂草危害，播种后2～3 d内，用33%的除草通乳油，或48%地乐胺乳油等封闭型除草剂进行床面均匀喷洒。

(五)播后管理

出苗前遮阴，保持湿润，出苗后一段时间土壤不能缺水，同时还要防止日光灼伤幼苗，中午强光时要适当遮阴。苗床缺水洒水增湿，苗大些后可畦灌，4～5片叶时适当控水。出苗后间苗除草，发现蚜虫要及时防治。整个苗期管理的温度是白天18～22℃，夜间13～15℃。

三、施肥做畦

温室内每亩用腐熟的有机肥5 000～6 000 kg，过磷酸钙100 kg、碳酸氢铵20 kg，混匀耕翻做畦，畦南北向，畦宽100～120 cm。

四、适时定植

苗龄 50～60 d 或大苗 70～80 d，在当地初霜前 30 d 左右定植。畦内按行距 10～13 cm，穴距 10～12 cm，每穴 1～2 株栽培。选在阴天的下午定植，注意浅不露根，深不埋心。

五、定植后的管理

（一）浇水

定植时浇定植水，3～4 d 后，浇缓苗水，缓苗水后，用喷雾器喷水冲净叶片上的泥土，并将移到泥里的苗子挖出扶正。苗高 15 cm 左右时，中耕并培土。植株长到 30 cm 时，开始封垄，进入旺盛生长期，需 4～5 d 浇 1 次水，直到刨收前 7 d 停止浇水。

（二）施肥

培土后追施 1 次肥，每亩追施有机肥 2 000 kg，硫酸铵 15～20 kg、氯化钾 15 kg，芹菜封垄后，进入旺盛生长期，每 15 d 左右追 1 次肥。后期温度低光照差叶色发淡时，可以叶面喷施 1％的尿素或 0. 2％的磷酸二氢钾，加入 1％的白糖或蔗糖。

（三）扣膜和温度管理

当地出现霜冻后，此时自然界的平均温度降到 12℃左右，扣膜。扣膜后要加强通风，白天 20℃，超过 25℃放风；夜间 12～15℃。随着天气变冷，逐渐减少放风直至闭棚。

六、采收

当芹菜植株长至 60～70 cm 时可采收上市，若遇价格不好可晚揭早盖草苫，缩短光照时间，放风降湿，减少浇水，使其缓慢生长，延缓收获，提高经济效益。

七、病虫害防治

芹菜病虫害主要有斑枯病、早疫病、黑斑病、软腐病、叶斑病、蚜虫、粉虱等。采用轮作、品种选择、种子处理、培育壮苗、加强肥水管理，通风排湿等农业生态防治、物理防治和生物防治相结合。化学防治：用 75％百菌清 800 倍液，50％扑海因 1 000 倍液，72％克露 800 倍液，70％代森锰锌、64％杀毒矾可湿性粉剂 500～800 倍液喷雾，或用每亩 250g 百菌清烟熏剂防治。隔 7～10 d 一次，连续防治 2～

3次，防治斑枯病、早疫病、黑斑病等。72%农用硫酸链霉素可溶性粉剂，或新植霉素3 000～4 000倍液、14%络氨铜水剂350倍液，隔7～10 d一次，连续防治2～3次，可防治软腐病。蚜虫、白粉虱等可采用杀虫灯诱杀、设置防虫网、高温消毒、黄板诱杀等物理防治方法。

芹菜大棚生产技术

一、品种选择

选择叶柄长、实心、纤维少，丰产，抗逆性好，抗病虫害能力强的品种。津南实芹、开封玻璃脆。

二、培育壮苗

(一)播期的确定

秋延迟栽培宜在7月下旬育苗，9月下旬定植，冬季收获。早春栽培宜在1～2月份育苗，3～4月份定植，春末夏初收获。

(二)种子处理

把种子放入15～20℃的温水中浸泡24 h，浸种后用手轻轻搓洗干净，拌上2～3倍清洁过筛细沙，装入布袋或瓦盆中，放在15～20℃的阴凉环境中催芽，催芽期间每天用清水淘洗1次，3 d后种子露白即可播种。

(三)苗床准备

育苗床要选择地势高、排灌通畅、防雨防涝、灌溉方便、保肥保水性能好、土壤疏松肥沃，3年未种过伞形科作物的地块。做畦，宽100～120 cm，沟宽30～40 cm，沟深15～20 cm的高畦，将选好的苗床晾干晒透耕翻20～30 cm深，每立方米施入充分腐熟的过筛农家肥25 kg、氮磷钾复合肥80～100 g、加50%多菌灵可湿性粉剂50 g，耕翻、耙细、整平，苗床的面积为移栽面积的1/10左右。

(四)播种

播种时先浇透底水，待水渗下后，将经过浸种或催芽的种子与细土拌匀后撒播，覆土，厚度0.5 cm左右。冬春育苗，床面加盖地膜；夏秋育苗，床面覆草保湿。

(五)苗期管理

(1)温度。苗期温度控制在20～25℃。冬春育苗随着气温的升高，逐渐加大通风。夏秋育苗，采用遮阳网、塑料薄膜双层覆盖，降温防雨。

(2)肥水。育苗期应小水勤浇，保持土壤湿润。夏秋育苗早晚浇水，冬春育苗在晴天上午浇水。齐苗后喷施 1 次 0.2%的尿素，以后每 10～15 d 喷 1 次，促进幼苗生长。

(3)除草。播种后出苗前，可选用除草通(或其他适宜的除草剂)150～200 mL，对水 70～100 kg，均匀地喷洒于地表，可防止苗期草害。以后视草害情况，及时人工除草。

(4)间苗。当幼苗长有 2 片真叶时进行间苗，苗距 1 cm。以后再进行 1～2 次间苗，使苗距达到 2 cm 左右。间苗后及时浇水。

三、施肥做畦

前茬作物收获后及时清除杂物，每亩施充分腐熟的农家肥 5 000 kg、氮磷钾复合肥 50 kg，铺施均匀，深翻 20 cm，整细耙平，做成 150～200 cm 畦。

四、适时定值

株高 15 cm 左右，3～4 片叶时定植。移栽前 3～4 d 停止浇水，带土取苗，单株定植。定植时露出心叶。本芹每亩植 35 000～45 000 株，西芹每亩植 9 000～10 000 株。

五、定植后管理

(一)肥水

定植后及时浇定植水，3～5 d 后浇 1 次缓苗水。以后小水勤浇，保持地面湿润。定植后 15 d 左右，每亩追尿素 5 kg。以后 20～25 d，追肥 1 次，每次每亩追尿素 10 kg、硫酸钾 15 kg，或每亩追施充分腐熟饼肥 100 kg。采收前 10 d 停止追肥。深秋和冬季应控制浇水，浇水宜在晴天上午 10～11 时进行，浇水后加强通风降湿。

(二)中耕除草

缓苗前进行 1 次中耕划锄，生长前期每次追肥前进行中耕除草，松土深 1～2 cm，生长中后期不再进行划锄。

(三)温度

大棚春茬芹菜定植前 10 d 扣棚，提高温度，定植后棚温达到 20℃时开始放风，白天维持在 15～20℃，夜间不低于 10℃。大棚秋茬芹菜当气温低于 12℃时扣棚。进入 12 月份气温较低，要在大棚北头和西侧围盖草苫、纸被等覆盖物保温。

六、采收

可一次性收获，也可擗收。擗收时防止先期抽薹，要在芹菜抽薹前整株刨收，结束生产。

七、病虫害防治

同温室秋冬茬栽培。

【复习思考题】

1. 芹菜类型有____________和____________两种。
2. 芹菜育苗注意的事项有哪些？
3. 简述芹菜温室栽培技术要点。
4. 简述芹菜大棚栽培技术要点。
5. 如何防止芹菜叶柄开裂？

子任务三　茴香设施生产技术

【案例导入】

2013年11月8日，衡水市枣强县一位农民来电咨询说，自己刚刚承包了2个温室，能否栽培韭菜春节前上市，尽快创收。我问他有没有现成的韭菜苗，他说没有。我们刚刚学习了韭菜的生产技术，根据韭菜的生长特点，没有现成的韭菜苗，在短短的2个多月的时间内生产出韭菜是不可能的。但是生产茴香是可以实现的。现在我们就为这位农民朋友设计一个茴香温室生产的方案，实现蔬菜春节上市，让这位农民短时间见效益。

【任务目标】

完成本学习任务后，你应该能

1. 学会茴香的栽培技术方案设计；
2. 学会茴香设施栽培技术；
3. 发现并会分析栽培过程中的问题，提出解决的办法。

【相关知识】

茴香对环境条件要求：茴香喜潮湿冷凉气候，温室栽培，随时可以播种。种子发芽适温是16～23℃，生育适温15～18℃，超过24℃生长不良。空气相对湿度在60%～70%生长良好。耐弱光，对土壤要求不高，对氮肥和水需求较多，适应性强，生长健壮，病虫害少。

【方案设计】

（一）方案设计

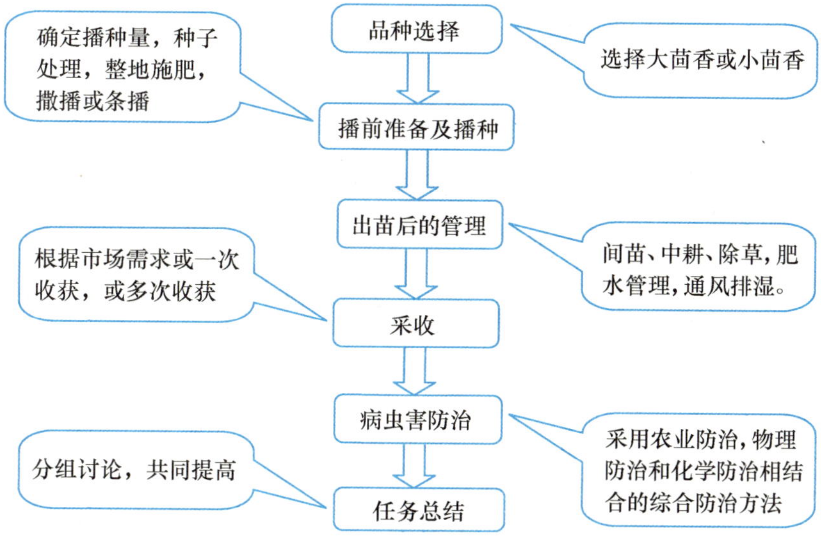

（二）学生模仿设计生产方案

1. 学生分组，在教师的指导下，通过多种信息渠道查询资料。阅读课本、参考书，查阅有关网站、资源库，准备记录本、钢笔、铅笔等。

2. 安排学生参观、考察茴香生产现场，访谈种植技术员或种植户，做好详细记录。每人写一份茴香设施生产方案。

3. 小组讨论，推荐一份较好的方案，小组再进行充分的讨论，将每个同学好的思路，补充完善到一个方案中。每组选一个代表，在全班讲解小组的设计方案，组员补充方案的内容。

4. 教师组织全班同学讨论、评价各小组的方案，选出最佳方案，作为生产方案实施。

【任务实施】

一、品种选择

茴香分小茴香和大茴香，温室栽培大小茴香都可。

小茴香：植株矮小，株高 20～35 cm，7～9 片叶。叶柄短，叶长 12～15 cm，耐寒抗病，生长慢，抽薹迟，扁粒种子再生力强，产量高，一次播种，可多次收获。

大茴香：植株高大，多为 30～40 cm，5～6 片叶，叶柄长，生长快，抽薹迟。

二、播前准备及播种

(1)播种量。茴香适宜密植，多采用平畦撒播，每亩用种量，小茴香 7～10 kg，大茴香 10～12 kg。

(2)种子处理。播前用 18～20℃的水浸泡 24 h，用手搓洗，去除杂质和不饱满的种子，拌上细沙，放在 18～20℃环境中催芽，5～7 d 可出芽。

(3)施肥做畦。每亩施入腐熟的有机肥 3 000 kg，过磷酸钙 50 kg，混匀耕翻做畦，畦宽 100 cm，整平畦面，稍踩，待播。

(4)播种。畦内灌水，水渗下后撒播，覆土 1 cm。或畦内开 4～5 条沟，深 1～1.5 cm，沟内浇水条播，覆土 1 cm。也可先播种后浇水。

三、出苗后的管理

(1)间苗、中耕和除草。播种后 6～7 d 可出苗，出齐苗后及时间苗，保持株距 4 cm，结合间苗进行拔草。生长期间需要中耕 1～2 次。

(2)肥水管理。当苗高 7 cm 左右时进行追肥，亩施尿素 15 kg，或硫铵 30～35 kg，注意追肥要防止烧叶结合追肥进行浇水。若多次收获，每次收获后追施同量的氮肥。播后 50～60 d 达到商品标准。

(3)温度管理。茴香忌高温，在 15～20℃时生长良好，低于 4～5℃易受冻害，温度达 25℃时，应加强通风。

四、采收

待苗高达 20～30 cm 时开始收获。根据市场需要，一般是一次收获可连根拔起；但小茴香再生力强，可多次收获。一般 30～35 d 收获 1 次，注意收获后，不宜急于浇水，待伤口愈合后，再追肥浇水。

五、病虫害防治

茴香生长期间主要病害有菌核病、白粉病等；虫害有地蛆、蚜虫等。轮作倒茬，清理田园，加强温湿度管理，注意通风降温排湿。化学防治：用 70%代森锰锌可湿性粉剂 600～700 倍液或 75%百菌清可湿性粉剂 500～600 倍液，隔 7 d 左右喷洒 1 次，连喷 3～4 次，防治菌核病；喷洒 15%粉锈宁可湿性粉剂 1 500 倍液，50%硫悬浮剂 200～300 倍液，可防治白粉病。

【知识拓展】

无土栽培

一、无土栽培的定义与特点

无土栽培是用营养液或者固体基质代替天然土壤进行作物栽培的方法。无土栽培以人工创造的作物根系环境取代了土壤环境，可以有效解决传统土壤栽培中难以解决的水分、空气和养分供应的矛盾，使作物根系处于最适宜的环境条件下，从而充分发挥作物的增产潜力，达到提高单位面积产量、提高产品商品率、增加生产茬次的目的，能为市场提供无污染、高质量的园艺产品。

目前，无土栽培在世界各地广泛应用，并已成为设施农业和太空农业的主要组成部分。

（一）无土栽培的显著优点

（1）避免了土壤连作障碍，有效降低了病虫害的传播。由于无土栽培不使用土壤，切断了土传病害的传播途径，彻底避免了土壤连作障碍，生产场地清洁卫生，有效降低了农药的施用，一般可以节省农药费用 50%～80%，对于实现蔬菜无公害生产具有重要意义。

（2）提高产量和品质。荷兰的温室黄瓜和番茄每年产量分别达到 72 kg/m^2 和 54 kg/m^2，是露地产量的 5～10 倍，加拿大采用“深池浮板”技术生产的叶用莴苣，每年每平方米产量可以达到 500 棵，是露地生产效率的 15 倍以上，产品商品性提高，品质优良。花卉无土栽培商品质量较露地栽培亦有大幅度提高。

（3）节约肥水。无土栽培下可根据作物不同种类、不同生育期按需定量施肥灌水，营养液可以回收再利用，无土栽培中多采用滴灌方式供应肥水，减少了肥水的用量。

（4）节省劳力，工作环境比较舒适。生产的机械化、自动化程度高，减轻了劳动强度，由于生产多在环境调控能力强的现代化温室进行，工作环境舒适，有别于传统农业的生产环境，日本就将无土栽培作为吸引年轻人从事蔬菜生产的重要手段。

(5)栽培不受地点限制，可以扩大农业生产空间。由于栽培不需土壤，摆脱了土壤对农业的束缚，可在沙漠、盐碱地严重地区和海岛荒滩上实施，亦可利用楼顶、阳台进行蔬菜、花卉的种植。

(二)无土栽培的应用

尽管无土栽培具有上述优点，但必须看到，无土栽培需要一定的生产设施，投入较高；栽培的技术含量亦较高，生产人员必须经过专门培训。无土栽培应当考虑当地的经济发展状况和生产技术条件，做到因地制宜，量力而行。无土栽培目前主要应用在以下方面：

(1)蔬菜作物生产。无土栽培的基质栽培系统多用于栽培果菜类蔬菜，如番茄、黄瓜、厚皮甜瓜、西瓜、辣椒等，水培系统多用于栽培绿叶蔬菜如叶用莴苣、菠菜、蕹菜等。

(2)花卉植物生产。多用于栽培切花、盆花用的草本或木本花卉，主栽作物有月季、菊花、香石竹、郁金香、唐菖蒲及观叶植物等。

(3)试管苗的繁殖生产。无土栽培用于试管苗繁殖后的生产，具有成苗快、易管理的优点，如马蹄莲、蝴蝶兰的生产。

(4)药用植物栽培。主要用于草本药用植物的栽培，具有提高产量、促进生育进程的作用，如石斛、薄荷等药用植物的生产。

(5)航天农业。为了保障太空中人类食物的供给，美国宇航中心采用无土栽培技术，生产人类在太空中生活必需的食物，已获得成功。

二、无土栽培分类

无土栽培的方式很多，分类方法也不相同，但基本上可分为两类：一类是需要用固体基质来固定根部的有基质栽培，简称基质栽培；另一类是不用固体基质固定根部的无基质栽培，简称营养液栽培或水培。

(一)无基质栽培

包括水培和雾培两类。

(1)水培。定植后营养液直接和根系接触，此类方法很多，我国常用的有营养液膜技术(NFT)、深液流技术(DFT)、浮板毛管技术(FCH)等。

(2)雾培。将作物根系悬挂于容器中，把营养液以雾状喷施在根部的方法。

(二)基质栽培

基质栽培是采用不同的基质来固定作物的根系,并通过基质吸收营养的方法。它又可分为有机基质和无机基质两大类。

(1)有机基质。利用菇渣、树皮、草炭、锯末、稻壳、酒糟及作物秸秆等有机物作基质,经过充分发酵、消毒,合理配比后再进行无土栽培的方法。

(2)无机基质。利用沙、陶粒、炉渣、风化煤、蛭石、珍珠岩以及岩棉等无机物作基质进行栽培的方法。岩棉在欧洲各国以及美国使用较多,而在我国生产中常见的有沙、炉渣等,育苗时多采用蛭石与珍珠岩。

在基质栽培中,无机物和有机物可以单独使用,也可配合作基质。经过多年试验证明,混合基质理化性质好,增产明显,优于单独基质使用。

【复习思考题】

1. 茴香种子处理技术有哪些?
2. 茴香的播种技术有哪些?
3. 茴香的肥水管理技术有哪些?
4. 茴香的温度管理技术有哪些?

项目三
果树设施生产技术

本项目主要任务是学习不同设施类型生产的果树建园技术、品种选择技术、环境调控技术、设施内果树的管理技术，能够进行桃、葡萄、樱桃、草莓等果树的设施生产。

完成本项目学习任务应具备以下条件：

教学环境：多媒体教室，设施桃、葡萄、樱桃、草莓的生产实训基地。

教学工具：修剪工具、植保机具、常见肥料与病虫标本。

师资要求：企业技术人员、生产人员、专职教师。

任务一　桃设施生产技术

【案例导入】

某无公害优质桃种植合作社经多年发展，种植各品种桃 1 000 余亩，今年与北京签订了年供 2 000 t 的优质鲜桃合同，要求每年从 4 月中旬开始分批交货，价格高出市场价 30%，利润丰厚。合作社根据合同，决定投资 2 000 万元建设一批温室和塑料大棚进行桃促早栽培，保证按合同交货。我们的任务是精心设计一个桃设施促早栽培方案，并负责实施。

【任务目标】

完成本学习任务后，你应该能

1. 学会桃促早栽培技术方案设计；

2. 学会桃日光温室促成栽培技术；

3. 发现并会分析栽培过程中的问题，提出解决的办法。

【相关知识】

桃属于蔷薇科桃亚属，是温带主要落叶果树，原产于我国西北地区，已有 4 000 多年的栽培历史，是我国最古老的果树之一。桃果汁多味美，芳香诱人，色泽艳丽，营养丰富，口感好，容易消化，适合各种年龄层的人食用，更适宜老年人、妇女、幼儿及体弱病人。在我国，北起黑龙江，南到广东，西至西藏、新疆，东至沿海均有栽培。2013 年统计，全国桃栽培面积 71.8 万 hm^2，产量突破 1 150 万 t，居世界第一位。

一、桃有哪些设施栽培类型

按照栽培目的的不同，有以下几种栽培类型。

(1)促早栽培。利用设施的增温效果，提高桃树的环境温度，使桃树提前发芽、开花，达到提早成熟的目的，是目前设施栽培的主要类型。

(2)延迟栽培。通过降温、遮阳等方法，延迟桃树发芽开花，使果实推迟成熟，或在有效积温短的地区，因极晚熟品种不能成熟，通过设施使温度提高，满足桃树生长发育的需要，达到成熟的方式。

(3)避雨栽培。通过避雨棚阻隔降雨，防止高温多湿条件下出现病虫害、裂果等，达到丰产丰收目的的一种方式。

(4)特殊栽培。根据特殊需要进行特殊产品生产的一种栽培类型，如观赏桃花、盆景桃、移动式桃园等。

二、桃栽培对环境条件有哪些要求

(1)温度。桃以冷凉、温和气候生长最佳，很适合设施促早栽培。生长的适宜温度为 12～23℃，果实成熟适温 24.5℃。温度过高，果顶先熟，味淡，品质下降，温度过低树体发育不正常，果实不易成熟。桃花芽萌动后，－6.6～－1.7℃即受冻，开花期－2～－1℃、幼果期－1.1℃受冻。

(2)光照。桃喜光，对光照反应敏感。光照不足，光合作用差，枝条徒长，花芽分化少，质量差，落花落果严重，果实品质差，内部小枝枯死，基部光秃，结果部位外移，严重时导致树体早衰。

(3)水分。桃耐旱怕涝。桃树对水分反应敏感，尤其早春开花前后和果实第二次迅速生长期必须有充足的水分，果实才能正常发育。桃树根系不耐涝，短期积水就会引起黄叶、落叶，甚至死亡，潮湿低洼地不宜栽植桃树。

> **注意：**设施栽培，不宜过密，要合理密植，才能保证产量和质量。

(4)土壤。桃对土壤要求不严，以排水良好、透气的沙壤土最适宜。要求土壤含氧量在 10%～15%，土壤中水分过多，根系死亡。pH 在 4.5～7.5 范围内均可生长良好，以 5.2～6.8 为宜。在碱性土壤中易得黄叶病。土壤含盐量达 0.28% 以上时生长不良或部分致死。

三、桃设施栽培选择品种应考虑哪些因素

(1)桃设施栽培的主要目的是促早，所以首先选择早熟品种，同时，考虑果实的风味、果个、着色、耐贮运性等。

(2)由于设施条件下传粉媒介缺少，要选择花粉量大、自花结实率高、丰产性好、早果的品种。

> **需冷量：**桃的花芽和叶芽通过正常休眠需要一定的低温时数，才能正常萌芽生长、开花结果。

(3)选择需冷量低、促早效果好的品种。桃

树一般需要 7.2℃以下，经过 750～1 250 h 后花芽叶芽才能正常萌芽、开花、结果，否则，可能出现不开花、开花不整齐等现象。不同品种的需冷量有差异，需冷量低，可提前扣棚升温，开花结果早，促早效果好。

(4)选择树势中庸，树形紧凑、矮化，耐高温高湿，耐弱光，抗病性强，花芽耐寒的品种。

【方案设计】

(一)方案设计

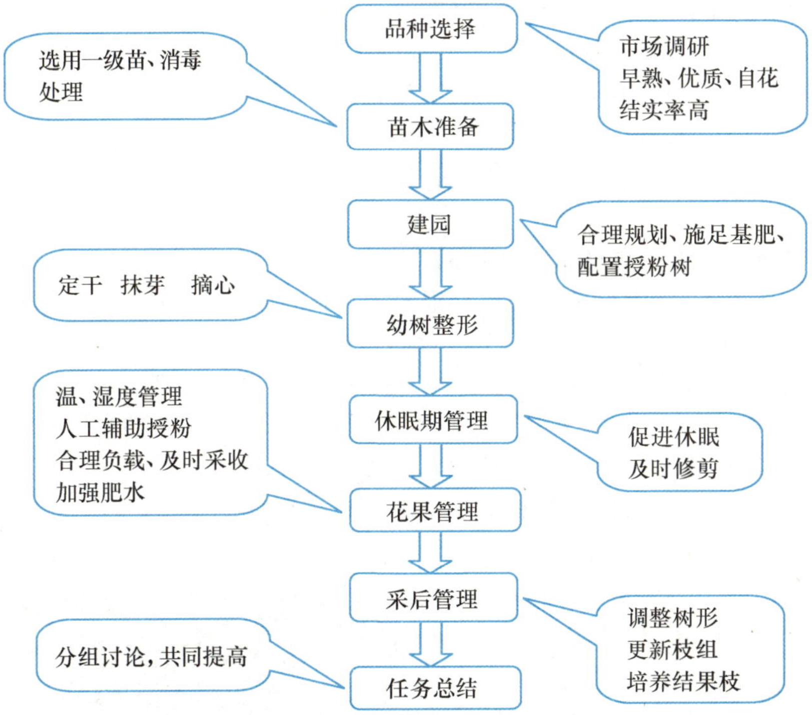

(二)学生模仿设计生产方案

1. 学生分组，在教师的指导下，通过多种信息渠道查询资料。阅读课本、参考书，查阅有关网站、资源库，准备数码相机、记录本、卷尺、钢笔、铅笔、速写本等。

2. 安排学生参观、考察桃设施种植园，访谈种植技术员或种植户，做好详细记录。每人写一份桃设施生产方案。

3. 小组讨论，推荐一份较好的方案，小组再进行充分地讨论，将每个同学好的思路，补充完善到一个方案中。每组选一个代表，在全班讲解小组的设计方案，组员补充方案的内容。

4. 教师组织发动全班同学讨论、评价各小组的方案，选出最佳方案，作为生产方案实施。

【任务实施】

一、品种选择

桃设施栽培主要选择树冠矮小，植株紧凑，易成花，结果早，自花结实率高的品种进行设施栽培。温室促成栽培主要选择早熟品种为宜。在设施内选定一个主栽品种，搭配1～2个与主栽品种花期相遇、花粉量大的品种进行授粉，满足结果需求。

桃设施栽培与露地差别较大，品种应先小面积试种，然后再大面积推广。

目前我国设施生产的早熟水蜜桃品种有春蕾、春艳、春雪、春蜜、早花露、京春、雨花露、早霞露、北农早蜜、春花、早凤王、砂子早生等；油桃品种主要有早红2号、中油4号、中油5号、中油9号、中油12号、中油13号、中农金辉、中农金硕、丽春、华光、早红艳、双喜红、曙光、早红珠、早红霞、瑞光1号、瑞光2号、瑞光3号、瑞光5号、早丰甜等。蟠桃品种群中的早露蟠桃、新红早蟠桃、早蜜蟠桃、碧霞蟠桃、蟠桃皇后、瑞蟠2号、瑞蟠13号、瑞蟠14号、中农蟠桃10号等也可用于设施生产，增加花色品种。起垄覆膜栽培见图3-1-1。

二、苗木准备

砧木以适应性强、生长势强、嫁接亲和力好、根系发达的毛桃、山桃为主。先将苗木进行根系修剪，剪去病虫危害根和受伤根，其余的根剪出新鲜茬口。将苗木根系浸水24 h左右充分吸水。然后用0.3%的硫酸铜溶液浸泡1 h或用3波美度石硫合剂喷布全株杀菌消毒，消毒后栽植。

图 3-1-1 起垄覆膜栽培

三、建园技术

(一)选择场地

建造应在采光、保温、通风的前提下,满足桃的生长发育需要,合理选择场地,认真做好规划。同时产地环境应符合《绿色食品产地环境质量标准》(NY/T 391—2000)要求。

(二)栽植

栽植前在温室内或待建温室地段按行距挖南北方向的定植沟,宽 60 cm、深 80 cm,每亩施入充分腐熟的有机肥 4 000～5 000 kg,与土充分混合并灌透水,待土壤干皮后栽植。

桃一般株行距为 1 m×1 m 或 1 m×1.25 m(每亩栽 550～600 株),先密植,2～3 年后隔株或隔行间伐即可。栽培期 5～6 年为宜。栽植时需配授粉树,按主栽品种与授粉品种的比例(2～4)∶1。每一主栽品种需配 2～3 个授粉品种为好。苗木栽植时,嫁接口与地面相平,将根系舒展向四周均匀分布,并将苗木扶直,左右对准,使其纵横成行。然后填土踩实,做畦灌水,全园覆地膜,1 周后再浇水 1 次。

四、桃树整形

桃设施内树形根据设施空间确定,设施空间小的前窗部位、大棚外缘部位选用两主枝开心形,空间较大部位选用主干形(图 3-1-2)。

(一)及时定干

栽植后及时定干,靠近前窗三棵树选用开心形,此后靠近北部的桃树选用自由纺锤形,定干高度开心形定干高度分别为 25 cm、30 cm、35 cm,自由纺锤形树定干高度为 50～60 cm。

(二)抹芽

当芽萌动后,新梢长到 5～10 cm 时进行抹芽,开心形留 10 cm 整形带,距地面 20 cm 以下萌芽全部抹除。自由纺锤形 30 cm 以下全部抹除,距地面 40～60 cm 为整形带,抹除定干后剪口下的竞争芽,位置不正、过密部位的芽和病虫芽。

图 3-1-2 桃主干树形

(三)摘心

两主枝开心形树形在距地面20～40 cm处东西方向各选留一个生长旺、角度好的枝作主枝，在40 cm处摘心，其他东西向枝条疏除，南北向枝条在25～30 cm处摘心，当副梢长到25 cm左右时，再摘心，促发三次枝。自由纺锤形树形在40～60 cm整形带内的东西方向各选留一个生长旺、角度好的枝作主枝，南北向不留主枝，新梢长到25～30 cm时，进行摘心处理，促发二次枝，当副梢长到25 cm左右时，再摘心，促发三次枝。对过密枝及直立新梢要随时疏除。

副梢摘心不宜太多，否则枝条密集，不易成花，应视副梢的位置和长势而定。

(四)控制旺长枝

严格控制背上枝、旺长枝和竞争枝，对过于直立枝条要开张角度，开通光路，缓和顶端优势，促进树体各部分平衡生长，改善光照条件。7～8月，骨干枝长至50 cm左右时，分两次拉至60°～70°，新梢上的直立旺梢及时扭梢、捋枝、重截控制，过密时疏除(图3-1-3)。其他新梢每长到25 cm反复摘心，促进花芽分化(图3-1-4)。

图3-1-3 桃拉枝、角度

图3-1-4 疏梢

五、花果管理

在桃花芽分化的6～8月至落叶前，是花芽分化和形成的关键期，在加强肥水管理和病虫害防治的同时，可以进行化学控制促花芽形成。

(一)肥水管理

3～6月加强肥、水管理促进生长，分别于5月上旬、6月中旬每亩追施10 kg尿素各1次；6月底以后，控制氮肥，增施磷、钾肥，每10 d叶面喷施1次0.3%磷酸二氢钾溶液，促进营养积累；10月上旬每亩沟施腐熟猪肥3 m^3，施后及时浇水。生长期土壤墒情好，一般不灌水，保持土壤适度干旱。雨季防止积水。

(二)化学控制

7月上旬，喷1次15%PP_{333}可湿性粉剂150～300倍液，观察新梢生长情况，如果已经控制就不需要再喷第2次，如果还继续旺长则在8月上旬再喷1次，即可控制生长，促进花芽形成。

六、休眠期管理

进入秋季，促进桃树进入休眠，及时进行整形修剪。

(一)适时扣棚降温促进休眠

有些品种秋季不能自然落叶，可人工顺枝捋掉叶片，注意不要弄伤桃芽，同时将落叶清扫出温室。生产上也可用8%尿素溶液作化学脱叶剂，但脱叶不宜过早，以免影响树体营养积累。然后采用人工降温暗光促眠技术促使桃树尽快进入休眠。

华北地区一般休眠1个月左右即可满足需冷量，12月中下旬可升温。

(二)适时升温控制成熟期

在满足设施栽培桃品种的休眠需冷量后，根据市场需求、气候条件即可升温。一般低温量达到800 h以上，即可满足大多数桃、油桃的自然休眠要求。升温还应考虑设施的保温效果，如大棚因保温效果不如温室，升温时间应适当推迟，让花期避过1月低温期。大规模生产时，还应考虑分批升温，控制果实成熟上市时期，防止成熟期过于集中。

开始时温度不能升得过快过高。如果升温过快，温度过高，会造成桃树萌芽快，出现先芽后花的倒序现象，导致其坐果率降低，影响幼果的发育和膨大，造成幼果早期脱落。

(三)休眠期修剪

树形多采用三主枝自然开心形、二主枝Y形和主干形等，整形上必须注意群体结构。依棚面的高低来定树体高度，棚中间最高处的树高一般为1.6～1.8 m，其他行的树体高度控制在1.3～1.6 m。冬剪时在主干上按10～15 cm的间距，螺旋着生8～12个结果枝组，其余枝条疏除。将直立或斜生的结果枝拉开角度，由下至上90°～95°为宜。长果枝按40～50 cm，中果枝按20～30 cm剪留。一般3年内松塔形树体结构可基本完成。第4年后,冬剪主要是对结果枝组进行更新和培养,即回缩中小枝组,疏去衰弱、过密的小枝组和果枝,长果枝按25～30 cm,中果枝按15～20 cm剪留,短果枝不动。株间留有20～25 cm的人行道及光照带,单株树上修剪后,保留7～10个排列均匀上小下大的结果枝组,即下部的枝组要长一些粗一些,一般长度控制在60～70 cm,中部的枝组要短一些小一些,一般长度控制在40～50 cm,上部直接着生结果枝或短小枝组。每亩保留果枝3 000～6 000条,不留营养枝。

七、芽期管理

(一)温度调控

原则是平缓升温,控制高温,保持夜温。升温分3步进行,第一步,白天只拉起1/3的草苫,隔两个拉一个,使棚温白天保持在13～15℃,夜间保持在6～8℃,维持5～7 d。不要升得太快,防止地温与室温相差太大,根系还没开始生长,枝条先萌芽。第二步,白天拉起1/2的草苫,隔一个拉一个,棚温白天保持16～18℃,夜间保持7～10℃,持续5～7 d。第三步,白天拉起全部草苫,温度过高时,打开顶部放风口通风降温,使棚温白天保持在20～23℃,夜间保持在7～10℃。遇寒流应人工加温。一般升温后40 d左右桃树进入萌芽阶段。

(二)保持湿度

棚内空气相对湿度保持在70%～80%,这样有利于萌芽。若湿度过大,可以通过通风换气,控制浇水或覆盖地膜来调节;湿度过小,可在地面和树体上洒水、喷雾或浇水来增加湿度。一般升温后可灌1次透水,增加土壤含水量。

(三)其他管理

升温后1周左右喷1次3～5波美度石硫合剂,防治病虫害。地上管理完成后,及早在全园覆盖地膜,提高地温,保证根系和地上部生长协调一致。

八、花期管理

(一)温度调控

此期的温度调控非常重要。如温度过高,影响其坐果;温度过低,开花不整齐,花期延长,严重时花器受冻。花期适宜的温度为:白天温度控制在19～21℃,不得超过25℃,夜间控制在5～7℃。棚内温度最高的时间在白天上午10时至下午3时,如果温度超过25℃,就要打开风口进行通风降温;如果温度降低缓慢,还可以临时放下少量草苫遮阳来控制温度,但必须经常更换位置,以防棚内树体光照和受热不均。棚内气温与地温是互相影响的，对桃树生长发育有同等重要作用。只有桃树生长的地温与气温一致，才能保证根系能正常生长，吸收水分和养分，供给树体的开花和结果（图 3-1-5）。

图 3-1-5 缓慢升温开花

（二）湿度调控

花期空气湿度控制在 50%～60%，控制湿度的方法是放风排湿。在花前浇水后覆膜，花期不浇水。

（三）光照管理

桃树喜光性极强。选择透光性能好的聚乙烯无滴薄膜等覆盖材料增强透光率；在保证温度的前提下，尽可能延长揭帘时间；合理密植、科学整形，保持良好的群体结构，达到行间透光、枝枝见光的效果；在长时间阴雪天的情况下，须人工补光，可用白炽灯、卤化金属灯、钠蒸气灯等光源补充光照。此外，及时清除覆膜上的灰尘保证透光良好。

（四）人工辅助授粉

桃树大多数品种自花结实，不必配授粉树，但设施栽培影响坐果率，需要人工辅助授粉或利用蜜蜂传粉。

九、果实发育期管理

（一）温度调控

原则是控制白天温度过高，保持夜间温度。

（1）第一迅速生长期。适宜温度为白天 20～25℃，夜间在 5℃以上。果实生长与昼夜温度及日平均温度成高度正相关，生产上要控制好白天的最高温度，保持较高的日平均温度，有利于保证果实生长发育。

（2）核期。对温度反应不如第一迅速生长期敏感。此期温度不宜过高，以免新梢徒长，导致落果及影响果实生长，白天温度控制在 22～25℃，夜间控制在 10～15℃，昼夜温差保持在 10℃左右，产量高且品质佳。温度过高或过低，品质都会下降。22℃条件下果实发育最好，果个大，含糖量提高。

（二）湿度调控

在一般情况下，可结合追肥浇 1～2 次水。果实发育期空气相对湿度应控制在

50%～60%。湿度过高，易引起新梢旺长，导致落果，并使果实风味变淡；同时将加大病虫害发生的机会。降低温室内空气湿度的主要措施有：通风换气；少灌水，除扣棚前浇1次透水外，以后只浇小水；地上铺地膜，以减少蒸发。

（三）光照管理

在能保证室内温度的前提下，尽可能地延长揭帘时间，延长光照时间。选择温度好的晴天，加大扒缝通风口，让植株接受一定的直射光。经常擦拭棚膜，增加透光量。遇到较长时间阴雪天，采取人工补光措施。在果实开始着色期，在温室后墙和树下铺反光膜。采果前10 d左右，摘去果实周围少量叶片，或吊枝转果，以便果实充分着色。

（四）果实管理

桃设施生产多数选用早熟、中熟品种，疏果时间应适当提早，一般可疏果两次。第一次在落花后2周左右进行，当果实蚕豆大小时，优先保留两侧果，疏掉发育不良的小果、双果和过密果、背上果（朝天果）。一般16片叶留1个果，果实间距6～8 cm。第二次疏果在硬核期之前，即在落花后4～5周进行。留果参考标准，以中型果为例，长果枝留3～4个，中果枝留2～3个，短果枝留1个。疏果要预留10%的安全系数。最后将每亩产量控制在1 500～2 000 kg。

（五）新梢管理

背上直立的、未坐果部位萌发的新梢要及时抹除，以节省营养，通风透光。坐果部位的新梢，长到30 cm左右时摘心。摘心后发出的副梢，除顶部留1～2个外，其余及时反复抹掉，控制新梢和副梢生长与果实发育争夺养分。对下垂枝要及时吊起，扶助新梢生长，改善通风透光条件，促进果实发育。个别背上直立枝，在有空间的前提下可扭梢控制。

（六）肥水管理

设施栽培条件下要控制化肥的使用量和使用次数。一个生长季每亩的尿素使用量控制在10～20 kg。提倡配方施肥，可按磷酸二铵∶尿素∶硫酸钾—1∶1.3∶1.8的比例进行施肥。一般果实发育期内追2次肥，即落花后追坐果肥，每株追磷酸二铵100 g和尿素100 g。第二次在果实硬核末期追催果肥，施桃树专用肥等复合肥每株200～300 g和硫酸钾50 g。设施内追肥宜适当深施，开20～30 cm深沟，施肥后覆土盖严，覆土厚度不少于10 cm，防止产生有害气体和减轻土壤盐渍化。

坐果后喷施0.2%～0.3%的尿素溶液1～2次，果实膨大期喷施0.3%磷酸二氢钾1～2次，或喷高美施等叶面肥。在果实发育期叶面喷肥2～3次。最后1次在采收前20 d进行。

每次追肥后要及时灌水，坐果后、硬核末期各灌水 1 次，果实膨大期灌 1 次水。距果实采收前 15 d 左右，不宜灌水，以免造成裂果。

十、采收

设施栽培桃果成熟不一致，应分期分批采收。通常根据上市或外运时间在早上或傍晚温度较低时采摘，采摘要带果柄，并要做到轻拿轻放。采果的同时将采收完的结果枝上的新梢留 3～4 节短截，为下部果实打开光照，促进下部果实着色成熟。

采收的果实经过选果分级后装箱。运输时也要轻装轻卸，尽量避免机械损伤。

十一、采后管理

（一）采后修剪

大棚内形成的枝梢不能进行正常的花芽分化，只有在揭棚后形成的新梢才能进行花芽分化，所以揭棚后必须对棚内形成的枝梢进行修剪，培养新的结果母枝，设施栽培桃采收后应立即修剪，以在 5 月完成为宜，主要的任务有：

1. 调整树形

在有空间的情况下，主枝延长枝中短截，扩大树冠，根据棚室高度将树高控制在 1.5 m 左右。无空间时，回缩过长过高的枝头和中部大型枝组，使同一行树保持前低后高。自然开心形保持两侧高中间低，树冠间距控制在 50 cm 左右。形成合理的树体和群体结构，保持良好的光照条件和较大的结果体积。同时剪除病弱枝、下垂枝、过密枝和劈裂折断枝，以集中养分，促进新枝生长。

2. 枝组更新

对枝轴过长的结果枝组，及时回缩到有分枝处，使枝组圆满紧凑。对单轴延伸过长的枝，应在二年生枝段上，选有叶丛枝处缩剪，使之复壮。同时对所有已结果节位上发出的新梢留 1～2 个芽极重短截或只留基部瘪芽，促发新枝，重新培养结果枝。修剪时要注意选留平斜枝和侧芽、背下芽，以免发出的新梢偏旺。

3. 培养结果枝

重截的新梢萌芽后，进行 1～2 次复剪。一是在枝轴两侧选留生长中庸的平斜新梢培养结果枝，一般 1 个重截点留 1～2 个新梢，对过多、过旺的新梢及时疏除。留下新梢平均间距 15 cm。二是对个别较壮新梢，有空间的前提下，留 2～3 个副梢剪梢，利用二次枝培养结果枝。摘心和剪梢只能进行 1 次，分枝级次越多花芽分化质量越差。通过复剪达到两个目的：一是调整新梢密度，使每亩保留 1.5 万个左右新梢；二是调整新梢的整齐度，留下的新梢生长势趋于一致，便于利用多效唑（PP_{333}）抑制新梢生长，促进花芽分化。

（二）肥水管理

修剪后进行 1 次追肥和灌水，恢复树势。每株沟施复合肥 150～250 g，施肥后全园灌透水，此后主要管理任务是除草和排水。

9 月上中旬施基肥，基肥以充分腐熟的鸡粪、猪粪、豆饼等有机肥为主，并适量混入复合肥和氮肥提高肥效，每亩施用 3 000 kg 有机肥，掺入 25～40 kg 复合肥，基肥可行间沟施，也可地面撒施，撒施后要进行翻耕，将肥料翻入 20 cm 土层以下。进入雨季后，要注意排除树盘中的积水，保证桃树正常生长。

（三）控制新梢生长，促进花芽分化

（1）在露地管理过程中，除过分干旱外，一般不用灌水，以防止新梢生长偏旺。

（2）在新梢长到 20～30 cm 时，喷浓度为 3 000～5 000 mg/L 的多效唑 1～2 次，将大部分新梢长度控制在 30～40 cm，形成较多的复花芽，适时进入休眠，为下一个生产过程打下良好基础。

此外，果实采收后应根据外界环境条件及时撤除棚膜，以增加自然光照，便于管理。

十二、病虫害防治

桃主要病害有桃细菌性穿孔病、花腐病、灰霉病、炭疽病。主要害虫有桃潜叶蛾、蚜虫、二斑叶螨等。

灰霉病是设施栽培桃树易发生的一种病害，主要危害果实，也可危害叶片。果实染病后病斑处产生灰色霉斑，叶片染病后出现浅褐色病斑，病斑上可见不规则轮纹。在降低棚室内温度的前提下，可于坐果后喷 70%甲基硫菌灵可湿性粉剂 800～1 000 倍液，或 50%异菌脲可湿性粉剂 2 000 倍液防治。此后每 15 d 左右喷布 1 次杀菌剂，可选用 80%代森锰锌可湿性粉剂 600～800 倍液，或 70%甲基硫菌灵可湿性粉剂 800～1 000 倍液，共喷 3～4 次，交替使用农药。在设施内湿度大的情况下，可用速克灵等烟雾剂进行防治。蚜虫可在发生期喷 10%吡虫啉可湿粉剂 4 000～5 000 倍液。二斑叶螨可在发生期喷布 1.8%阿维菌素乳油 5 000 倍液防治。桃潜叶蛾应在发生前期防治，可用 25%灭幼脲 3 号悬浮剂 1 500～2 000 倍液防治。

【复习思考题】

1. 桃根据其栽培目的不同可分为＿＿＿＿＿＿、＿＿＿＿＿＿、＿＿＿＿＿＿和＿＿＿＿＿＿。

2. 桃促早栽培华北地区适宜的升温时间为＿＿＿＿＿＿。

3. 桃促早栽培必须满足一定的需冷量才能正常萌芽、开花、结果，桃一般需冷量为＿＿＿＿＿＿。

4. 桃设施栽培时需配授粉树，按主栽品种与授粉品种的比例＿＿＿＿＿＿。

5. 桃设施栽培常采用的树形有哪些？如何进行整形？

6. 桃设施栽培选择品种时应考虑哪些因素？

7. 桃设施栽培温、湿度管理极为关键，不同时期温、湿度要求不同，列表桃设施栽培不同时期对温、湿度的要求。

8. 简述桃促早栽培管理要点。

任务二　葡萄设施生产技术

【案例导入】

某五星级酒店向葡萄种植示范园订购一批高档优质葡萄，要求 5 月底 6 月初交货，价格 200 元/kg。葡萄种植示范园根据合同，决定投资 1 000 万元建设一批温室和塑料大棚进行葡萄促成栽培，保证按合同交货。我们的任务是精心设计一个葡萄设施促成栽培方案，并负责实施。

【任务目标】

完成本学习任务后，你应该能

1. 学会葡萄促成栽培技术方案设计；
2. 学会葡萄日光温室促成栽培技术；
3. 发现并会分析栽培过程中的问题，提出解决的办法。

【相关知识】

葡萄是一种适应性很强的木质藤本落叶果树，是世界上最古老的果树之一，已有 5 000～7 000 年历史。我国早在 2 000 多年前就引进欧亚种进行栽培，栽培历史悠久。目前从台湾、海南到新疆、黑龙江全国各地均有栽培，面积近 71 万 hm^2，产量 843 万 t，居世界第四位。葡萄营养丰富，味美可口，开胃健脾，是国际公认的保健果品。我国鲜食葡萄生产居世界第一位。葡萄栽培容易，适应性强，适合设施栽培。

一、葡萄有哪些设施栽培类型

当前设施葡萄主要栽培方式有以下几种。

(一)促成栽培

采用设施调节功能，使设施内葡萄成熟期提早到 4 月上中旬，填补市场空白，经济效益可观。这是我国北方地区设施栽培的主要发展方向。设施栽培既要早熟，又重视果品质量，过早采收往往影响果实养分积累，引起果实养分积累不足、可溶性固形物含量低等问题。

(二)延迟栽培

树体萌芽前和成熟后，采用覆盖等综合技术措施延迟树体开花和果实成熟，使晚熟品种采收期延迟到12月中下旬至翌年1月，这是我国各地晚熟葡萄设施栽培新的发展趋势。我国北方寒冷地区，采用保温较好的日光温室进行此种栽培，早春进行覆盖，推迟树体萌芽，果实成熟后再覆盖保温，使果实在树体上“活体贮藏”，可延迟到1～2月。在我国华北地区，10月上旬晚熟品种成熟后进行覆盖，可延迟采收期1～2个月，在提高果实品质的同时，增加经济效益，还能解决部分晚熟品种由于生长期不够不能完全成熟的问题，扩大我国优质晚熟、极晚熟葡萄品种的栽植范围与栽植面积。

(三)避雨栽培

葡萄生长期，在架上覆盖塑料薄膜，下雨时使雨水顺膜流走，再排出园外，不落在枝蔓、叶片、果实和园中，可减少病虫对葡萄的危害，提高果实品质，确保丰产、增收。避雨棚葡萄栽培，不但丰富了我国南方地区葡萄栽培品种，而且促进葡萄优质无公害栽培。

(四)防雹防鸟害栽培

由于气候恶化，冰雹不常发生的地区也可能遭到冰雹危害，给果农带来巨大的经济损失，尤其在一些山前坡地，冰雹发生频率更高。设立防冰雹网是一项有效减灾措施。另外，葡萄粒大、色艳、皮薄、味甜的特点比较吸引鸟类，无论市郊还是农村的葡萄园，鸟害逐年加重，被鸟类侵害后的果实吸引大量的蝇类、金龟子类害虫的二次为害，部分果园损失在10%以上，而设立防鸟网能有效避免鸟类危害，目前全国各地均有应用，且面积不断扩大。

二、葡萄栽培对环境条件有哪些要求

(1)温度。温度是影响葡萄生长和结果最重要的因素之一，对葡萄的萌芽、生长、开花结果、果实成熟及品质都有重要影响。地温7～10℃根系开始活动，气温达到10～12℃开始萌芽，嫩梢幼叶－1℃就会受冻，新梢生长和花芽分化适温是25～30℃，25～28℃时有利于开花和授粉受精，低于14℃不能正常开花和授粉受精，0℃时花序就会受冻，浆果成熟的适宜温度是28～32℃，加大昼夜温差，有利于果实着色。

(2)光照。葡萄喜光,对光照反应敏感。光照不足,叶片薄、叶色淡,光合作用差,花芽分化不良,易落花落果,果实品质差,枝条细弱、节间长。

注意:设施栽培,选择合适的架式、行向、株行距,保证通风透光良好。

(3)水分。葡萄既耐旱又耐涝。在萌芽期、新梢旺长期、浆果膨大期需水较多。花期阴雨会影响授粉受精,造成落花落果。夏季雨水多,加重病害。

(4)土壤。葡萄对土壤适应强,一般土壤均可种植,但疏松肥沃的沙壤土和壤土最好。适宜的 pH 为 5.0～8.0,以 6.0～6.5 的微酸性土壤生长和结果最好。

三、葡萄设施促成栽培选择品种应考虑哪些因素

(1)成熟期要合理。葡萄促成栽培主要目的是促早,应尽量选择早熟品种,考虑葡萄的需冷量,不同品种需冷量不同,也要考虑设施的保温增温效果,才能保证葡萄正常生长和开花结果。

(2)适应设施环境。设施内光照强度弱、光照时间短,温度变化大,前期温度低,后期温度较高。因此需要选择弱光下容易形成花芽、浆果容易着色的品种,同时又有较好的耐低温、抗高温的能力。

葡萄自然休眠的需冷量为7.2℃以下800～1 600 h。

(3)商品性好。品种具有良好的商品性状,如感观好、果穗大小适中、果粒大、色泽艳丽,品质好,口感好,风味独特,果形奇特等,充分发挥设施的作用。

四、葡萄设施栽培如何达到连年丰产

按照露地葡萄的管理方法,很难达到连年丰产,以结过果的新梢培养成来年的结果母枝,花芽分化不好,不能做到连年丰产。6 月揭棚后,通过清理已结果新梢,短截靠近地面新梢,促发冬芽副梢,将冬芽副梢培养成来年结果母蔓,连续结果的方法成花好,可连续丰产,解决设施葡萄产量不稳定问题。

【方案设计】

(一)方案设计

见下页。

(二)学生模仿设计生产方案

1.学生分组,在教师的指导下,通过多种信息渠道查询资料。阅读课本、参考

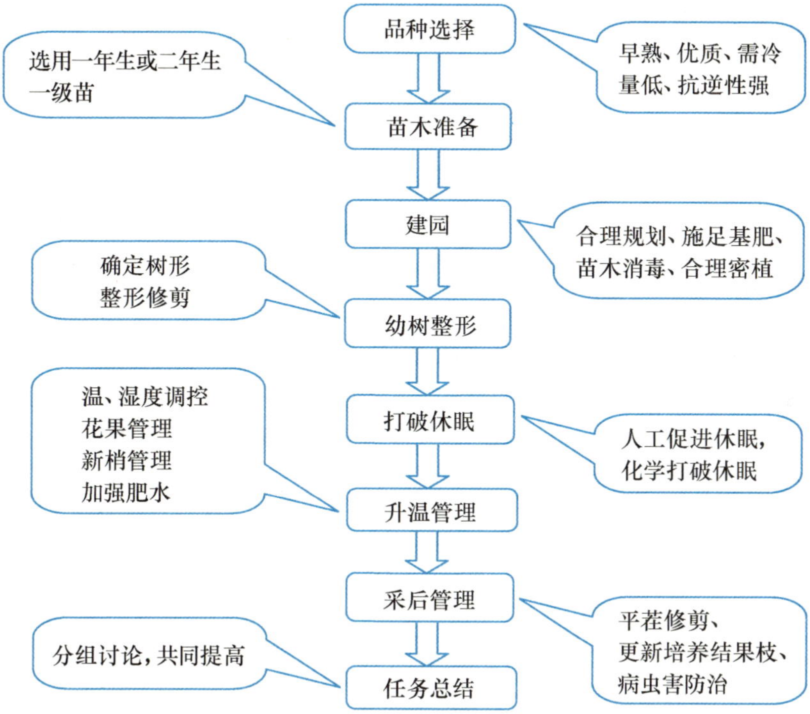

书，查阅有关网站、资源库，准备数码相机、记录本、卷尺、钢笔、铅笔、速写本等。

2. 安排学生参观、考察葡萄设施种植园，访谈种植技术员或种植户，做好详细记录。

3. 每人写一份葡萄设施生产方案。小组讨论，推荐一份较好的方案，小组再进行充分的讨论，将每个同学好的思路，补充完善到一个方案中。

4. 每组选一个代表，在全班讲解小组的设计方案，组员补充方案的内容。教师组织发动全班同学讨论、评价各小组的方案，选出最佳方案，作为生产方案实施。

【任务实施】

一、栽培品种选择

设施葡萄栽培品种主要选结果能力强、易成花、耐低温、耐弱光、果粒大、整齐度高、穗形美观，色泽艳丽、果肉品质好、香味浓郁、综合品质优良、丰产、耐贮运、需冷量低、抗逆性强的品种进行栽培。

目前葡萄促成栽培品种有碧香无核、世纪无核、东方黑珍珠无核、维纳斯无核、夏黑、早黑宝、京翠、京香玉、京秀、京亚、京玉、早巨选、87-1、8612、无核白鸡心、寒香蜜、维多利亚、凤凰51、黑奥林、里扎马特、矢福罗莎、普列文玫瑰等。

葡萄设施栽培与露地差别较大，品种应先小面积试种，然后再大面积推广。

二、苗木准备

设施葡萄栽植苗木，一般要求一年生苗或二年生苗，苗木要求达到以下标准：根系生长良好，分布均匀，根系完整，伤根少，长度大于 15 cm 的粗根在 4 条以上；地上部应有 15～20 cm 的一年生枝段充分成熟，剪口部位的直径不小于 0.6 cm，有 5 个以上的饱满芽。

三、建园技术

(一)园地选择

设施栽培园地应选择环境条件符合《绿色食品产地环境质量标准》(NY/T 391—2000)要求，土壤质地良好，土层厚，微酸至中性土壤，东、南、西三面无高大树木、建筑物遮挡，避风向阳，保温条件好，能够满足当地葡萄上市要求建园。

(二)栽植模式

多年一栽制，即一次定植后连续多年进行葡萄生产。这种方式节省苗木和用工，栽培管理好的条件下可连续多年保持丰产、稳产。多年一栽制既可用于日光温室栽培，又可用于塑料大棚栽植。这种栽培方式的缺点是如果管理不当，葡萄容易早衰，芽眼成熟不好，春天萌芽率低，萌芽整齐度差，果穗小而松，大小粒严重，不能达到商品生产的要求。

(三)葡萄栽植

(1)栽植时期。适宜的栽植时期是以当地地表 20 cm 处土温达 10℃以上，且晚霜刚结束时定植为最佳时期，在北方各地，一般在 3 月底至 4 月上旬进行定植。

(2)栽植密度。多年一栽制采用单臂篱架，株距一般为 1.0～1.5 m，行距为 1.5～2.0 m。东西行小棚架单蔓整枝的株距为 1.0 m；双蔓整枝的株距为 1.5～2.0 m，行距为 3.0～4.0 m。

(3)挖掘定植沟。定植沟深度为 50～70 cm，宽 60～80 cm。挖掘时应将表土和底土分别堆放在定植沟的两侧，挖好后在沟底先填入 10～15 cm 的碎草、秸秆，然后按每亩施入充分腐熟的有机肥 3 000～5 000 kg，每 50 kg 有机肥可以混入 1.0 kg 的过磷酸钙作底肥；肥料与表土混匀后回填沟下部，底土与肥料混匀后回填沟中上部，最上部只回填表土以免苗木根系与较高浓度的肥土直接接触，多余底土用于做定植沟的畦埂，然后灌水沉实备栽。

(4)苗木处理。将已选好的葡萄苗，从假植沟中取出进行检查，剔除具有干枯根群、枝芽发霉变黑或根上长有白色菌丝体的苗木。然后将选出的好苗放入清水中浸泡 12～24 h，中间应换一次水。栽前对苗木根系和枝蔓进行适当修剪，把过长的根系适当剪除一部分，尽可能多保留根系，枝蔓要保留 5 节。根系最好蘸泥浆。苗木的地上部要用 5 波美度的石硫合剂浸蘸消毒。

(5)苗木栽植。苗木准备好后，按株距在回填的定植沟中挖栽植穴，深度为 30～40 cm，直径为 25～30 cm。将苗木放入栽植穴内，使其根系充分舒展，逐层培土踩实，并随时把苗轻轻向上提动，使根系与土壤密接，最后用底土在苗木周围筑起土埂，立即灌水，待水渗下后，铺一层干土，并于第二天铺膜，以减少土壤水分的蒸发及提高地温，促进苗木成活。

四、幼树管理

(一)确定树形

从定植苗抽生的新梢中，按照单臂水平形整形，选留 1 个主蔓加速培养，长至 0.8～1 m 时要进行摘心，多余的新梢留 4～5 叶摘心，为植株根系提供有机营养。以后再萌发出 2 次梢，保留 1～2 片叶摘心，促使下部芽发育饱满。同时要及时埋支柱，拉铁丝，引缚新梢上架生长。图 3-2-1 为葡萄夏季整形，图 3-2-2 为冬季修剪后的葡萄。

图 3-2-1 夏季整形

图 3-2-2 冬季修剪后

(二)肥水管理

定植葡萄萌芽后应经常灌小水,新根长出后可追施氮肥(每株 25～50 g),同时灌水,以加速苗木生长。当新梢长达 35 cm 以上时,在苗旁立竿绑梢,加强顶端优势,促进苗木快速生长。7 月后追磷、钾肥,每隔 7～10 d 连续喷施 0.3%的磷酸二氢钾溶液,促进枝芽成熟。

(三)整形修剪

葡萄主蔓生长期间,选留 1 个强壮主蔓培养,在主蔓长到 80～100 cm 时摘心,摘心后萌发的副梢,保留顶端 2 个副梢继续生长,每隔 3～4 片叶反复摘心,其余副梢可留 1 叶"绝后摘心"。促进主梢上冬芽充实或分化为花芽。

第一年冬剪时,主蔓一般剪留 0.8～1.0 m,剪口枝粗直径 1 cm 左右。副梢结果母枝一般疏除,促进主蔓冬芽萌发。

五、扣棚前打破休眠处理

(一)扣棚时间

设施葡萄扣棚覆膜时间应在满足需冷量,完成自然休眠后进行。如果休眠不足,提前覆膜升温,则会出现萌芽、开花不整齐等情况,影响产量和质量。如果扣棚过晚则达不到提早成熟、增加效益的栽培目的。日光温室在阳历 12 月中下旬扣膜,而塑料大棚则在 1 月中下旬扣棚。

图 3-2-3 人工促进休眠

(二)打破休眠处理

(1)低温调控。当深秋季节(11 月中旬)平均温度低于 10℃时,一般在 7～8℃的时候开始扣膜上帘,白天不见光,夜间通风降温,使棚室温度调控在 7.2℃以下。按照这种方法集中处理 20～30 d,就能顺利通过自然休眠。可逐步升温,白天先揭起 1/3 草帘,5 d 后揭起 2/3 草帘,再过 5 d 后可全部揭帘。

(2)涂抹石灰氮。在自然休眠尚未结束的 12 月或 1 月初开始加温,必须采取解除休眠的措施,涂抹石灰氮可提早解除休眠,应在升温前 15～30 d 进行为好。使用方法:取 1 kg 石灰氮加入 5 kg 40～50℃的温水中不停地搅拌,浸泡 2 h 以上使其成均匀糊状,再加入适量展着剂,然后用小毛刷蘸取均匀涂抹在结果枝上部和两侧芽眼处,涂抹长度为枝蔓的 2/3,将涂抹后的枝蔓顺行贴到地面并盖塑料薄膜保湿 3～5 d。葡萄提早发芽 15 d 左右，且发芽整齐，葡萄提早上市 15 d 左右。

六、扣棚后管理

(一)萌芽期

(1)温室内温度的管理。温室开始缓慢升温，使气温和地温协调一致，促进花序发育。上午 8 时左右揭开草苫，使室内见光升温，16 时左右再覆盖草苫保温。升温第一周每隔 2 个揭 1 个，保持白天 13～15℃、夜间 6～8℃；第二周白天 15～20℃，夜间 7～10℃；第三周至萌芽白天 20～25℃，夜间 10～15℃。从升温至萌芽一般控制在 25～30 d 左右。

设施内地温上升慢，气温上升快，地温-气温不协调，造成发芽迟缓，花期延长，花序发育不良，严重影响葡萄坐果率和果粒的第一次膨大生长。

(2)水分管理。葡萄萌芽期要求高温多湿的环境，需水量多，土壤含水量达 70%～80%，所以在升温催芽开始时，要灌 1 次透水，待水下渗后，及时松土，铺地膜保水，并提高地温，此时棚内空气相对湿度保持在 80%～90%。萌芽后，新梢开始生长期间，为了防止徒长，利于开花坐果和花芽分化，应适当控制灌水，并注意通风，降低空气相对湿度至 50%～60%，特别是新梢展开 5～6 片叶时，一定要保护室内空气干燥，土壤含水量适宜，灌水时间应以 10～12 时进行，防止地温下降。

(3)树体管理。萌芽前应按架式及整形要求对主蔓进行上架、抹芽、定枝、绑蔓工作。设施栽培与露地相比，温度高、湿度大、通风差、光照不足，一般表现为组织嫩、新梢节间长，具有徒长的树相。因此，应早抹芽、早定枝。当新梢生长能够辨认出果穗时，立即进行定枝，以节省营养，同时，还可保证架面的通风透光条件。设施栽培每平方米架面留 12～14 个新梢为宜。

(二)开花期

1.温室内温度的管理

萌芽到开花这一时期葡萄新梢生长迅速，同时花器继续分化。为使新梢生长茁壮，不徒长，花器分化充分，此期要实行控温管理，防止温度过高，白天保持在 20～25℃，夜间以 15～20℃为宜，进入开花期前后，温度应稍微提高，白天控制在 25～28℃，夜间 18～22℃，以满足开花、坐果对温度的需要，有利于授粉授精，提高坐果率。

2.水分管理

设施栽培条件下如果空气湿度过高，使棚膜上凝结大量水滴，既影响光合作用，也诱发多种病害。花期空气湿度过高或过低都不利于开花、传粉和受精。新梢生长期要求空气相对湿度60%左右，土壤相对湿度60%～80%为宜。花期要求空气相对湿度50%左右，土壤相对湿度60%～70%为宜。

3.树体管理

(1)花序及掐穗尖。为了节省营养，应在花序露出后至开花前1周尽早疏除多余的花序。一般1个结果新梢留1个花序，生长势弱的不留，强壮枝可留2个花序，产量应控制在1 500 kg左右。由于花穗的各部分营养条件不同，一般花穗尖端和副穗营养较差，坐果率低，品质差，成熟较晚，造成穗形差，果粒大小和成熟度不一致。因此，结合新梢花前摘心，可进行掐穗尖，掐去穗尖的1/5～1/4和疏去副穗。对于落花落果较重的品种，如巨峰、玫瑰香等，应疏去所有副穗和1/3左右的穗尖，每穗保留14个左右的小分支，花序外形呈圆锥状。图3-2-4为整理果穗、疏果粒。

(2)硼及调节剂。在即将开花或开花时，对叶片和花序喷布0.2%硼砂水溶液，可提高坐果率30%～60%。盛花期用浓度为25～40 mg/kg的赤霉素溶液浸蘸花序或喷雾，不仅可以提高坐果率，而且可以促进浆果提早15 d左右成熟。在初花期喷布100～150倍液的助壮素，可使巨峰葡萄的坐果率提高30%～50%。

(3)环剥。在初花期对主蔓基部进行环剥能显著提高坐果率，使果穗粒数提高22.43%～30.75%。环剥宽度不超过茎粗的1/10，一般为0.3～0.4 cm。

图3-2-4 整理果穗、疏果粒

(三)结果期

1.温室内温度的管理

此期要实行控温管理,防止温度过高。果实膨大期,为促进幼果迅速膨大,棚内白天温度适当提高,以28~30℃为宜,夜间18~22℃,此时,棚外气温有所回升,棚内温度上升较快,特别注意白天超温现象,若白天温度高于30℃时,及时通风降温,防止温度过高,易造成日灼现象。进入浆果成熟期,为增加树体的营养积累,提高葡萄糖分可加大昼夜温差(达10℃以上),因此白天应控制在28~30℃,最高不超过32℃,夜间温度为15~16℃。当外界露地气温稳定在20℃以上时,应及时揭去覆盖的薄膜塑料,使葡萄在露地气温下自然发育。

2.光照

葡萄是喜光植物,对光的反应很敏感,光照充足时,枝叶生长健壮,树体的生理活动增强,营养状况改善,果实产量和品质提高,色香味增进。光照不足时,枝条变细,节间增长,表现徒长,叶片变黄、变薄,光合效率低,果实着色差或不着色,品质变劣。而光照强度弱,光照时数短,光照分布不均匀,光质差、紫外线含量低是葡萄设施栽培存在的关键问题,因此必须采取有效措施改善栽培设施的光照条件。

3.水肥管理

果实膨大期需水量大,为促进果粒迅速增大,在谢花后25 d,可灌1~2次透水,使土壤含水量达70%~80%,棚内空气相对湿度控制在70%左右;果实着色期开始直至采收期以前,要停止灌水,以利于提高果实的含糖量,促进着色和成熟,防止裂果,棚内空气相对湿度50%~60%,土壤相对湿度60%左右为宜。

坐稳果后,为促进果粒膨大,每株可追施磷肥100 g左右。浆果开始着色时,及时追施速效性磷、钾肥1~2次,亦可每隔10 d左右叶面喷布0.3%的磷酸二氢钾溶液2~3次。

4.树体管理

(1)果实管理。谢花后15~20 d,根据坐果的情况及早疏去部分过密果、单性果、小果和畸形果粒,保留大小均匀一致的果粒,并限制果粒数,一般大型穗可留90~100粒果,穗重500~600 g;中型穗可留60~80粒,穗重400~500 g。巨峰每穗可留30~50粒,穗重350~500 g;藤稔等,可控制在每穗25~30粒,穗重400~500 g,以利果穗的整齐美观,符合高档商品果的要求。

果穗套袋是提高鲜食葡萄外观品质的重要措施,可以防止病虫和鸟类危害以及农药和尘埃污染,减少喷药次数。套袋宜在葡萄疏果粒后进行,套前应喷布一遍杀菌剂,袋口一定要扎严。有色品种应在成熟前10~15 d去袋,摘袋以10~12时和14~16时为好,尽量避开12时至14时的高温期,以促进着色和防止日光灼害。

如有鸟害可只撕去纸袋的下半部。对透光度好的纸袋和塑膜袋以及可在袋内着色良好的红色和黄色品种，不需提前去袋。

摘叶转果。从果实着色期开始，在疏除部分徒长枝、密集枝和梢头枝的基础上，于摘袋后 3～5 d 要及时摘叶。葡萄开始着色时，摘除枝条基部老叶，将靠近果实的叶片摘除，以利于果穗接受阳光，但叶片不能摘除过多，以免造成光合产物不足。果穗阳面基本着色后，要及时将果穗背阴面转向阳面，并用透明胶带牵引固定，使果穗全面着色。喷 0.2 光合微肥加 0.3%磷酸二氢钾 1 次，隔 1 周后再喷 1 次，可促进葡萄着色。

铺反光膜。在果穗着色期于地面铺银色反光膜，可显著提高树冠内部光照强度，特别是增加树冠中、下部的光照，对促进果穗含糖量有显著效果。铺反光膜的时间为果穗着色期(果收前 30～40 d)，铺膜位置可在地面行间和设施后墙面悬挂。反光膜不能拉得太紧，以免因气温降低反光膜冷缩而造成撕裂，影响反光膜的效果和使用寿命。采果前将反光膜收起，洗净后翌年可再用。

(2)新梢管理。①引缚。因大棚葡萄种植密度大，新梢生长迅速，当新梢长至 40 cm 时，及时按整形要求引缚到架面上，使架面通透性好，利于植株生长良好，切忌放任新梢自由延伸，易使新梢密集，叶片功能下降，植株病害加重。②摘心和副梢处理。结果新梢一般在花序以上 5～7 片叶摘心，以提高坐果率，对于落花落果较重的欧美品种，可采取强摘心，在花序以上 4～6 片叶摘心，同时掐卷须，摘心后，萌发的副梢留新梢顶端留一副梢，对其留 2～3 叶反复摘心，其余副梢全部抹除。

七、采收与包装

设施栽培的葡萄主要用于鲜食，因此，采收时期不能过早，必须达到该品种固有的色泽和风味完全成熟时才能采收。如果鲜食葡萄需外销长途运输，按照运距和市场需求，只要糖酸比合适，果实具备了该品种良好的风味，可以适当早采，有利于运输和提高效益。

采收时应选择晴天早晨或傍晚进行。用采果剪或剪枝剪，一手托住果穗，一手用剪子将果梗基部剪下。为了便于包装，对果穗梗一般剪留 4 cm 左右，既有利于提放，又比较美观。剪下的果穗轻轻放入果筐内，注意在采收过程中要轻拿轻放，防止磨掉果粉，擦伤果皮。包装前对果穗再进行一次整理，去掉病果、虫果、日灼果、小粒、青粒、小副穗等。

设施栽培生产的葡萄属高档果品，通过包装更能增加商品外观和档次，提高商品吸引力和市场竞争力。同时，美观而实用的包装容器能使果品在贮运过程中减少损伤，并能提高果品的商品价值，便于搬运及携带。目前，国内外大多实行盒式小包装，再行装箱。一般用印有精美图案和商标的小纸盒或软质透明塑料盒，分 1 kg、2 kg、4 kg 等不同重量规格包装。纸盒有提手，内衬无毒薄膜袋，葡萄装入袋内，扣好纸盒，再放入各种包装箱内封盖外运。为了防腐，在食品袋内或箱内装入保鲜药片。常用包装材料有木箱、硬纸箱、塑料箱、泡沫塑料箱、塑料袋等。

八、采后修剪

为了保证葡萄连年丰产，采果后主要采取以下措施：

（一）主蔓平茬

(1)平茬时间。必须在 5 月底至 6 月初进行，越早越好。过晚，更新枝生长时间短，不充实，花芽不饱满，影响第二年产量。要求平茬园，保障肥水供给，施足机肥，奠定来年壮梢基础。一般采收后保留老枝叶 1 周左右，使根系积累一定的营养，然后近基部所有新梢留 1～2 个芽平茬，刺激冬芽或促使母蔓上的隐芽萌发。

(2)平茬技术。苗木发芽后选留 1 个靠近基部生长健壮的芽作为新梢，其余抹除，新梢长至 0.8 m 长时摘心，其下萌发的副梢留 1～2 片叶摘心，再萌发再摘心，集中营养，促苗生长、发育，形成良好的结果母枝。冬剪时留 0.6 m 长短截，其上副梢全部剪掉。

(3)平茬后管理。发芽后，要加强肥水管理，多次喷施叶面肥，前期喷 0.1%～0.3%的尿素促使枝叶生长，后期喷 0.3%磷酸二氢钾促进花芽形成。修剪技术同栽植当年。

（二）选留预备枝

葡萄萌芽后从结果母枝上选留 3～5 个结果新梢，从预备枝上选留 2 个营养枝，其余新梢全部抹除。花前 3～5 d，结果新梢在果穗以上留 8～10 叶摘心。营养梢 10～15 节，1.0～1.5 m 长时摘心，顶端留 1～2 个副梢，对其留 2～3 叶反复摘心。其余副梢留 1 叶摘心，并除去副梢芽眼。落叶后，将结过果的枝条连同母枝一并剪除。预备枝上的顶部枝剪留 10～12 节作结果母枝，下部枝剪留 2～3 节作预备枝。

九、病虫害防治技术

设施葡萄的主要病害是：葡萄白粉病、灰霉病、霜霉病、黑痘病等。主要害虫有蓟马、葡萄虎蛾、蚜虫、蚧壳虫等。

葡萄设施栽培中，覆膜后防治病虫害时，对农药浓度应特别注意，宜低不宜高。萌芽前喷 3～5 波美度石硫合剂，铲除植株上病菌；发芽至花序分离期喷 1 500 倍

10%氯氰菊酯混加 0.5%的 KH_2PO_4 防治蓟马及增加植株营养；花前后喷 800 倍 70%代森锰锌、50%扑海因可湿粉 1 500 倍液，50%速克灵可湿性粉剂 800 倍液，65%甲霜灵可湿性粉剂 800 倍液等防黑痘病、霜霉病、灰霉病；果穗生长期要喷两次 1∶0.5∶200 波尔多液；采收前半月喷 2 500 倍 12.5%烯唑醇加 0.5%的磷酸二氢钾。另外，设施罩防虫网，杜绝虫、鸟危害。

【复习思考题】

1. 葡萄根据其栽培目的不同可分为____________、____________、____________和____________。

2. 葡萄促早栽培华北地区日光温室适宜的升温时间____________。葡萄促早栽培须满足一定的需冷量才能正常萌芽、开花、结果，葡萄需冷量为____________。

3. 葡萄设施栽培模式常用的是____________。

4. 葡萄设施栽培常采用的树形有哪些？如何进行整形？

5. 葡萄设施栽培温湿度管理极为关键，不同时期温湿度要求不同，列表葡萄设施栽培时期温湿度要求。

6. 简述葡萄促早栽培管理要点。

任务三　大樱桃设施生产技术

【案例导入】

某果树种植合作社种植各种果树 1 000 余亩，经考察、调研，随着人们消费水平的不断提高，反季大樱桃的市场越来越大，设施大樱桃经济效益长时间处于较高水平，出园价格 80～400 元/kg，高者达到 500 元/kg 以上，决定投资建设 20 个温室大棚种植设施大樱桃。我们的任务是精心设计一个大樱桃设施促早栽培方案，并负责实施。

【任务目标】

完成本学习任务后，你应该能

1. 学会大樱桃促成栽培技术方案设计；
2. 学会大樱桃日光温室促成栽培技术；
3. 发现并会分析栽培过程中的问题，提出解决的办法。

【相关知识】

樱桃属蔷薇科李属落叶果树，我国作为果树栽培的樱桃有中国樱桃、欧洲樱桃。欧洲樱桃因其果个大，又称大樱桃。大樱桃成熟期早，果实营养丰富，有"早春第一果"的美誉。目前我国樱桃栽培面积约 3 万 hm^2，产量为 3 500 万 kg，人均只有 29 g，相当于每人有大樱桃 3 个或中国樱桃 15～17 个。可见樱桃具有广阔的市场前景。设施栽培条件下樱桃的上市时间比露地栽培要早 40～50 d，市场价格要比普通栽培上市时的价格高 30～50 元/kg，经济效益非常明显。

一、樱桃有哪些设施栽培方式

樱桃按设施栽培的目的，可基本分为如下几种：

(1)促早熟栽培。东北和新疆北部冬季最低温度在 −25℃ 以下大樱桃不能露地越冬的地方栽培甜樱桃，或山东、北京、辽宁等地日光温室、加温大棚的促早熟栽培，保证生长期不发生冻害并加速樱桃果实的生长。

(2)延迟成熟栽培。在晚熟栽培区为了进一步延长樱桃的供应期，可于初春扣膜，棚顶白天盖草苫和遮阴网，以控制棚内温度的上升，而在夜间通风降温，到适宜的时候揭去草苫、遮阴网和棚膜，让其开花结果，实现延后采收。

(3)避雨栽培。采用固定式的防雨棚栽培樱桃，目的是解决过多的降雨引起的病害和裂果。

(4)防鸟害。最有效的方法是树上覆盖防鸟网。

二、大樱桃栽培对环境条件有哪些要求

(1)温度。大樱桃喜温，耐寒力差。大樱桃在日平均10℃以上开始萌动，15℃以上时开花，20℃以上时新梢生长最快，20～25℃果实成熟。花蕾期气温−5.5～−1.7℃、开花期和幼果期−2.8～−1.1℃即受冻。

注意：设施栽培，选择合适的行向、株行距，保证通风透光良好。

(2)光照。大樱桃喜光。在良好光照条件下，树体健壮，果枝寿命长，花芽充实，坐果率高，果实成熟早，品质好。

(3)水分。大樱桃是喜水果树，既不耐旱又不耐涝。在果实发育的第三期水分过多或旱后浇水，裂果严重，果实发育硬核期，干旱易造成落果。

(4)土壤。大樱桃要求土层厚，通气好，有机质丰富的疏松肥沃的沙壤土和壤土最好。适宜的pH为6.0～7.5，耐盐碱能力差，忌地下水位高和黏性土壤。

三、“大小年”现象出现的原因及防控措施

(一)“大小年”现象出现的原因

①肥水供应时期不当。有关大樱桃花芽分化时期普遍认为，大樱桃一般在果实采收后10 d左右花芽便开始分化，采收后10 d至1～2个月是大樱桃花芽分化的重要时期，此期间忽视管理会直接影响第二年的产量。

②负载量过大。设施栽培大樱桃负载量过大表现在大年上。大年不进行疏花、疏果，大量消耗养分，造成下一年小年现象。而小年养分消耗少，又形成了大量花芽，下一年又形成大年。

(二)防控“大小年”的措施

(1)疏花、疏果。花芽膨大后对花量过多的树疏花蕾，疏除花束状果枝上的瘦小和萌动较晚的花蕾，开花期间疏除瘦小的边花，留饱满的中间花，每个花束状果枝只留7～8朵花。疏果在落花后3周进行，即果实硬核前，生理落果后，疏除小

果、畸形果及过密果。3～4 年生树株产控制在 2～3 kg，5～6 年生株产控制在 5～10 kg，7 年生以上树株产控制在 15～20 kg。株产还应结合栽植密度确定。3～5 年生树每亩产量控制在 300～500 kg，6 年生以上树每亩产量控制在 500～700 kg。

(2)增施肥料。花芽分化期增施肥料应遵循控氮、增磷、补钾的原则。落花后 10 d 左右，追施一次速效性化肥，如磷酸二铵和硫酸钾等。落花后 15 d 开始每隔 7～10 d 喷 1 次磷酸二氢钾液和活力素，一直到采果后 1 个月左右结束。叶面喷肥可结合喷杀菌剂同时进行。

(3)花芽分化期灌水。大樱桃对水很敏感，特别是果实硬核期以后缺水将严重影响果实膨大和花芽分化，此期田间含水量应保持在 60%左右。一般在花后 10 d 左右灌第一次水，硬核后灌第二次水，灌水量以一流而过为宜，采果后灌一次大水。

(4)合理修剪。生长期应注意改善树体通风透光条件，可采取摘心，拉枝，疏除过密枝、徒长枝等措施。

【方案设计】

(一)方案设计

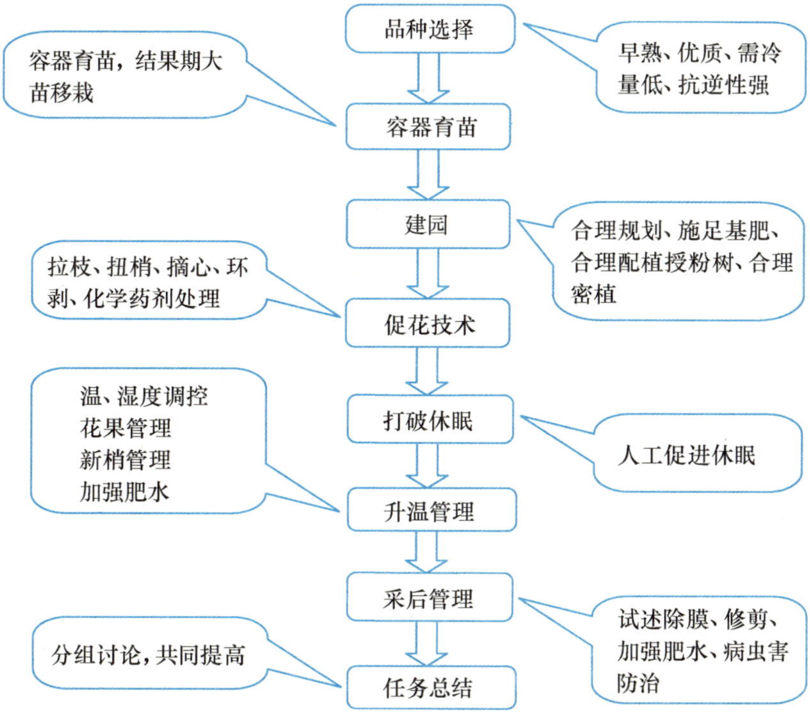

(二)学生模仿设计生产方案

1.学生分组,在教师的指导下,通过多种信息渠道查询资料。阅读课本、参考书,查阅有关网站、资源库,准备数码相机、记录本、卷尺、钢笔、铅笔、速写本等。

2.安排学生参观、考察大樱桃设施种植园,访谈种植技术员或种植户,现场讨论,做好详细记录。

3.每人写一份大樱桃设施生产方案。小组讨论,推荐一份较好的方案,小组再进行充分的讨论,将每个同学好的思路,补充完善到一个方案中。

4.每组选一个代表,在全班讲解小组的设计方案,组员补充方案的内容。教师组织发动全班同学讨论、评价各小组的方案,选出最佳方案,作为生产方案实施。

【任务实施】

一、品种选择

樱桃设施栽培以早、中熟优良品种促成栽培为主。主要选择个大,色艳,发育期短,品质优,风味好,需冷量低,树冠紧凑,适于密植栽培,早实丰产性好,自花结实率高的品种栽培。适宜品种有意大利早红、红灯、佳红、岱红、巨红、拉宾斯、美早、大紫、布鲁克斯、早大果、先锋、早红宝石、8-129、萨米脱、抉择、佐藤锦、红蜜、红艳、艳阳、滨库、雷尼、高砂等。莱阳矮樱桃树体矮化、结果早、品质优、丰产,是目前最适合设施栽培的中国樱桃品种。

大樱桃设施栽培与露地差别较大,品种应先小面积试种,然后再大面积推广。

二、大苗培育

大樱桃结果较晚,幼树期长达3～4年,为了降低成本,提高设施利用率,常采用在露地通过花盆、塑料袋、木箱等容器,培育结果大苗,然后再移栽到温室内进行生产,当年春季移苗,当年冬季就可生产,是一种新型的樱桃栽植技术,经济效益显著。

(一)苗木的选择

选择80～100 cm高、无病虫害、无根瘤病,根系发达,生长健壮的成品苗木进行大苗培育。

(二)培育技术

按照2 m×2 m株行距挖40 cm×50 cm的坑,将事先准备好的塑料编织袋放入坑中,在袋内装入少量腐熟好的土粪,然后装入1/2高的田园土,在袋内将苗木栽好，覆土至根茎处，灌水沉实，间隔 2～3 d 灌 1 次透水，而后覆盖 1 m^2 的塑料薄膜，及时定干（高度 35～40 cm），套上塑料袋以防虫害。苗圃地的甜樱桃一般选择自然开心形和自然纺锤形。

（三）幼树整形

1. 自然开心形的整形修剪

自然开心形树形：如图 3-3-1 所示，干高 20～40 cm，无中心主干，全树有 2～4 个主枝，开张角度为 45°左右，每个主枝上配备 2～3 个侧枝，每个间隔 30 cm，侧枝上有各种类型的结果枝组。

图 3-3-1 开心形树形

整形过程：定植当年，距地面 40 cm 高定干，其中留整形带 20 cm，干高留 20 cm。萌芽后，在整形带选择生长势较强壮、交错排列的 3 个新梢培养主枝，整形带以下及时抹芽。当主枝长到 50～60 cm 时，对主枝进行拉枝，使主枝基角成 45°左右，促使其缓和生长、促使其缓和生长、发育充实、粗壮。对竞争枝、交叉枝、过密枝及早疏除，位置较好的枝条当长到 20～40 cm 时进行摘心、吊枝等处理，控制过旺生长，培养成结果枝组和辅养枝。定植当年的冬季至第 2 年春季进行休眠期整形修剪。一般只留饱满外芽（留 40 cm 左右）短截，去掉中央干延长头，对其他枝条均甩放不剪，只要有空间应尽量多保留枝条。定植后第 2 年夏剪，当主枝延长枝长到 50～60 cm 时摘心控制徒长，其他枝条到 20～30 cm 时实施 1 次或多次摘心，使其形成发育充实、粗壮的短果枝和花束状结果枝。

2. 自然纺锤形

自然纺锤形树形：如图 3-3-2 所示，干高 40～60 cm，中心干上配备单轴延长的主枝 6～10 个，角度开张几乎成水平，上面着生大量结果枝组。

整形过程：定植当年留 50 cm 定干，定干后从抽生的长枝中选留长势健壮、方位好的作为主枝，在生长季节拉成水平角。第 2 年冬剪时中心干延长枝留 40～60 cm 短截。生长季对主枝开张角度，主枝背上的强旺枝摘心。冬剪时对竞争枝和背上枝要疏除或短截，其余的斜生枝、中庸枝可缓放或轻剪。第 3 年对中心干留 50 cm 摘心，生长季继续开张角度，背上枝和内膛旺长枝摘心，培养成结果枝组。修剪时要及时落头开心，以控制树高。

（四）修剪技术

图 3-3-2 纺锤形树形

樱桃以中短果枝结果为主，修剪应以轻剪缓放、开张角度缓和树势为主。幼树可利用新梢生长旺盛的特点，按照树形的要求通过夏剪摘心促发分枝，进行快速整形。修剪以生长期修剪为主，冬季修剪为辅。夏剪重点是新梢摘心和短截，促生分枝，使之形成大量短枝，促进花芽形成。可在主枝和中心干延长枝长到 30～40 cm 时摘心，其余枝和背上直立枝则留 5～10 cm 重短截，促生短枝。春、秋两季通过开张骨干枝角度，削弱顶端优势，缓和枝势，提高萌芽率和短果枝数，并改善树体通风透光条件，促进光合作用和枝条健壮。对缺枝处或光秃带部位或长枝的侧芽处，进行刻芽或涂促萌药剂，以促生枝量和短枝。

三、建园技术

（一）建园地选择

设施栽植樱桃必须选择背风向阳，土壤肥厚，排水良好，有灌溉条件的地块，据棚室建造规划进行栽植。产地环境应符合绿色果品产地环境技术条件要求。

（二）栽植技术

(1)栽植时期。樱桃容器苗栽植，春季、秋季均可。春季在萌芽前 2 周为宜，秋季在落叶后即可进行。

(2)栽植密度。目前日光温室甜樱桃常规定植多采用起垄栽植，栽植行向以南北为宜，以行间通风透光、作业方便为度。密度一般为 3 m×4 m 或 4 m×5 m。

(3)授粉树搭配。大樱桃自花结实力低，栽植时必须配置授粉树。主栽品种与授粉品种的比例为 2∶1，授粉品种 3～4 个，设施内至少栽培 4 个品种，且最好每品种一行，相间栽植。

(4)挖掘定植沟。甜樱桃根系呼吸强度高，对土壤通透性要求高，必须挖定植沟。定植沟深度为 80～100 cm，宽 60～80 cm。挖掘时应将表土和底土分别堆放在定植沟的两侧，挖好后在沟底先填入 10～15 cm 的碎草、秸秆，株施优质有机肥 60kg 左右与表土混匀填入沟内。

> 大樱桃采用常规的平地栽植，往往导致植株生长发育不良，早期落叶。

(5)苗木栽植。起垄栽植，作垄高 20～30 cm。栽植前开长宽各 50 cm、深

60 cm 的定植坑，苗去袋后放入坑内，培土踩实，最后用底土在苗木周围筑起土埂，立即灌水，待水渗下后，培层干土，垄上设置滴灌，然后覆黑地膜。

四、促花技术

大樱桃常采用拉枝、刻芽、扭梢、环剥、摘心、PP_{333} 处理等措施促花。

(1)扭梢控制新梢生长。生长季对于主枝上发出的新梢在 15～20 cm 时进行扭梢，留新梢基部 6～7 片大叶将新梢扭转 90°即可，用叶片固定。生长强旺的新梢可以剪梢(图 3-3-3)，剪去先端 5 cm，再扭梢。扭梢可以有效地缓和新梢生长势，促进成花。扭梢随时进行。扭梢的同时对新梢进行摘心。主枝延长头和中心枝长到 30～40 cm 时可由梢顶端剪去 10 cm，其余枝和背上直立枝留 5～10 cm 摘心，二次梢生长旺时连续摘心。

(2)环剥(图 3-3-3)。剥主枝基部，时间一般在 5 月下旬至 6 月上旬，此时晴朗天气多，流胶病少，成花效果明显。环剥宽度为枝条直径的 1/15～1/20，剥口用报纸或塑料纸包扎好，以防病虫侵染，利于愈合。

(3)化学药剂处理。生产实践证明多效唑(PP_{333})对大樱桃的抑长促花作用十分明显。多效唑在大樱桃上的施用以树上喷洒为主。5 月中旬后，对树冠外围新梢喷布 1 次，浓度为 500～1 000 mg/L；整形完成的翌年春季芽萌动时，对强旺植株可用 15%的 PP_{333} 4～6 g 对水 500 g，在树干周围距树干 50 cm 处灌入，可促进花芽形成，植株发出的短枝即可大部分成花。进入结果期以后树势渐趋稳定，就不必再施用多效唑。

图 3-3-3 剪梢

图 3-3-4 环剥

五、覆膜前的管理

(一)扣棚时间

扣棚时间应在大樱桃满足需冷量后。为了提早结束休眠，可以采取白天盖草帘、晚上揭草帘的人工降温方法，使之提前度过自然休眠期，有计划地改变大樱桃上市时间。各地根据当地气候条件确定休眠时间。山东、陕西一般于12月下旬至翌年1月上旬扣棚，扣棚后即升温，或覆盖2周左右再升温。辽宁及其他北方地区于10月中下旬进行覆盖休眠，12月升温。

大樱桃自然休眠的需冷量为7.2℃以下800～1 440 h，各品种间有差异。

(二)覆膜前的管理

扣棚前全面完成整形修剪任务，疏除扰乱树形的大枝，拉枝调整好枝条角度，使枝条合理分布。同时施足基肥，保证树体营养供给。清理果园，全园喷布1遍4～5波美度石硫合剂，铲除越冬病菌和虫卵。覆膜前3～5 d追施多元素复合肥后灌透水，在覆棚膜的同时行间覆盖透明地膜，利提高地温。

六、棚内管理

(一)萌芽期管理

1.温度管理

大棚内的温度主要依靠开闭通风口和揭盖草苫来调控。覆膜以后，要通过逐步增加白天拉起草苫的数量来使大棚内有一个逐渐升温的过程。白天由开始的11～12℃逐渐增加到18～20℃，夜间温度由0℃逐渐增加到3～5℃，每隔2～3 d提高1℃，至18℃时开始萌芽，萌芽期白天18～20℃，这个过程大约需要10 d时间，此后便进入萌芽开花期。

2.湿度管理

从覆膜到采收，要求土壤相对湿度60%～80%。发芽前期到初花以前要求80%为宜；发芽期20～40 cm土壤的湿度以泥土手握可成团，一触即散为度；空气相对湿度要避免过高或过低，萌芽期要维持在70%～80%。

3.肥水管理

大樱桃根系浅，忌旱怕涝习性，施肥、松土尽量少伤根，灌水应勤灌少灌，可采用滴灌方式。扣棚萌动后，每株追施200 g尿素，结合追肥开沟灌小水。

(二)开花期管理

1.温、湿度管理

开花期是大樱桃对温湿度最为敏感的时期，要随时观察棚内温度变化情况，白天严格控制在20～22℃，及时通风降温，最高不要超过25℃，夜间6～8℃，不能低于5℃。如遇低温要及时采取煤炉、液化气等升温措施，确保授粉受精良好。此期若遇到－2℃的低温2 h，有50%的雌蕊受冻死亡。开花至落花空气相对湿度维持

60%左右，樱桃花期对空气湿度要求相对较严格，湿度过高，花粉不易发散，且易感花腐病。湿度过低，柱头干燥，不利于受精。

2.提高坐果率的措施

盛花前10 d始，晴天中午天天放风，使花器官尽早经受锻炼，接受一定的直射光照射，提高花芽发育质量。盛花期前、后相隔10 d各喷1次0.3%尿素+0.3%硼砂溶液或600倍磷酸二氢钾溶液，或盛花期喷施5 050 mg/kg赤霉素，或300倍稀土微肥液，均可显著提高坐果率。

花束状花开放时，用毛掸轻弹点授。也可以人工采集花粉，用毛笔或橡皮点授。授粉从开花到花开后的第三天均可进行，但以开花当天授粉最好。授粉自盛花初期分2～3次进行。

利用蜜蜂辅助授粉可提高坐果率20%以上，每个大棚放一箱蜂基本可以满足需要。

花后10 d左右及时对新梢摘心，防止新梢与幼果生长竞争养分，对提高坐果率也有一定的效果。

3.疏花疏果

疏花疏果可以减少养分的无谓消耗和保持合理的负载量。当花芽膨大时，及时疏除花束状果枝和中、短果枝基部的瘦小花芽，平均每个花束状果枝留3个花芽为宜。当花芽现蕾后，疏除花芽中最小、现蕾最晚的花蕾，每个花芽中留3个花蕾为宜。生理落果后进行疏果，疏果程度视全株坐果情况而定，一般一花束状短果枝留3～4个果，最多4～5个果。疏果应疏小果、弱果、畸形果和光线不易照到的果。实行疏花、疏果，合理负载可节约营养，增加干果重，提高果实整齐度和果实品质。6年生以下亩产300～400 kg，7年生以上亩产500～600 kg为宜。

(三)新梢生长及果实膨大期管理

1.温湿度管理

果实膨大期白天22～24℃，夜间10～12℃，此间夜温适当高些有利于果实的发育，可提早成熟。果实着色至采收期白天22～25℃，夜间12～15℃，保持昼夜温差约10℃。白天温度不能超过30℃，否则会引起着色不良，且影响花芽分化。花后至果实采收空气相对湿度应保持在50%～60%。如湿度过大，应通过通风换气、控制浇水和地面覆盖塑料薄膜等调节。

2.促进果实膨大和着色

花后脱萼前，叶面喷施氨基酸复合微肥或稀土微肥等可显著提高光合效率促进果实着色和果粒重。在果实着色期，摘除遮光叶片，摘叶程度不宜过重，以免影响花芽的分化和发育。在果实采前10～15 d树冠下铺设反光膜，增加树冠下光线反射，促进果实上色。如已过晚霜，可考虑撤掉顶部薄膜，改善光照，促进着色。

七、采收和包装

樱桃成熟期早，时间集中，加之果实皮薄，易受损伤，不耐贮运，适期采收及做好产后处理，是保证丰产丰收、提高经济效益的重要环节。

（一）采收方法

由于樱桃果实贮运性差，不耐机械损伤，生产中几乎完全靠人工采摘。在采摘过程中，各个环节都要注意轻拿轻放，避免人为损伤。同时注意保护好结果枝，否则会影响来年产量。

（二）分级与包装

果实采收以后要剔除霉烂果、病僵果、青绿小果、虫鸟蛀果，摘掉果带下的枝叶等，然后按照果实的大小、色泽等进行分级包装。保护地樱桃是商品价值较高的果中珍品，应采用轻便、精美、环保的包装，保持新鲜品质，增加美感，提高商品价值。根据市场的要求确定包装的形式，一般每盒内应装 0.5～1.0 kg 为宜。采收和包装要在短时间内完成，最好在 2℃的温度条件下预冷后再运输。

八、采果后管理

果实采收后是设施樱桃树体营养积累、花芽分化的重要时期，做好采果后的管理。

1.适时除膜

春季过了晚霜期，随着气温的升高，可逐渐加大大棚两侧扒膜通风，直至将覆膜卷到大棚一侧。此期若遇降温或下雨，则需把薄膜重新盖好，以升温和防裂果。采收结束后，选择多云无风或阴天无风时撤掉棚膜。

2.补肥

采果后补肥，充实树体结果营养消耗，主要以优质有机肥和全元复合肥为主，施肥量依树龄大小而定，一般掌握在株施优质圈肥 100 kg，或复合肥 1.5 kg 左右。有机肥可在树盘内放射状沟施，复合肥则可在树冠外围 30 cm 处行环状沟施或穴施，施肥后灌水促进肥料吸收。

3.修剪

采果后修剪的手法主要是疏枝，疏除冠内过密的强旺枝、下部离地面较近的无效枝和紊乱树冠的多年生大枝，调整树体结构，改善冠内通风透光条件，促进花芽分化。注意疏除多年生大枝时伤口要平，不能留桩，以利尽早愈合。

九、病虫害防治

樱桃的病虫害较严重，尤其病毒病发病率高，造成树体早衰，甚至死亡。常见病毒病有樱桃叶斑驳病、樱桃小果病、樱桃扭叶病、樱桃挫叶病、樱桃绿环斑病等。真菌类病害有樱桃根头癌肿病、樱桃癌肿病、枝干干腐病、樱桃褐斑孔病、果腐病、流胶病等。常见害虫有红颈天牛、小透羽蛾、金吉丁虫、金龟子(苹毛金龟子、东方金龟子)、蚧壳虫(朝鲜球坚蚧、草履蚧、桑白蚧等)、山楂红蜘蛛、蚜虫等。

樱桃病虫害综合防治措施：

(1)选用抗病、无病毒的砧木和品种。种植前改良土壤，多施有机肥，起垄栽植，防止干旱或积涝。

(2)覆膜防虫。覆地膜既可提高地温。降低棚内湿度，又能减少土壤传播或在土中越冬、越夏的病虫害。萌芽前苗干上套塑料袋，防止象鼻虫、金龟子等啃食芽体和幼叶。

(3)喷药防治。萌芽前全园喷布 4～5 波美度石硫合剂，展叶后湿度大喷 2～3 次代森锰锌或甲基托布津 800 倍液，一般从花后半月每隔 15 d 喷一次杀菌剂，结合叶面肥进行。去棚膜后 5～6 月喷布 2 次 70%代森锰锌 500 倍液，或 50%多菌灵 600 倍液。7～8 月对樱桃喷 2～3 次 200 倍等量式波尔多液，防治穿孔病、叶斑病和干腐病。流胶病在发病初期将病斑纵割几刀后，涂刷石硫合剂原液。毛虫类、刺蛾类害虫，在 1～2 龄虫期，喷 20%杀灭菊酯 2 000 倍液。建棚后，在覆膜前喷 3～5 波美度石硫合剂，幼果期喷 1～2 次 1 000 倍 70%甲基托布津液，预防叶斑病和果腐病。蚧壳虫可刮去虫壳、涂速灭蚧等；防治金龟子可于早晚喷甲维盐 1 500 倍；螨类可喷布爱福丁 3 000 倍或齐螨素 2 000 倍等。

【复习思考题】

1. 大樱桃根据其栽培目的不同可分为__________、__________、__________和__________。

2. 大樱桃促早栽培必须满足一定的需冷量才能正常萌芽、开花、结果，大樱桃一般需冷量为__________。

3. 大樱桃设施栽培目前常用的栽培密度是__________。

4. 大樱桃设施栽培常采用的树形有哪些？如何进行整形？

5. 大樱桃设施栽培常用的促花技术措施有哪些？

6. 大樱桃设施栽培温湿度管理极为关键，不同时期温湿度要求不同，列表大樱桃设施栽培不同时期对温湿度的要求。

7. 简述大樱桃促早栽培管理要点。

任务四　草莓设施生产技术

【案例导入】

南阳市卧龙区某家庭农场，地处南阳郊区，交通方便，主要以都市休闲采摘为主，每年从四五月的樱桃、油桃，到 11 月的冬桃，每月都有新产品供采摘，市民纷纷前往，络绎不绝，效益喜人。但 12 月至翌年 3 月农场没有产品，农场准备种植数棚草莓供 12 月至翌年 3 月采摘，达到周年都有采摘项目。我们的任务是精心设计一个草莓设施栽培方案，填补这段时间的空白，并负责实施。

【任务目标】

完成本学习任务后，你应该能

1. 学会草莓的栽培技术方案设计；
2. 学会草莓日光温室促成栽培技术；
3. 发现并会分析栽培过程中的问题，提出解决的办法。

【相关知识】

草莓是宿根性多年生常绿草本植物，园艺学上属浆果类。草莓果实色艳形美，芳香多汁，酸甜可口，营养丰富，被称为果中珍品。

一、草莓有哪些栽培方式

草莓根据其栽培目的和应用的技术措施不同可分为常规栽培、半促成栽培、促成栽培和抑制栽培。通过不同的栽培方式，目前草莓可以达到周年供应，满足人们的需求。

（1）常规栽培，又称露地栽培，是在田间自然条件下，不采用保护设施的一种栽培方式。即是秋天定植草莓苗，在露地生长，当年完成花芽分化，越冬后，第二年春夏季收获。

(2)半促成栽培,让草莓植株在秋冬自然条件下满足低温需求量,基本上通过了自发休眠,但休眠还未完全醒前,人为强制打破休眠之后,再进行保温或加温,促进植株生长和开花结果,这种方法称半促成栽培。

(3)促成栽培,利用日光温室或大棚设施在冬季不让植株进入休眠,在冬季也正常发育,促进花芽分化,使草莓提早开花结果的栽培技术。

(4)抑制栽培,又叫延迟栽培,是把已经进行花芽分化,正处在休眠期的壮苗,在0℃左右条件下贮藏起来,使植株维持在休眠状态,在适当的时期出库定植,在自然条件下开花结果,这种方法称抑制栽培。

二、草莓栽培对环境条件有哪些要求

(1)温度。草莓的生物学零度为5℃,计算草莓品种需冷时数即是以低于5℃以下的小时数计算的。根系>2℃开始活动,10℃形成新根,最适温15～20℃。植株>5℃开始萌芽,适温20～25℃。开花结果期白天20～28℃,夜间8～10℃为宜,低于5℃或高于35℃会阻碍授粉受精的进行,导致畸形果。

(2)光照。草莓喜光又较耐荫。光照强,则生长健壮,叶色深,花芽发育好,产量高;光照弱,则植株长势细弱,叶柄细,叶色淡,花小,品质差,产量低。开花结果期和匍匐茎抽生期需12～15 h的长日照;花芽分化期要求8～12 h的短日照。

(3)水分。草莓根系分布浅,多分布在20 cm深的土层内,既不抗旱也不耐涝。所以草莓栽培必须选择旱能浇、涝能排的地块,才能获得高产。

(4)土壤。草莓喜肥沃疏松、通气良好的中性或微酸性沙壤土。

三、草莓设施栽培如何进行土壤消毒

草莓的连作种植十分普遍,持续栽培易造成土传病原菌及土壤线虫的累积,导致草莓黄萎病、枯萎病、根腐病以及线虫危害严重,造成植株生长发育不良,生育期延迟,产量下降,严重时引起植株大面积死亡,土壤消毒是减缓大棚草莓连作障碍影响及保持土壤生产力的有效途径。可采用以下措施:

1.高温闷棚法

在7～8月份高温季期间,将大棚土壤深翻耙平灌水后覆膜密封30～40 d,其棚内土温可达45～50℃,能有效杀灭土中病菌与害虫。

> 草莓重茬或前茬为瓜类、茄果类蔬菜,必须进行土壤消毒,否则易感染多种病害。

2.药剂消毒

用土壤消毒剂棉隆(98%必速灭)消毒。草莓定植前30 d左右,将土壤翻松后每亩施7～

14 kg 必速灭，再将土壤翻耕耙平浇水覆地膜，使药剂与土壤充分接触，10～15 d 揭膜松土通气，10 d 后移植。也可以用石灰氮消毒。夏季高温季节，每亩用 75～100 kg 石灰氮混加 2 000～3 000 kg 鸡粪作基肥，翻耕整平灌水后覆透明地膜并压严四周。25～30 d 后揭膜松土，10～15 d 后定植草莓。

【方案设计】

(一)方案设计

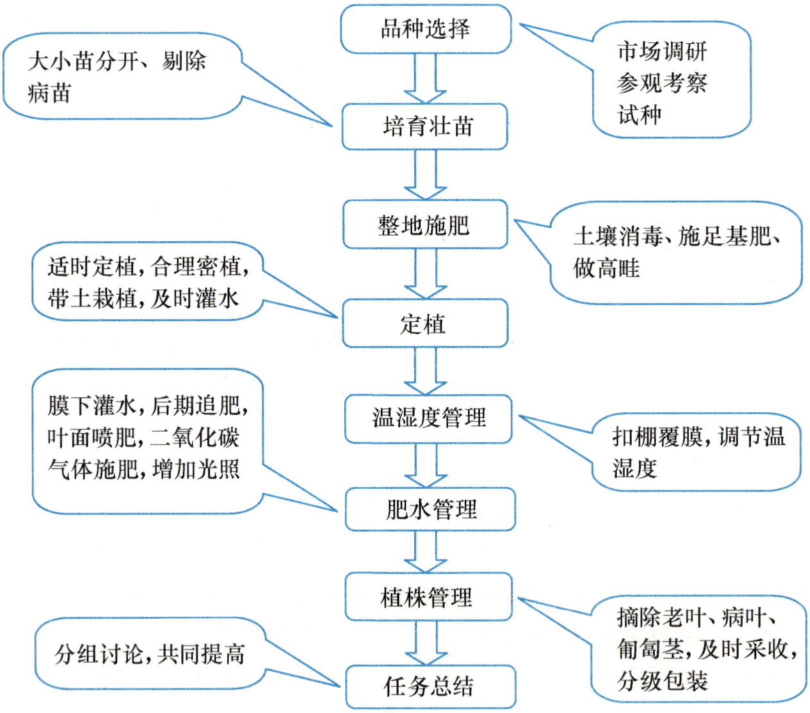

(二)学生模仿设计生产方案

1. 学生分组，在教师的指导下，通过多种信息渠道查询资料。阅读课本、参考书，查阅有关网站、资源库，准备数码相机、记录本、卷尺、钢笔、铅笔、速写本等。

2. 安排学生参观、考察草莓种植园，访谈种植技术员或种植户，做好详细记录。

3. 每人写一份草莓设施生产方案。小组讨论，推荐一份较好的方案，小组再进行充分地讨论，将每个同学好的思路，补充完善到一个方案中。

4. 每组选一个代表，在全班讲解小组的设计方案，组员补充方案的内容。教师组织全班同学讨论、评价各小组的方案，选出最佳方案，作为生产方案实施。

【任务实施】

一、品种选择

进行设施促成栽培的草莓品种要求休眠期短，花芽分化早、耐寒，对低温不敏感、不易矮化、花粉多而健全、果型大而整齐、产量高、口感好的早熟品种。同时考虑市场需求、栽培地区气候条件和生态环境，目前设施栽培的优良品种有丰香、雪蜜、佐贺清香、日本 99、甜查理、宝交、章姬等。

新引进的品种应先小面积试种，然后再大面积生产。

二、培育壮苗

选择未栽植过草莓和瓜类、茄果类蔬菜有机质含量高、土质疏松、透气、肥沃、排灌方便的沙壤土地做苗圃。每亩土地施优质圈肥或畜禽粪 2 500～3 000 kg，耕翻、耙细，后整成宽 1.5 m，长 25～30 m 的平畦。选择健壮、无病虫害的优质植株（最好使用脱毒苗），去掉老叶残叶，于 4 月下旬至 5 月上中旬带土定植于苗圃中。每畦正中栽植一行，株距 0.5 m。栽后结合浇水每株浇灌 1 000 倍旱涝时加 1 000 倍天达 2116 加 3 000 倍恶霉灵 250 mL，防治土传病害发生，促苗健壮、根系发达、抗灾性能强。

定植以后注意小水勤灌，做到见干见湿，及时锄地松土。严禁大水漫灌，防止秧苗徒长。如果植株生长偏弱可结合灌水撒氮磷钾复合肥 20 kg/亩。

母株与匍匐茎管理：栽植后如果母株上出现花蕾需及时摘除，减少营养消耗，促进多发匍匐茎和形成健壮子株。为了使所发子株坐落均匀，需对匍匐茎进行定位，用细树条弯成“U”字形扎入土内固定子株，使子株间距保持 12～15 cm。每株母株可保留 5～10 个匍匐茎，在匍匐茎长出 2～3 株苗时摘心，促苗健壮。过密的子株要及时摘除，维持株丛间通风透光，以便培育健壮的子株。

壮苗标准： 株型矮壮，根径粗1.0～1.5 cm，根须多，粗而白；具有5～6片正常叶，呈鲜绿色，叶色不淡也不浓，叶柄粗壮而不徒长，苗重在30 g以上没有病虫害。

断根去叶促花芽分化：在 7 月底 8 月初光照强、温度高时，用黑色遮阴物在 1.5 m 高处的平面上，遮住草莓苗，以满足草莓花芽分化所需的短日照和低温条件。草莓进入花芽分化时期，此时期对秧苗进行断根和去叶处理，可以明显促进花芽分化的进程。断根需在雨后或浇水后进行，用宽披灰刀在离植株根部周围 5 cm 远处，深切一周，切口入土壤深度 10 cm 左右，切后轻轻摇动刀柄把切口加宽即可。断根的同时要摘除草莓植株基部的老叶，每株只保留 3～4 片叶。

三、土壤消毒

棚室先利用太阳能或药物消毒除杂草，灭地下害虫。

四、施足有机肥，整地做畦

8 月中下旬定植。栽前 1 周整地，每亩施优质农家肥 3 000～4 000 kg、饼肥 100 kg、复合肥 50 kg，深翻 25 cm 后整平耙细，采用深沟窄畦，每畦沟宽 90 cm 左右，沟宽 40 cm，沟深 30 cm，畦面保持 50 cm。畦面做成龟背形，防畦面积水。

农家肥一定要腐熟。最好用EM原露发酵堆肥。否则易引起肥害"烧苗"和病害。

五、定植

棚室促成栽培草莓的定植时期为 8 月底至 9 月中旬. 采用单畦双行三角形种植，行距 25 cm，株距 15～18 cm，亩栽 8 000～10 000 株。尽量在阴雨天或晴天下午 4 点以后带土移栽，注意定向种植，将草莓苗根的弓背部朝向畦沟，便于果穗落到畦的两侧，利于受光和采收。栽苗深浅适宜，做到"上不埋心，下不露根"(图 3-4-1)，栽后连续浇小水，直到成活为止。

图 3-4-1　草莓栽植深度

六、适时保温，调节温湿度

草莓棚室促成栽培，从定植到覆膜是植株营养生长旺盛期，主要管理措施是浇水、摘叶、中耕除草。当夜间气温降到 8℃左右时，开始盖棚膜保温，一般在 10 月 20 日前后。盖膜不宜过晚，当夜间气温降到 5℃以下后，草莓进入休眠。扣棚膜保温后 10 d，浇一次透水，将病叶、老叶、枯叶清理干净，然后覆盖地膜，选用黑色地膜,可以提高地温,降低棚内湿度,防止杂草生长。覆地膜过早,地温迅速上升,容易伤害根系,也影响第二、第三腋花芽继续分化。覆地膜时,两头拽紧,紧贴地面铺平,纵向不能拉成皱褶,以免存水。盖地膜前最好在畦中间放上滴灌管,进行滴灌,减少棚内湿度。

草莓生长发育各时期对气温有不同的要求,棚室增温后应尽可能予以满足。具体温度可参照表 3-4-1:

表 3-4-1 草莓不同生育期温湿度要求

时期	白天温度/℃	夜间温度/℃	相对湿度/%
现蕾前	25～28	12～15	80
现蕾至开花期	22～25	12～15	60
果实膨大期	18～22	8～10	70
成熟期	15～22	5～8	60

草莓设施栽培温湿度的调节主要靠放风。展叶、吐蕾期,温度适当高些,有利于开花和蜜蜂授粉。果实膨大期降低昼夜温度,利于果实膨大,温度过高,果实不易膨大,未等果实充分膨大时,果实即着色变红。成熟期温度低些,有利于营养积累,改善果实品质。湿度一般保持在空气相对湿度 70%～80%为宜,开花期湿度要小一些,一般 60%为宜。但要注意避免使地面和空气湿度过大。温室内湿度大、温度高时,易感染灰霉病、白粉病等。

七、肥水管理

设施草莓促成栽培(图 3-4-2)要多次追肥,才能满足植株和果实对营养的需求。一般定植苗长到 4 片真叶时,亩追尿素 7.5 kg 或磷酸二铵 20 kg,追肥后及时浇水和中耕。10 月中下旬至 11 月上旬扣棚覆地膜前结合浇水亩施硫酸钾复合肥 10 kg。保温后在果实膨大期(果实长到小拇指大小)、顶果采收初期各追肥一次,每亩每次施氮磷钾复合肥 10 kg。第 1 次采收高峰后,每 30 d 追肥 1 次,防止植株早衰,恢复长势。

图 3-4-2 草莓促成栽培

二氧化碳气体施肥:二氧化碳气肥是光合作用合成碳水化合物的重要原料。冬季棚内二氧化碳浓度经常低于大气,增施二氧化碳能促进生育转旺，成熟期提前 1～2 周，并能提高产量，改善果实品质。目前生产上大多采用反应法提供二氧化碳，利用碳酸氢铵和硫酸，通过二氧化碳发生器，产生二氧化碳直接放到大棚内。

草莓定植后，缓苗期间浇水较多，促进秧苗成活，成活后，土壤表土发干即浇水。覆地膜前追肥浇水。扣棚后至开春一般不追肥不浇水，干旱时浇水最好采用膜下滴灌，以降低室内空气湿度。开花期控制浇水，果实坐住到成熟要及时浇水，保持土壤湿润。采收前要控制浇水。冬季温度较低，浇水要控制用量，忌大水漫灌，使棚内湿度过高，诱发灰霉病、白粉病流行。

八、植株管理

草莓定植 15 d 后植株地上部开始生长，心叶发出并展开，此时应将最下部发生的腋芽及刚发生的匍匐茎及枯叶、黄叶摘除，但至少保留 5～6 片健叶。生长旺盛时会发生较多的侧芽，浪费养分，影响草莓开花结果，应及时摘除。衰老叶制造光合产物少，而呼吸消耗大，对草莓生长和浆果发育不利，匍匐茎的无谓发生也消耗母体营养。因此，结果期对下部衰老叶要及时摘除，植株基部的叶片由于光合能力减弱也应摘除，每株保持 4～6 片功能叶，并及早去除匍匐茎(图 3-4-3)。另外，在开花前后疏除一定的高级次花果(图 3-4-4)，不仅可降低畸形果率，也有利于集中养分供应低级次花果发育，使果个增大，提高整齐度。

图 3-4-3　去除匍匐茎

图 3-4-4　摘除高级次花果

草莓促成栽培中，喷洒赤霉素可以防止植株进入休眠，促使花梗和叶柄伸长生长，增大叶面积，促进花芽分化和发育。赤霉素处理时间，一般在扣棚后 7～10 d(天气晴好情况下)，喷施 5～10 mg/kg 的赤霉素，如果喷施后植株生长状况尚未得到明显改善，可在显蕾期再喷施一次。喷时重点喷到植株心叶部位，用量不宜过大，否则导致植株徒长、坐果率下降和后期植株早衰。

九、辅助授粉，适时采收

冬季棚室环境条件差，气温低，湿度大，昆虫少，日照短，不利于草莓开花及授粉受精，产生大量的畸形果，影响产量和品种。通过辅助授粉可增大果实体积，提高产量，使果形整齐一致。目前，草莓设施栽培人工放蜂可以促进草莓授粉受精，减少畸形果，提高坐果率，明显提高产量。一般每栋大棚可放蜜蜂一个蜂箱，放养时间在草莓开花前5～6 d提早进行，以使蜜蜂在开花前能充分适应大棚内的环境(图3-4-5)，直至翌年3月。如棚内病虫害发生严重必须喷药或烟熏时，要把蜂箱底部蜜蜂出入口关好。蜜蜂在大棚内花量少时需人工喂养。

图 3-4-5 放养蜜蜂

适时采收：由于草莓的一个果穗中各级序果成熟期不同，因此必须分期采收。草莓促成栽培冬季和早春温度低，要在果实八九成成熟时采收。采收时间最好在晴天进行，避免在气温高的中午采收，以清晨露水干后至午间高温来到之前或傍晚转凉后采收为宜。草莓果实的果皮非常薄，果肉柔嫩，所以采摘时要轻摘、轻拿、轻放，同时要注意不要损伤花萼。为了保证草莓的质量、提高草莓商品价值，要分级盛放，同时搞好包装工作。

十、病虫害综合防治

草莓设施栽培病害主要为白粉病、灰霉病、炭疽病、叶斑病等。在病害防治上，实行4年以上的轮作；冬季清园，烧毁病叶，及时摘除地面上的老叶及病叶病果，并集中深埋；采用高畦或起垄栽培，尽可能覆盖地膜；土壤消毒；药剂防病避开在开花期喷药，以免造成过多的畸形果。药剂防治选70%的甲基托布津1 000倍液，或25%的粉锈宁可湿性粉剂3 000～5 000倍液，或50%的退菌特800倍液，或50%速克灵800倍液，或花前喷65%代森锌可湿性粉剂500倍液，或50%扑海因1 000倍液，交替使用，以防产生抗性。

草莓常见虫害有蚜虫、白粉虱、螨类等，要及时摘除病老残叶；在放风口处设防虫网阻隔；挂银灰色地膜条驱避蚜虫。化学防治蚜虫可用10%的吡虫啉可湿性粉剂1 500～2 000倍液，或50%抗蚜威可湿性粉剂2 000倍液喷1～2次；防治白粉虱，可用25%扑虱灵可湿性粉剂2 500倍液，或2.5%氯氟氰菊酯乳油3 000～

4 000 倍液；防治螨类，可用三氯杀螨醇 5 000～8 000 倍液喷 2 次，间隔 7 d 左右喷 1 次。

【复习思考题】

1. 草莓根据其栽培目的和应用的技术措施不同可分为__________、__________、__________和__________。

2. 草莓促成栽培适宜的定植时间__________；栽苗深度要求做到__________。

3. 草莓温室促成栽培扣棚保温时间为__________。

4. 草莓促成栽培中，喷洒赤霉素可以防止植株进入休眠，常用浓度为__________。

5. 草莓栽培前应进行土壤消毒，土壤消毒的方法有哪些？如何进行？

6. 草莓栽培选择品种时应考虑哪些因素？

7. 草莓促成栽培壮苗的标准有哪些？

8. 简述草莓温室促成栽培田间管理要点。

【知识拓展】

设施果树生长发育特点与休眠调控技术

一、设施果树生长发育特点

(一)生育期延长

在设施栽培条件下，果树的开花期和果实发育期通常延长。据观察日光温室内凯特栽培花期为 11 d，而露地栽培花期通常在 5～7 d，延长了 4～6 d。另据观察，红荷包、二花曹、车头杏大棚栽培和露地栽培，其成熟期差 7～10 d。设施栽培油桃果实生育期通常延长 10～15 d，果实各生育阶段的日数与夜间温度呈显著相关。

(二)营养生长加强

设施栽培加剧了生长与结果间的矛盾，新梢生长变旺，节间加长。枝条的萌芽率和成枝率均有提高，果树叶片变大、变薄，叶绿素含量降低。

(三)果实品质变化

设施栽培果树果实普遍增大，主要原因是果实生长第一阶段设施内夜温较低，促进了果肉细胞分裂。而果实可溶性固形物、可溶性糖、维生素C含量略低于露地,风味变淡,品质下降。

温室栽培油桃裂果多发生在采收前20 d以内,采收前6～8 d是裂果发生的主要时期。树冠外围果、大型果裂果较重,而内膛果、小型果裂果较轻。

二、果树休眠调控技术

(一)果树的需冷量

落叶果树一般需要在一定的低温条件下经过一段时间才能通过自然休眠。生产上通常把某果树打破休眠需要经历的0～7.2℃低温累积时数,称为该果树的需冷量。但在果树的自然休眠过程中,不同果树的自然休眠需冷量差别很大,从30～2 000 h以上不等。一般葡萄、甜樱桃的低温需求量较高,草莓、桃较低,李、杏居中。若休眠期需冷量不足,加温后将导致果树发芽延迟,开花不整齐,甚至出现枯死现象。另外,目前也有不用低温打破休眠而开花结果的,如设施草莓、葡萄促成栽培属于无休眠栽培,这种无休眠的促成栽培在设施生产也经常采用。

(二)人工促进休眠技术

通常采用"人工低温暗光促眠"方法,即在外界稳定出现低于7.2℃温度时(辽宁南部在10月下旬至11月上旬)扣棚,同时覆盖保温材料。使棚室内白天不见光,降低棚内温度,并于夜间打开通风口和前底脚覆盖,尽可能创造0～7.2℃的低温环境。这种方法简单有效,成本低,生产上应用广泛。

有条件时,可在设施内采用人工制冷的方法,强制降低温室内的温度,促使果树极早通过自然休眠。目前在甜樱桃促成栽培上,采用人工制冷促进休眠已有成功的案例。采用容器栽培的果树均可以将果树置于冷库中处理,满足果树需冷量后再移回设施内栽培,进行促成栽培。或人为延长休眠期,进行延迟栽培。采用低温处理促进草莓通过自然休眠已广泛应用,即在草莓苗花芽分化后将秧苗挖出,捆后放入0～7.2℃的冷库中,保持80%的空气相对湿度,处理20～30 d,即可打破休眠。

(三)人工打破休眠技术

在果树自然休眠未结束前,欲使其提前萌芽开花需采用人工打破自然休眠技术。目前生产上有用石灰氮打破葡萄休眠和赤霉素打破草莓休眠的成功案例。葡萄经石灰氮处理后,可比未处理的提前15～20 d发芽。方法是用5倍石灰氮澄清液涂抹休眠芽,即在1 kg石灰氮中加5 kg水,多次搅拌,勿使其凝结,沉淀2～3 h后,用纱布过滤出上清液,加展着剂或豆浆后涂抹休眠芽。通常在自然休眠结束前

15～20 d 使用，涂抹后即可升温催芽。一年一栽制和一年一更新的结果母枝，距地面 30 cm 以内的芽和顶端最上部的两个芽不能涂抹，其间的芽也要隔 1 个涂抹 1 个。以免造成过多的芽萌发消耗营养和顶部两芽萌发后生长过旺。

草莓上应用赤霉素处理具有打破休眠、提早现蕾开花、促进叶柄伸长的效果。使用方法是用 10 mg/L 赤霉素喷雾，尽量喷在苗心上，每株 5 mL 左右，处理适宜温度为 25～30℃，低于 20℃效果不明显，高于 30℃易造成植株徒长，所以宜在阴天或傍晚时进行。一般在保温开始前 3～4 d 处理，如配合人工补光处理，喷 1 次即可。对没有补光处理或休眠深的品种可在 10 d 后再处理 1 次。人工补光创造长日照条件，有促进草莓打破休眠效果，具体方法是安装 100 W 白炽灯，每亩安装 40～50 个，安装高度为 1.5 m。每天补光 5 h 左右，将每天光照时间保持在 13 h 以上。

项目四
花卉设施生产技术

任务一　盆栽观花类花卉设施生产技术
任务二　盆栽观叶类花卉设施生产技术
任务三　切花设施生产技术

本项目主要任务是学习盆栽观花、盆栽观叶、切花设施生产的品种选择、繁育、环境调控等管理技术，能够进行盆栽观花、盆栽观叶、切花等花卉的设施生产。

完成本项目学习任务应具备以下条件：

教学环境：多媒体教室，盆栽观花、盆栽观叶、切花设施的生产实训基地。

教学工具：修剪工具、植保机具、常见肥料与病虫标本。

师资要求：企业技术人员、生产人员、专职教师。

任务一　盆栽观花类花卉设施生产技术

子任务一　瓜叶菊设施生产技术

【案例导入】

南阳某苗圃，地处市区近郊，交通方便，主要供应节庆及日常摆花，每年从12月至翌年4～5月，每月都有瓜叶菊盆花陆续出圃销售。我们的任务是精心设计一个瓜叶菊设施栽培方案，着重供应元旦、春节和五一劳动节应用，并负责实施。

【任务目标】

完成本学习任务后，你应该能

1. 学会瓜叶菊的栽培技术方案设计；
2. 学会瓜叶菊日光温室促成栽培技术；
3. 发现并会分析栽培过程中的问题，提出解决的办法。

【相关知识】

盆栽观花类花卉一般是原产于亚热带及温带地区以观花为主的花卉，在当地气候条件不适合某种花卉生长的情况下，需人为创造适宜其生长发育的土壤、温度、光照、湿度、水分等条件的花木。这类花卉采取盆钵栽植，在冬季将其移入温室、地窖等处保护越冬，夏秋季节在露地培育、栽植或作庭院美化装饰之用。

盆栽观花类花卉品种繁多，可分为一二年生花卉如盆栽瓜叶菊等；宿根花卉如君子兰、万年青等；球根花卉如仙客来、马蹄莲等；仙人掌及肉质多浆植物如蟹爪兰等；以及木本花木苏铁、变叶木等。在有特殊需求的情况下，也常常将一些应时露地花卉采用设施盆栽方式，以便于移动和计划使用。如供“五一”“十一”使用，常将一串红、菊花、小丽花、月季、三角花、石榴、紫薇等作设施盆栽。大部分盆栽观花类花卉是室内较珍贵的花卉品种，如凤梨、花烛等。

盆栽温室一二年生花卉大多原产于热带、亚热带及温带温暖地区，喜光、不耐寒冷，冬季需要保温防寒。

盆栽温室一二年生花卉大多喜阳光，少部分喜半阴环境，不耐旱，根系分布浅，易受表土影响。一年生喜温暖，不耐寒。主要在春季播种，称为春播花卉。二年生喜冷凉，耐寒性强，主要采用秋播，也成秋播花卉。一二年生盆栽观花类花卉多采用播种繁殖，在温室内采用容器育苗法。

瓜叶菊（图 4-1-1）是菊科瓜叶菊属多年生草本，通常做一二年生花卉栽培。茎直立，植株高矮不一，矮者仅 20 cm，高者可达 90 cm。叶大，心形，似瓜类植物的叶片。瓜叶菊的头状花序簇生成伞房状，花序周围是舌状花，中央为筒状花，花色、花形多变。花色丰富，有蓝、紫、红、粉、白各色或具有不同色彩的环纹和斑点。花期从 12 月到翌年 4 月。种子 5 月下旬成熟。

图 4-1-1 瓜叶菊

瓜叶菊原产地中海加纳列群岛。喜凉爽气候，生长适温 10～15℃，生长期宜阳光充足，并保持适当干燥。通常在温室中作一二年生盆栽，冬季夜温最好保持 10℃，小苗能经受 1℃的低温。

注意： 瓜叶菊喜凉爽气候，温度过高时易徒长。

【方案设计】

（一）方案设计

见下页。

（二）学生模仿设计生产方案

1. 学生分组，在教师的指导下，通过多种信息渠道查询资料。阅读课本、参考书，查阅有关网站、资源库，准备数码相机、记录本、卷尺、钢笔、铅笔、速写本等。

2. 安排学生参观、考察种植瓜叶菊苗圃，访谈种植技术员或种植户，做好详细记录。每人写一份瓜叶菊设施生产方案。

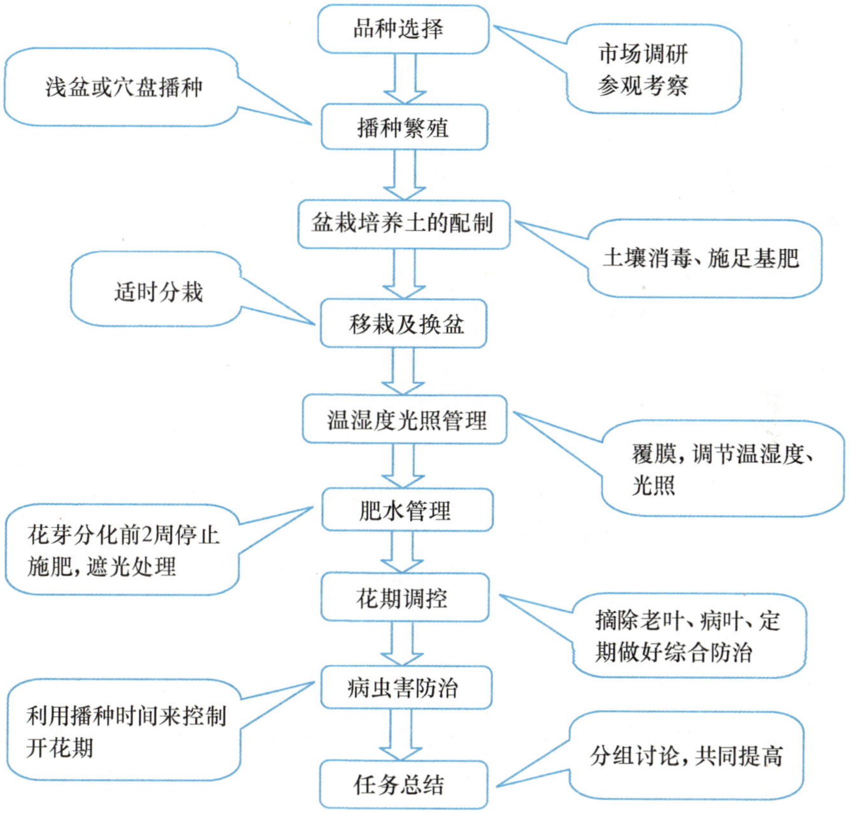

3. 小组讨论，推荐一份较好的方案，小组再进行充分的讨论，将每个同学好的思路，补充完善到一个方案中。每组选一个代表，在全班讲解小组的设计方案，组员补充方案的内容。

4. 教师组织同学讨论、评价各小组的方案，选出最佳方案，作为生产方案实施。

【任务实施】

一、品种选择

瓜叶菊园艺品种极多，大致可分为大花型、星形、中间型和多花型四类。不同类型中又有不同重瓣和高度不一的品种。目前市场上瓜叶菊主要品种是国产的浓情、勋章、激情、早花激情以及进口的完美和杂交代品种小丑。

二、播种繁殖

(一)播前准备

首先要对播种用土进行过筛,暴晒 20 d 左右,播种用土配比为腐叶土 3 份,沙土 2 份,加上少量饼肥混合而成。在播种前一天要对土壤进行消毒,可用多菌灵均匀喷施,然后进行土壤整平,并浇足底水,使土质含水量不低于 70%。

(二)播种分苗

播种苗床首先要做好遮阳、防雨,降温措施。在 7 月下旬进行播种繁殖,春节开花,从播种到开花约半年时间。播种可用浅盆或穴盘,将种子与少量细沙混合均匀后撒播在浅盆或穴盘中,播后覆盖一层细土,以不见种子为度。发芽的最适温度为 21℃,约 1 周发芽出苗。出苗前后土壤表面保持湿润,温度控制在 25℃左右,湿度控制在 60%左右为宜。出苗后 40 d 左右,需进行分苗,种植密度为株行距 12 cm×12 cm,分苗期间需遮阳 10 d 左右,并一次浇足水。

注意: 出苗后逐步撤去遮阴物,使幼苗逐渐接受阳光照射,2周后可进行全光照。

三、盆栽培养土的配制

瓜叶菊性喜富含腐殖质而排水良好的沙质土壤,pH 为 6.5～7.5 比较合适。过黏的培养土经不起干燥,一旦稍微干裂,便会把幼苗的须根拉断,从而导致幼苗死亡,降低了成活率。

分苗后的培养土可以与播种用的培养土相同,进行幼苗练壮。分苗后 1 个月进行上盆,盆采用盆径为 18 cm 的塑料盆或泥瓦盆。营养土的配比为沙壤土 6 份,木屑或稻壳灰 3 份,饼肥 1 份,需在上盆前 1 个月配好备用。

上盆后的瓜叶菊其基部 3～4 节发生的侧芽应随时抹去,以减少养分的消耗和避免枝叶过于拥塞,从而集中更多的养分供给上部花枝生长,以利于花多、花大、色艳。

四、换盆

播种后 2 周,长出第一片真叶时进行第一次移栽,通常移栽到大浅盆里,株距 2～3 cm,恢复 4～5 d 后,可每隔 1 周施一次稀薄的液体肥料,促进生长。待长出 3～4 片小叶时,分栽到 6 cm 左右的小花盆中,以后逐步换盆,11 月中下旬左右,最后定植在直径 18～22 cm 的花盆中。

五、温度管理与光照调节

(一)温度管理

瓜叶菊性喜凉爽气候,不耐炎热,生长适温 15～20℃,如夏季的持续高温,对瓜叶菊的生长十分不利,注意在荫棚下进行养护,并注意通风,勿雨淋,可向地面洒水降温。另外,可以通过改变温度的办法控制花期,植株现蕾后立即送到温度 20～25℃的温室中栽培,促其提前开花;在植株含苞或初开时,将室温降至 4～10℃,则可延缓开花,延长花期。

(二)光照管理

瓜叶菊喜光照充足的环境,但不耐夏季强光。在冬季,由于覆盖保温,光照强度会降低,基本能满足植物需要。夏季光照过强,对 5 月播种的植株或 3 月播种的植株应注意遮光,一般遮光 60%,同时也可起到降低温度的作用。遮光时间从 5 月下旬至 6 月初开始,直至 10 月初。

注意: 因长日照可促进花芽发育而提前开花,早花品种在8月播种,11月以后增加人工光照,给予15～16 h 长日照条件,12月可以开花。

六、肥水管理

(一)肥料管理

定植后每月施 2～3 次以氮肥为主的追肥,至花芽分化前 2 周停止施肥,并适当控制浇水,以利花芽分化。现蕾后可加大肥水供应,可结合浇水每周施一次以磷钾肥为主的肥料,并可用 0.2%～0.5%的磷酸二氢钾辅助进行叶面施肥。

(二)水分管理

瓜叶菊开花后在 5～6 月间,常于基部叶腋间生出侧芽,可将侧芽除去,对于重瓣品种为防止自然杂交或品质退化,可采用扦插或分株法繁殖。在清洁河沙中扦插。插时可适当疏除叶片,插后浇足水并遮阴防晒。若母株没有侧芽长出,可将茎高 10 cm 以上部分全部剪去,以促使侧芽发生。亦可用根部嫩芽分株繁殖。

七、花期调控

瓜叶菊有早花品种和晚花品种,开花期可以利用播种时间来控制。早花品种播后 5～6 个月开花;一般品种播后 7～8 个月开花;晚花品种播后 10 个月开花。7 月下旬至 10 月上旬播种,利用人工调节花期,从 12 月到翌年 5 月都可开花,用于元旦、春节、五一等节日花卉布置。以8～9月播种最为适宜，此时气温逐渐转凉，雨季已过，幼苗不受高温和雨涝影响，生长迅速，栽培管理简单；若在9月以后播种，翌年株苗还小，日照时间逐渐增加，花蕾提早发育而开花，这样植株细弱，开花小而稀，商品价值降低。

1月份是瓜叶菊的育蕾期。如让瓜叶菊在春节期间开花，从1月份起，白天温度控制在10～15℃，最高不得超过20℃，夜间不低于5℃。每天光照时间不少于3 h。瓜叶菊喜阳光，在育蕾期如每天光照少于3 h，就不能正常育蕾开花。为防止偏冠，可把盆花方向调转180℃放置，至春节始花时正是直立植株。这期间，需水量和需肥量都增加。如供水、供肥不足，会造成蕾小，花色也不好。始花前适当增加浇水量，稍干即浇透水。

除播种时间外，还可以利用其他栽培措施促进花芽分化和催延花期。花芽分化前2周，停止施肥并控制浇水，可以促使花芽分化，提高着花率，还可以控制株型使之低矮而紧凑。此期温度适宜，白天气温为21℃左右，夜间气温10℃左右。现蕾后即行正常管理，追施液肥，逐渐增加浇水，保持充足光照。当花蕾伸出后，提高室温催花。初花后，降低室温以延长花期。在15℃以下低温中处理6周左右，可完成花芽分化，其后经8周即可开花。

八、病虫害防治

(一)瓜叶菊白粉病

瓜叶菊在幼苗期和开花期如室温高、空气湿度大，叶片上最容易发生白粉病，严重时侵染叶柄、嫩枝、花蕾等。植株受害后，叶片、嫩梢扭曲萎蔫，生长衰弱，导致叶枯，有的完全不能开花，甚至整株死亡。防治方法：经常保持良好的通风条件，增加光照；控制浇水，适当降低空气湿度；发病后立即摘除病叶，并及时用50%的多菌灵1 000倍液，或喷加水800～1 000倍的托布津液防止蔓延。

(二)虫害

瓜叶菊幼苗期往往发生潜叶蛾，常用1 500倍40%乐果稀释液防治；生长期若植株拥挤、通风不良和管理不善，时常会发生蚜虫或红蜘蛛危害，虫害严重时喷40%乐果1 500～2 000倍液进行防治。

【复习思考题】

1. 瓜叶菊繁殖方式为____________。

2. 怎样对瓜叶菊进行花期调控？请简述瓜叶菊的水分管理。

子任务二　大花蕙兰设施生产技术

【案例导入】

河南省某花卉公司，地处城市近郊，拥有现代温室及先进的栽培设施，主要生产高档盆花，每年从12月至翌年4月份，每月都有盆花陆续供应市场销售。我们的任务是精心设计一个大花蕙兰设施栽培方案，着重供应元旦、春节市场，并负责实施。

【任务目标】

完成本学习任务后，你应该能

1. 学会大花蕙兰的栽培技术方案设计；
2. 学会大花蕙兰现代温室促成栽培技术；
3. 发现并会分析栽培过程中的问题，提出解决的办法。

【相关知识】

大花蕙兰（图4-1-2），别名虎头兰、西姆比兰，属兰科兰属，附生类植物，常呈大丛附生于原产地的树干和岩石上。假鳞茎粗壮，长椭圆形，稍扁。叶片带形革质，长70～90 cm，宽2～3 cm，浅绿色，有光泽。花茎直立或稍弯曲，长40～90 cm，有花6～12朵或更多。花大型，淡黄绿色，花瓣较小，花瓣及萼片有紫红色小斑点，唇瓣分裂，黄色，有紫红色斑。花期11月至翌年4月份。

图 4-1-2　大花蕙兰

大花蕙兰生长的适温10～25℃。花芽分化温度十分严格，白天25℃，夜间15℃，越冬温度不宜高，夜间10℃左右比较合适。花芽耐低温能力较差，若温度太低，花及花芽会变黑腐烂，再低则植株会受到寒害。若夜间温度高至20℃，虽叶丛繁茂，但花芽枯黄不开花。

大花蕙兰对水质要求较高，喜微酸性水，pH为5.4～6.0。大花蕙兰对水中的钙、镁离子比较敏感，最好能用雨水浇灌。大花蕙兰喜较高的空气湿度，最适宜的相对湿度为60%～70%，湿度太低会使生长不良，根系生长缓慢，叶厚窄小，色偏黄。大花蕙兰稍喜光，喜半阴的散射光环境，忌日光直射。但过度的遮阴会使植株生长纤弱，影响花芽分化，减少花量。

【方案设计】

(一)方案设计

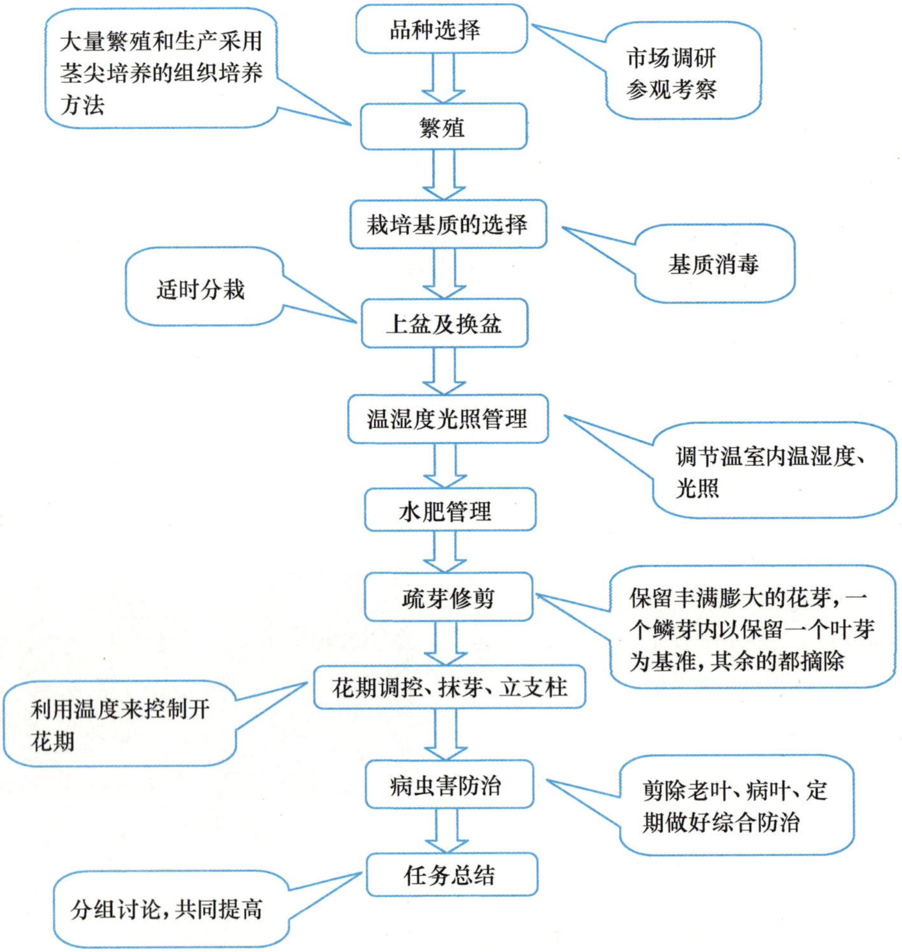

(二)学生模仿设计生产方案

1. 学生分组,在教师的指导下,通过多种信息渠道查询资料。阅读课本、参考书,查阅有关网站、资源库,准备数码相机、记录本、卷尺、钢笔、铅笔、速写本等。

2. 安排参观、考察种植大花蕙兰温室,访谈种植技术员或种植户,做好详细记录。每人写一份大花蕙兰设施栽培方案。

3. 小组讨论,推荐一份较好的方案,小组再进行充分的讨论,将每个同学好的思路,补充完善到一个方案中。每组选一个代表,在全班讲解小组的设计方案,组员补充方案的内容。

4. 教师组织全班同学讨论、评价各小组的方案,选出最佳方案,作为生产方案实施。

【任务实施】

一、品种选择

(一)标准型大花蕙兰品种

标准型大花蕙兰是指株型高大、花枝直立、花大质厚、花期长的一类兰花。这一类是大花蕙兰的主流消费品种。标准型大花蕙兰常见品种有:红公主,紫红花,株型高大;幸运星,粉红花;幸运之花,粉红大花品种;新月,黄花红唇品种,有浓香味,易栽培开花;金杯,黄花红唇品种;黄金虎,黄花品种,唇瓣有虎斑;欲望,花淡绿色,唇瓣淡红晕;小沙拉,中花绿花品种;绿色和平,绿花红唇。

(二)小型杂交兰的大花蕙兰品种

利用小花型地生兰,如墨兰、建兰、春兰、春剑、莲瓣兰,与大花蕙兰杂交选育出的一类兰花。其特点是:株型较小,花枝直立,易种植开花,花有香或无香。小型杂交兰常见品种有:红瀑市,紫红花品种,1～2 月开花;黄金小神童,建兰杂交后代,黄花素心品种,夏秋季开花;韩国小姐、韩国夫人、韩国桃花等,花色各不同,春节前后可开花;金凤,绿色花。

(三)垂花蕙兰

垂花蕙兰是指花枝自然下垂或半下垂的一类大花蕙兰。其原始亲本主要有台兰、多花兰、红柱兰、地旺兰、湿地兰、沟唇兰和纹瓣兰等。垂花蕙兰是近几年来年宵花卉市场上的新秀和宠儿,花朵数多,但以小花种居多。垂花蕙兰常见品种有:开心果,花咖啡色;红宝石,花紫红色;瀑布,花淡绿色,盛开后变白色;奶油球,花黄绿色。

(四)拱形的大花蕙兰品种

人们对花卉的追求都是新、奇、特、稀。直立型大花蕙兰品种见得多了,需要变换花样。垂花型蕙兰多为小花品种,花色没有大花品种丰富,花期也没有大花型品种长。为了满足市场需求,以前应用于蝴蝶兰的花枝造型艺术开始用到大花蕙兰上来,市场上涌现出了一批扎做成的拱形大花蕙兰,其品种主要是标准型大花蕙兰。但由于大花蕙兰的花枝粗壮,不易扎作造型,且该类产品植株较大,花大花多,形状美观,价格较直立栽培的产品昂贵。扎制成的拱形大花蕙兰市场上也有称"垂花蕙兰",其实真正的"垂花蕙兰"应当是花序自然下垂的大花蕙兰种类。

二、繁殖

大花蕙兰一般采用分株繁殖(图 4-1-3)。分株适宜时间在花后、新芽未长大前,这时正值短暂的休眠期,小心操作,使兰株从原盆中脱出,要抓住没有嫩芽的假鳞茎,避免碰伤新芽。

剪除枯黄的叶片、过老的鳞茎和已腐烂的老根,用消过毒的利刀将假鳞茎切开,每丛苗应带有 2~3 枚假鳞茎,其中一枚必须是前一年新形成的,伤口涂硫黄粉,干燥 1~2 d 后单独上盆,如太干时可向叶面及盆面喷少量的水。

图 4-1-3 大花蕙兰分株繁殖

大量繁殖和生产采用茎尖培养的组织培养方法。若种苗不足,也可将换盆时舍弃的老兰头保留下来,剪除枯叶和老根,重新加以培植,不久它就能萌发新芽,长成幼苗。

三、栽培基质的选择

大花蕙兰的根系特别粗壮,呈肉质状,深入盆内吸收营养,其栽培基质应该选用保水保肥功能强、通透性好、不易腐烂、能长期保持疏松透气状态、不含有或释放有毒有害物质,并能固定植株的基质。

一般常用的基质有:陶粒、树皮、水苔等。这些基质既透气又保湿,呈微酸性,其 pH 为 5.5~6.0。市场上选用最多的是树皮。树皮有为大树皮和小树皮,使用时可根据植株生长的要求来选择。在保存树皮时只要遮阳且不沾水即可。

四、上盆与换盆

栽植大花蕙兰的容器可选用四壁多孔的陶质花盆或塑料盆。花盆要摆放在花架上，放在地面上会引起病菌感染，放在水泥地上会因反射热使植株受到伤害。一般盆栽大花蕙兰常用15～20 cm的高筒花盆，每盆栽2～4株。

大花蕙兰植株生长旺盛，根群粗而多，如果假鳞茎已长满整个盆面，就要换大一号的盆了，以免根部纠结。通常在5月上旬进行分株换盆。

注意： 分株前使基质适当干燥，根略发白、绵软。

五、温湿度、光照管理

(一)温度管理

大花蕙兰喜冬暖和夏凉，生长适宜温度为10～25℃。在冬季，保持10℃左右的温度比较有利。这时叶片呈绿色，花芽生长发育正常，花葶正常伸长，在2～3月开花。如果温度低于5℃，则叶片呈黄色，花芽不生长，花期会推迟到4～5月，而且花葶不伸长，影响开花质量。如果温度在15℃左右，花芽会突然伸长，1～2月开花，花葶柔软不能直立。如果夜间温度高达20℃，则叶丛生长繁茂，但影响开花，形成花蕾也会枯黄。总之，大花蕙兰花芽形成、花葶抽出和开花，都要求较大的昼夜温差，当花芽伸出之后，一定要注意夜间把花盆放到低于15℃的地方，否则会使花蕾脱落。

(二)湿度管理

在盆中植料湿润不需浇水时，可在早、晚给叶片喷一些水，以增加空气湿度。冬季温室加温后，夜间室内湿度会较低，应设法增加室内的湿度。

(三)光照管理

大花蕙兰比较喜光，充足光照有利于叶片生长，形成花芽和开花，但不宜强光直射。过多的遮阴，会使叶片细长而薄，不能直立，假鳞茎变小，容易生病，影响开花。一般盛夏需遮光50%～60%，秋季可稍遮些，冬季温室栽培一般不遮光或加光。

六、水肥管理

(一)水分管理

大花蕙兰比较喜水，忌根部极端干燥。对水质要求比较高，喜微酸性水，对水中的钙、镁离子比较敏感，以雨水浇灌最为理想。浇水应由植株、植料、天气等因素来决定，植料干了才浇水，浇则浇透。开花后有短时间的休眠，要少浇水，春、夏生长旺盛，要保持水分充足。

（二）肥料管理

大花蕙兰植株大，生长繁茂，需要肥料比较多，要低浓度，常供应。生长期可每1～2周施肥1次，使假鳞茎充实肥大，促使花芽分化，多开花。可置缓效肥料于植料中，同时每周施液体肥料1次，氮、磷、钾的比例为：小苗2∶1∶2，中苗1∶1∶1，大苗1∶2∶2。在花期前半年应停止施氮肥，以促进植株从营养生长转向生殖生长。

七、疏芽修剪

大花蕙兰的假球茎一般都含有4个以上叶芽，为了不使营养分散，必须彻底摘抹掉新生的小芽和它的生长点。这种操作应从开花期结束开始，每月摘一次芽，至新的花期前停止，这样能集中营养，壮大母球茎，使花开得更大、更多。每个鳞茎中只保留一个叶芽，其余的芽都要摘除。

注意：定期割除枯黄的叶片、病叶，伤口涂硫黄粉，刀片和剪刀沾硫黄粉消毒。

疏芽时要注意丰满膨大的鳞芽是花芽，千万不要将它们疏掉。稍显干瘪的是叶芽，一个鳞芽内以一个叶芽为基准，其余的都摘除。秋季对鳞茎上发出的多余叶芽也要进行摘除。一年生苗，一般不留侧芽。生长1年左右的幼苗换到大盆中，一般每苗留2个子球，对称留效果最佳，其他侧芽用手剥除。当芽长到5 cm进行疏芽最为合适。因为侧芽在15 cm长以前无根，15 cm以后开始发根。

图 4-1-4　大花蕙兰疏芽修剪

二年苗，在10月前不断疏芽，11月至翌年1月要决定留孙芽（开花球）数量，一般大型花：可留孙芽2个/盆，将来可开花3～4枝/盆；中型花：可留孙芽2～3个/盆，将来可望开花4～6枝。开花株培养，6～10月加大温差，平地栽培者一般要上山栽培，此间主要施骨粉，每盆15 g左右，花芽出现后，立即停有机肥，11月后花穗形成，花箭确定后抹去所有新发生芽，大部分品种9～10月底可见花芽，如果长出叶芽应剥除。花箭用直径5 mm包皮铁丝作支柱，当花芽长到15 cm时竖起。

绑花箭的最低部位为 10 cm，间隔 6～8 cm，支柱一般选择 80 cm 和 100 cm 长。

八、花期调控与管理

大花蕙兰只有生长健壮的植株才可以形成较多、较高和较为粗壮的花茎，每个花剑的花朵数才比较多，花径也较大，花色才更加纯正。大花蕙兰为合轴性兰花，腋芽不断萌发。大花蕙兰腋芽的萌发主要受温度支配，高温（高于 18℃）下出芽快而整齐，低温（低于 6℃）下则发芽较慢。光照充足、多肥等条件均可以促进侧芽生长。大花蕙兰的组培苗要经过 2.5～3 年的营养生长，才能进行花芽分化和发育，进而开花。足够数量的叶片以及充实的假鳞茎，是大花蕙兰花芽形成的必要条件。大花蕙兰的花芽大都形成于一年生新芽形成的假鳞茎上，这些新芽一般是上年 10～11 月间在老的假鳞茎上留下来的。

中国栽培的大花蕙兰主要供应元旦和春节市场，其花芽分化一般在 6 月前后完成，花芽的发育正好在炎热的夏季，所以影响中国大部分地区大花蕙兰花芽发育的主要是夏季的高温。商品化的大花蕙兰盆花生产如果利用高耗能的设施来降低花芽发育期间的高温，生产成本很高，利用高山进行大花蕙兰的越夏，正是针对大花蕙兰花芽发育所需要的夏季低温进行的。海拔 800～1 000 m 以上的高山催花，不怕雨水，露地栽培即可，只需临时搭建一层 50%左右的遮阳网，高温下，大花蕙兰需水量大，要备有充足的水源。

大花蕙兰通常在 11 月就会伸出花茎，当花茎长到 20 cm 长时，要设置花茎支柱。因为这时的花茎特别容易折断，所以在设置支柱时要格外小心，不要靠得太近，绑扎叶不能太紧。支柱与花茎之间可用简易“8”字结固定，这样不会影响花茎的生长。所打的简易“8”字结要根据花茎的生长速度及时调整。

九、病虫害防治

大花蕙兰常见病虫害有蚧壳虫、红蜘蛛和蜗牛，前两者可用 80%敌敌畏乳油 1 000 倍液喷杀，后者可在台架及花盆上喷洒敌百虫或用敌百虫毒饵诱杀。

【复习思考题】

1. 常用大花蕙兰繁殖方式有__________和__________。
2. 大花蕙兰栽培基质一般有__________。
3. 大花蕙兰对水分有哪些要求？

子任务三　蝴蝶兰设施生产技术

【案例导入】

河南省某花卉公司，地处城市近郊，拥有现代温室及先进的栽培设施，主要生产高档盆花，每年从1～4月，每月都有盆花陆续供应市场销售。我们的任务是精心设计一个蝴蝶兰设施栽培方案，着重供应元旦、春节市场，并负责实施。

【任务目标】

完成本学习任务后，你应该能

1. 学会蝴蝶兰的栽培技术方案设计；
2. 学会蝴蝶兰现代温室促成栽培技术；
3. 发现并会分析栽培过程中的问题，提出解决的办法。

【相关知识】

蝴蝶兰(图4-1-5)，兰科蝴蝶兰属，为附生类植物，原产热带，主要是以发达的根系固着在林中的树干或岩石上，通常气生根为白色，而暴露在阳光下的根系则呈绿褐色。蝴蝶兰为单轴类兰花，茎短而肥厚，没有假鳞茎，也没有匍匐茎。顶部为生长点，每年生长时期从顶部长出新叶片，下部老叶片枯黄脱落。叶片为长椭圆状带形，肥厚多肉。根从节部长出来。从叶腋间抽生花序，每个花序可开花七八朵，多则十几朵，依次绽放像蝴蝶似的花，可连续观赏六七十天。每花均有5萼，中间镶嵌唇瓣。花色鲜艳夺目，常见的有白色、紫红色，也有黄色、微绿色或花瓣上带有紫红色条纹者。花期2～4月。

图4-1-5　蝴蝶兰

蝴蝶兰性喜温暖，畏寒，栽培白天最适25～28℃，夜温18～20℃。开花最适温为28～32℃，忌温度骤变。喜潮湿半阴环境，忌强光照射。夏季遮阴量为60%，秋季为40%，冬季为20%～40%。空气相对湿度保持在70%～80%。

【方案设计】

(一)方案设计

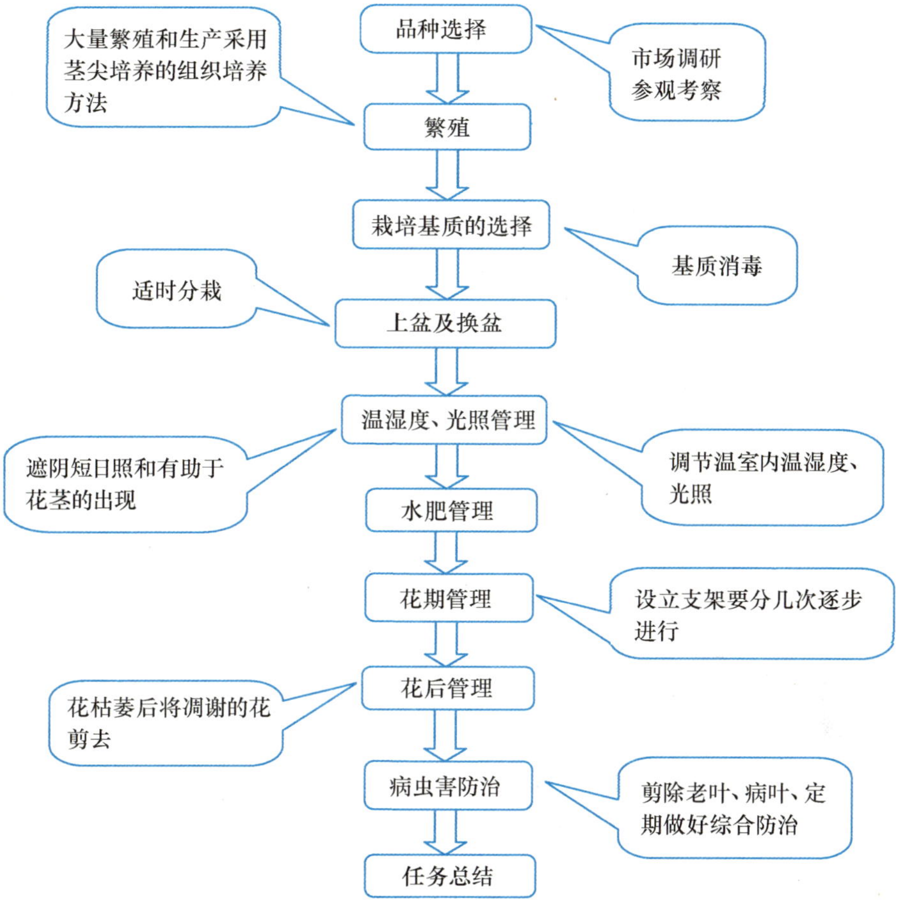

(二)学生模仿设计生产方案

1. 学生分组,在教师的指导下,通过多种信息渠道查询资料。阅读课本、参考书,查阅有关网站、资源库,准备数码相机、记录本、卷尺、钢笔、铅笔、速写本等。

2. 安排学生参观、考察种植蝴蝶兰温室,访谈种植技术员或种植户,做好详细记录。每人写一份蝴蝶兰设施栽培方案。

3. 小组讨论,推荐一份较好的方案。小组再进行充分的讨论,将每个同学好的思路,补充完善到一个方案中。

4. 每组选一个代表，在全班讲解小组的设计方案，组员补充方案的内容。教师组织全班同学讨论、评价各小组的方案，选出最佳方案，作为生产方案实施。

【任务实施】

一、品种选择

小花蝴蝶兰：为蝴蝶兰的变种。花朵稍小。

台湾蝴蝶兰：为蝴蝶兰的变种，市场上需求较多，叶大，扁平，肥厚，绿色，并有斑纹，花径分枝。

斑叶蝴蝶兰：别名席勒蝴蝶兰，常见种，叶大，长圆形，长 70 cm，宽 14 cm，叶面有灰色和绿色斑纹，叶背紫色，花多选 170 多朵，花径 8～9 cm，淡紫色，边缘白色。花期春、夏季。

曼氏蝴蝶兰：别名版纳蝴蝶兰，常见种，叶长 30 cm，绿色，叶基部黄色，萼片和花瓣橘红色，带褐紫色横纹，唇瓣白色，3 裂，侧裂片直立，先端截形，中裂片近半月形，中央先端处隆起，两侧密生乳突状毛。花期 3～4 月。

阿福德蝴蝶兰：叶长 40 cm，叶面主脉明显，绿色，叶背面带有紫色，花白色，中央常带绿色或乳黄色。

菲律宾蝴蝶兰：花茎长约 60 cm，下垂. 花棕褐色，有紫褐色横斑纹，花期 5～6 月。

滇西蝴蝶兰：萼片和花瓣黄绿色，唇瓣紫色，基部背面隆起呈乳头状。

二、繁殖

蝴蝶兰可通过无菌播种、组织培养和分株等技术繁殖。蝴蝶兰经过人工授粉得到种子后采用无菌播种的技术可得到大批量的种苗。蝴蝶兰组织培养技术是将灭菌茎段接种相关培养基上，经试管育成幼苗，经过炼苗移栽，大约经过两年便可开花。

分株是利用成熟株长出分枝或株芽，待长到有 2～3 条小根时，可切下单独栽种。

三、栽培基质的选择

盆栽蝴蝶兰的栽培基质要求排水和通气良好。一般多用水草、苔藓、蕨根、树皮块、椰糠、蛭石等材料，而以苔藓或蕨根为好。用蒸煮消毒过的苔藓盆栽时，盆下部要填充煤渣、碎砖块、盆片等粗粒状的排水物。将苔藓用水浸透，用手将多余的水挤干，松散的包裹在幼苗的根部，苔藓的体积约为花盆体积的 1.3 倍，然后将幼苗及苔藓轻压栽入盆中,注意不可将苔藓压得过紧。

四、上盆与换盆

大规模生产蝴蝶兰主要用盆栽,要求透气性要好。蝴蝶兰应该栽培于透明盆器。透明盆器可确保其成长更有活力,根系会转成绿色,根系品质更好。使用透明盆可检查根系是否保持活力而且均匀分布。

蝴蝶兰属多年生附生植物,栽培过程中要及时换盆。一般用苔藓栽植的蝴蝶兰每年换盆一次。换盆的最佳时期是春末夏初之间,花期刚过,新根开始生长时。

换盆时温度以20℃以上为宜,温度低的环境一定不能换盆。蝴蝶兰的小苗生长很快,一般春季种在小盆的试管苗,到夏季就要换大一号的盆,以后随着苗株的生长情况再逐渐换大一号的盆,切忌小苗直接栽在大盆中。小苗换盆时为避免伤根,不必将原植株根部的基质去掉,只需将根的周围再包上一层苔藓,栽到大一号的盆中即可。生长良好的幼苗4～6个月换一次盆。新换盆的小苗在2周内需放在荫蔽处,不能施肥,只能喷水或适当浇水。蝴蝶兰的成苗每年换一次盆,换盆时先将幼苗从盆中扣出,用镊子把根系周围的旧基质去掉,用剪刀剪去枯死老根和部分茎干,再用新基质将根均匀包起来,栽在盆中。

五、温湿度、光照管理

(一)温度管理

蝴蝶兰生产栽培中要求比较高的温度,白天25～28℃,夜温18～20℃为最适生长温度,在这种温度环境中,蝴蝶兰几乎全年都处于生长状态。在春季开花时期,温度要适当低一些,这样可使花期延长,但不能低于15℃,否则花瓣上易产生锈斑。花后夏季温度保持28～30℃,加强通风,调节室温,避免温度过高,30℃以上的高温会促使其进入休眠状态,影响将来的花芽分化。蝴蝶兰对低温特别敏感,长时间处于15℃的温度环境会停止生长,叶片发黄、生黑斑脱落,极限最低温度为10～12℃。

(二)湿度管理

蝴蝶兰需要潮湿环境,一般全年均需保持70%～80%的相对湿度。在气候干旱的时候,可采取向地面、台架、暖气洒水或向植物叶片喷水来增加室内湿度。有条件的可安装喷雾设施。当温度低于18℃时,要降低空气湿度,否则湿度太大易引发病害。

另外,蝴蝶兰喜通风良好环境,忌闷热。通风不良易引起腐烂,且生长不良。在设施栽培中最好有专用的通风设备。可采用自然通风和强制通风两种形式。自然通风是利用温室顶部和侧面设置的通风窗通风，强制通风是在温室的一侧安装风机，另一侧装湿帘，把通风和室内降温结合起来。

(三)光照管理

喜欢庇荫和散射光的环境，春、夏、秋三季应给予良好的遮阴条件。通常用遮阳网、竹帘或苇席遮阴。当然，光线太弱也会使植株生长纤弱，易得病。开花植株适宜的光照强度为 2 000～3 000 lx，幼苗 1 000 lx 左右。如春季阴雨天过多，晚上要用日光灯管给予适当加光，以利日后开花。一般每天调整一次植株的方向，将萌发出新芽、长势较弱的一面转到向阳面，以平衡植株长势，完善株型。

六、水肥管理

(一)水分管理

蝴蝶兰忌积水，喜通风干燥，盆内积水过多，易引起根系腐烂。一般看到盆内的栽培基质变干，盆面呈白色时再浇水。盆栽基质不同，浇水间隔时间也不大相同。通常以苔藓作栽培基质的，可以间隔数日浇水 1 次，而蕨根、树皮块等作基质时则每日浇水 1 次。还有其他因素也影响浇水，如高温时多浇水，生长旺盛时多浇水，温度降至 15℃以下时要控水，冬季应适时浇水，刚换盆或新栽植株应相对保持稍干，少浇水，这样会促进新根萌发。花芽分化期需水较多，应及时浇水。晚上浇水时注意不要让叶心积水。

(二)施肥管理

蝴蝶兰生长迅速，需肥量较大，施肥原则是少量多次，薄肥勤施。春天少量施肥；开花期完全停止施肥；换盆后新根未长出之前，不能施肥；花期过后，新根和新芽开始生长时再施以液体肥料，每周 1 次，用“花宝”液体肥稀释 2 000 倍喷洒叶面和盆栽基质中。夏季高温期可适当停施 2～3 次。秋末植株生长渐慢，应减少施肥。冬季停止生长时不宜施肥。营养生长期以氮肥为主，进人生殖生长期，则以磷肥为主。

七、花期管理

蝴蝶兰花芽形成主要受温度影响，短日照和及早停止施肥有助于花茎的出现。通常保持温度 20℃ 2 个月，以后将温度降至 18℃以下，约经一个半月即可开花。蝴蝶兰花序较长，当花葶抽出时，要用支柱进行支撑，防止花茎折断(图 4-1-6)。设立支架时要注意，不能一次性地把花茎固定好，而要分几次逐步进行。蝴蝶兰花朵的寿命较长，一般可达 10 d 以上，整枝花的花期可达 2～3 个月。但对于有 5 片以上的健壮植株，可留下花茎下部 3～4 节进行缩剪，日后会从最上节抽出二次花茎，开二次花。

八、花后管理

图 4-1-6 蝴蝶兰花期支柱

花期一般在春节前后，观赏期可长达2～3个月。当花枯萎后，须尽早将凋谢的花剪去，这样可减少养分的消耗。如果将花茎从基部数4～5节处剪去，2～3个月后可再度开花。但这样植株养分消耗过大，不利于来年的生长。如想来年再度开出好花，最好将花茎从基部剪下，当基质老化时，应适时更换，否则透气性变差，会引起根系腐烂，使植株生长减弱甚至死亡。当蝴蝶兰有很多根系长在盆外时，或盆内介质变黑腐烂时，就要考虑换盆了。

一般在新叶生长出的5月份换盆为宜。换盆时，将蝴蝶兰小心地脱出盆体，去掉全部旧的介质；修理根系，剪除枯根烂根、断根瘪根，如兰株基部太高，即根桩过长，可剪除一部分；然后将水苔垫在根部，用湿苔藓（湿苔藓，即把干苔藓浸入水中湿透，取出挤干水分即成）将根系四周紧紧包住；盆底用较大的泡沫塑料垫底，把包好苔藓的兰株装入盆中，沿盆四周把苔藓塞紧，使兰株不摇动即可，放于阴处，不浇水，直至苔藓干透。平时喷雾即可。

九、病虫害防治

蝴蝶兰对病虫害的抵抗力较弱，经常会发生叶斑病和软腐病等，可采用农药40%百菌清800～1 000倍液喷洒，每隔7～8 d一次，连续3次，有良好的防治效果。温度高时容易出现蚧壳虫，可用手或棉棒将虫除掉，并定期喷洒马拉松乳剂。对蛞蝓，可放置四聚乙醛药剂触杀，或在晚上等蛞蝓出来活动时人工捕捉。对于防治蚜虫、白粉虱、叶蝉、斑潜蝇、菌类小蝇等害虫，可采用放置绿色、环保、无公害的黄色诱虫板诱杀。

【复习思考题】

1. 蝴蝶兰繁殖方式有__________、__________和__________三种。

2. 蝴蝶兰对__________特别敏感，长时间处于__________环境会停止生长，叶片发黄、生黑斑脱落。

3. 请简述蝴蝶兰的花期管理。

子任务四　红掌设施生产技术

【案例导入】

某花卉公司，地处城市近郊，拥有现代温室及先进的栽培设施，主要生产高档盆花，每月都有盆花陆续供应市场销售。我们的任务是精心设计一个红掌设施栽培方案，周年供应市场，并负责实施。

【任务目标】

完成本学习任务后，你应该能

1. 学会红掌的栽培技术方案设计；
2. 学会红掌现代温室促成栽培技术；
3. 发现并会分析栽培过程中的问题，提出解决的办法。

【相关知识】

红掌(图 4-1-7)，别名火鹤花、安祖花、红苞芋、花烛，为天南星科花烛属，多年生常绿草本植物。一般植株长到一定时期，每个叶腋处都能抽生花蕾并开花。花期长达 3～4 个月，终年开花不断。红掌植株高 30～50 cm。叶互生，长心形或椭圆形，长 20～30 cm，宽 8～12 cm，革质，腹面深绿色，有光泽，背面浅绿色，全缘；幼叶浅绿色或紫红色；叶柄细长，叶基呈鞘状。花序单生于叶腋间，花葶高于叶面，长 20～50 cm，质硬；佛焰苞长心形或长卵形，长 5～15 cm，宽 4～12 cm，肉质，表面光滑或皱折，富有金属光泽，花色有红色、深红色，粉红色、绿色等；肉穗花序长 4～7 cm，多红色、黄色或绿色。花期 10 月至翌年 6 月。

图 4-1-7　红掌

红掌原产于哥斯达黎加和南美洲的热带雨林中。其性喜温暖、湿润、半荫蔽的气候条件，喜富含腐殖质的、疏松肥沃的微酸性基质。耐荫蔽，忌高温和阳光直射，忌干燥，忌瘠薄，畏寒冷，生长适温 23～28℃。

【方案设计】

(一)方案设计

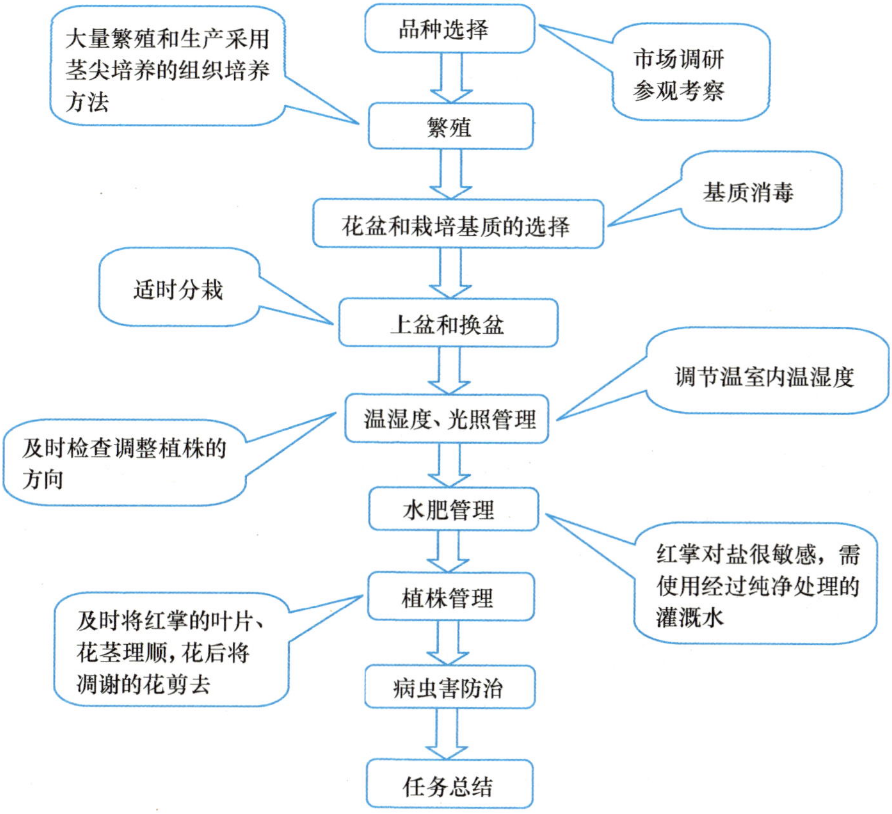

(二)学生模仿设计生产方案

1. 学生分组，在教师的指导下，通过多种信息渠道查询资料。阅读课本、参考书，查阅有关网站、资源库，准备数码相机、记录本、卷尺、钢笔、铅笔、速写本等。

2. 安排学生参观、考察种植红掌温室，访谈种植技术员或种植户，做好详细记录。

3. 每人写一份红掌设施栽培方案。小组讨论，推荐一份较好的方案，小组再进行充分的讨论，将每个同学好的思路，补充完善到一个方案中。

4. 每组选一个代表，在全班讲解小组的设计方案，组员补充方案的内容。教师组织全班同学讨论、评价各小组的方案，选出最佳方案，作为生产方案实施。

【任务实施】

一、品种选择

栽培上有大叶种和小叶种之分。盆栽观赏主要用小叶种。

二、采用播种、分株、组织培养繁殖

生产上主要采用组织培养繁殖，组培苗种植6～12个月可开花，第3年进入盛花期，栽培管理得当，可每年连续开花。也可采用截顶促发腋芽的分株方法。

三、花盆和基质的选择

（一）花盆选择

选用透光率低，底部透气孔多或网状系列花盆。如红色花盆或外面红色里面黑色的双色花盆透光率都很低，是栽植红掌的理想花盆。红掌在不同阶段对盆的规格要求不同，购买6～10 cm红掌苗在上盆种植时，可选择一次性使用的16 cm×17 cm的塑料种植盆，对于生产技术不成熟的生产商可以中间转一次盆，先选择12 cm×14 cm的塑料盆，待植株长大后再换16 cm×17 cm的盆。

（二）基质的选择

在原生环境中，红掌的根裸露在空气中，且红掌自身不能将氧气通过叶片送到根部，因此，基质要疏松透气，故红掌基质宜选用结构稳定、疏松透气、排水性良好、不积水且保水保肥能力强、不含有毒物质并能固定植株等性能，pH保持5.5～6.5之间，电导值低于0.5。种植前，基质还必须经彻底的消毒，以杀灭病虫害，种植户可以使用国外种苗供应商使用的专用的红掌栽培基质，这样可以良好地满足红掌的整个生长的要求，而且在今后的种植生产中容易诊断出由于基质问题而表现出来的各种不良反应。常用的栽培基质可用椰壳块、牛粪、树皮、甘蔗渣、火砖粒、稻草等。

四、上盆与换盆

（一）上盆

红掌周年均可栽植，但应尽量避免在极热或极冷的季节栽植，因为幼苗在低于15℃环境下易受冻害，在高于30℃环境下极易受热害。

栽培前的准备：首先，将温室清理干净，用百菌清500倍液对温室内地面进行彻底消毒。然后将栽培基质与珍珠岩均匀混合,用菌虫统杀 500 倍液进行消毒。花盆在使用前也要进行消毒,将花盆置于 50%多菌灵 1 000 倍液中浸泡 5～10 min 即可。

栽植时要将植株置于花盆中央,使根系充分伸展,种植深度以将气生根刚好埋入混合介质为宜,同时应尽量避免植株叶片沾染介质。介质表面与花盆上沿需留 1～2 cm 的距离,以便于灌溉。栽植过程中,介质松紧度要尽量保持一致,否则会造成介质持水量差异大,增加灌溉难度。上盆过程要快,以免小苗失水。上盆完毕后立即用清水浇透。

(二)换盆

种苗栽植 3～4 个月后,肉质根系已长得饱满、粗壮,它会沿花盆内壁缠绕住介质表面,此时需换盆。换盆时首先要在盆底垫一层介质,厚度根据原盆高度和花盆深度而定,将红掌种苗从小盆中连同介质取出,放在花盆中央,操作方法与栽植基本相同,换盆后需立即浇透清水。红掌栽培要求技术性强,栽培场所需要宽敞、通风,要有遮阴和喷灌设施,盆距 20 cm×40 cm;空气湿度保持 60%～80%。

> 红掌对盐很敏感,因此,水的EC值最好低于0.5,pH值为5.5～6.5。

五、温湿度、光照管理

(一)温度管理

红掌原产于南美热带雨林地区,阴天温度应为 18～20℃,湿度为 70%～80%;晴天温度应为 20～28℃,湿度大约 70%左右,总而言之,温度应保持低于 30℃,湿度至少 50%。为防止产生冷害,最低温不应低于 14℃,14℃不会对红掌有直接的伤害,但对产量有负面的影响。当温度升高到 35℃以上时,红掌也会受到伤害,不过在这种情况下如果湿度比较高,伤害就会减少。但低温高湿非常危险需要在实际调控中要结合二者进行。

(二)湿度管理

红掌所需湿度应保持在 70%～80%为好(气温 20～28℃),湿度的大小,能调节红掌叶面蒸腾作用。相对湿度过低,致使其干旱缺水,叶片及佛焰苞片的边缘出现干枯,佛焰苞片不平。

(三)光照管理

红掌是半耐荫植物,在整个栽培过程中,必须避免过强的阳光,遮阴程度因品种而异。光照过强会使花褪色(特别是粉色品种),叶色也会由于叶绿素分解而变浅,从而降低叶的同化水平。如果光照太少,植株所产生的同化物就很少;但光照过强,又有可能造成叶片变色、灼伤或焦枯。因此,对光照的管理,直接关系到盆花的质量和花的多少。为防止白天太多的光照而引起的褪色和灼伤现象,必须有75%的遮光保护设施,但在生产中由于早晨及傍晚光照较弱,应使用可移动荫网充分利用阳光。上盆初期要加强遮阴,特别在温度高时尤其需要减少光强。随着根系的生长可以逐渐减少遮阴;营养生长阶段可适当增加光照,15 000～20 000 lx 左右促其生长;开花期间对光照要求低,可用活动遮光网调至 10 000～15 000 lx,以防止花苞变色,影响观赏;在出圃前 15 d 左右,宜进行适度遮阴,以适应销售及摆放环境,延长摆放寿命。

六、水肥管理

(一)水分管理

天然雨水是红掌栽培中最好的水源,现在工厂化生产的公司都使用经过纯净处理的灌溉水,让水质达到红掌最基本的要求。在日常灌溉中,灌溉的操作要根据栽培介质的湿度和植株的大小而定。应该每天检查介质的湿度,对于栽植初期的种苗,水线在约盆高的 2/3 处时即可浇水;对于换盆不久而新根还未伸出介质表面的植株,水线在约盆高的 1/2 处时即可浇水;对根系生长已相当好的半成品及成品花,水线在约盆高的 1/3 处时即可浇水。切记一定要保持介质湿度的均衡稳定。干湿度波动大时容易造成根腐病;介质湿度过小会造成烧叶现象;而水分过多时,容易造成介质缺氧,根系呼吸受阻;长期处于过湿状态,会造成根系死亡。

(二)肥料管理

施肥原则以“薄肥勤施”为准。肥料配比因生长阶段不同而有变化,随水施肥,即每次浇水都伴随施肥。在施肥时建议用 N∶P∶K 为1∶1∶1的肥料。但在钾肥供应充足的条件下,适当增加氮可促进植株发育,提高花的产量。另外,红掌对镁的需求通常高于其他观叶植物,缺镁时下部叶脉间呈块状黄化,严重时呈块状坏死。施肥过程中,应首先调整肥液的 EC 值和 pH,保证 EC 值为 0.5～1.5,pH 为5.5～6.5,5.7 最佳。浇清水 3 次后方可施用肥液,EC 值以 0.5～0.8 为宜,4 个月后 EC 值可根据植株大小及盆径逐渐升高。在红掌的快速生长期,可通过适量浇灌缩短灌溉周期,一般保持 4～5 d 灌肥 1 次。在平时的管理中,应提倡从根部进行浇灌。

七、植株管理

每天检查及时调整植株的方向，将萌发出新芽、长势较弱的一面转到向阳面，以平衡植株长势，完善株型。及时将植株基部生出的多余吸芽用手掰除，除少数萌蘖能力较弱的红掌品种外，大多数红掌品种保留一个吸芽即可，去除时间应避开植株生长缓慢期和雨季。

从种苗栽植到成品花，需调整盆间距 3 次，盆间距标准为叶面互相接触但不交错覆盖。应及时将红掌的叶片、花茎理顺，尽量让花集中在植株中心部位，同时将叶向四周拉展，使株型丰满，有层次感。及时给上盆较浅、根系外露的植株补充基质，使根系和基质充分接触，促进新根形成。剪除失去观赏价值的老花，可促进植株的营养生长。对叶片过多，郁闭严重的植株，适当疏叶，可减少花蕾早衰、茎弯曲等现象发生。

八、病虫害防治

(一)病害

细菌性枯萎病，根腐病，叶斑病，灰霉病等。真菌性用甲基托布津、敌克松、多菌灵、苯来特、瑞毒霉等坚持每月一次的预防喷施；细菌性病害可用农用链霉素、新植霉素、春雷霉素等抗生素进行灌根，或喷雾。

(二)虫害

斜纹夜蛾、小菜蛾等蛾类幼虫，红蜘蛛，温室白粉虱、线虫等。蛾类幼虫可用万灵、高效氯氰菊酯类、杀灭菊酯类防治；注意不要用有机磷类。红蜘蛛、温室白粉虱可用灭扫利、三氯杀螨醇等。

【复习思考题】

1. 红掌基质要求________、________、________、________、________，pH 保持________，电导值低于________。

2. 红掌生产中要求阴天温度一般为________，湿度为________；晴天温度一般为________，湿度为________。

3. 请简述红掌的水分管理。

子任务五　凤梨设施生产技术

【案例导入】

某花卉公司，地处城市近郊，拥有现代温室及先进的栽培设施，主要生产高档盆花，每月都有盆花陆续供应市场销售。我们的任务是精心设计一个凤梨设施栽培方案，周年供应市场，并负责实施。

【任务目标】

完成本学习任务后，你应该能

1. 学会凤梨的栽培技术方案设计；
2. 学会凤梨现代温室促成栽培技术；
3. 发现并分析栽培过程中的问题，提出解决的办法。

【相关知识】

凤梨科花卉属单子叶植物。种类繁多，主要多分布在中美洲。多数种类喜温暖湿润，半阴环境。喜疏松肥沃，富含腐殖质的酸性土壤。植株单茎丛生，茎短，叶片狭长形。大多数叶缘有锯齿，叶片革质，色泽绚丽多彩；花朵更是千奇百怪，具有很高的观赏价值。凤梨科植物喜高温、湿润、半阴的习惯，适合放置在温暖、明亮的室内半阴通风处，取散射光照莳养。冬季可以全日照，春秋早晚应有光照，夏季不要阳光直射。光线明亮，叶面色泽鲜艳。越冬温度以不低于10℃为宜，高于20℃以上，不利于植株休眠，会影响来年生长。

> 凤梨茎顶叶片的基部常相互紧叠成向外扩展的莲座状，犹如水塔，故又把凤梨类称为水塔。

【方案设计】

(一)方案设计

见下页。

(二)学生模仿设计生产方案

1. 在教师的指导下，通学生分组，过多种信息渠道查询资料。阅读课本、参考

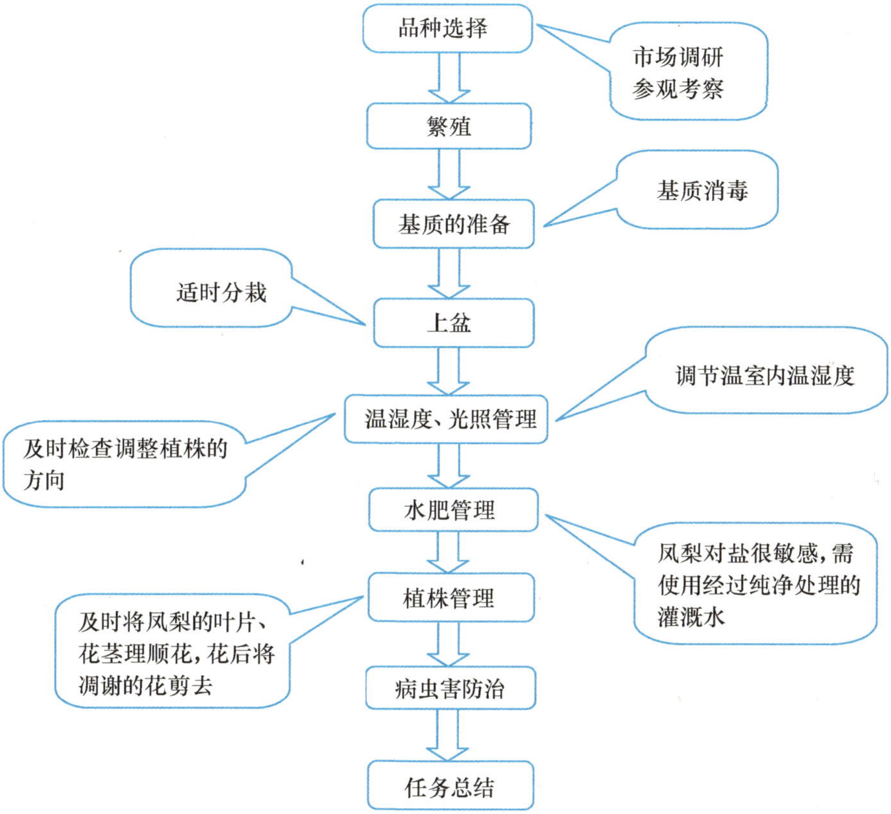

书，查阅有关网站、资源库，准备数码相机、记录本、卷尺、钢笔、铅笔、速写本等。

2. 安排学生参观、考察种植凤梨温室，访谈种植技术员或种植户，做好详细记录。每人写一份凤梨设施栽培方案。

3. 小组讨论，推荐一份较好的方案，小组再进行充分的讨论，将每个同学好的思路，补充完善到一个方案中。

4. 每组选一个代表，在全班讲解小组的设计方案，组员补充方案的内容。教师组织全班同学讨论、评价各小组的方案，选出最佳方案，作为生产方案实施。

【任务实施】

一、品种选择

(一)果子蔓

又名红星凤梨、红杯凤梨、擎天凤梨,果子蔓属多年生附生常绿草本花卉。叶基生,全缘,绿色具光泽。总花梗不分枝,挺立叶丛中央,周围是鲜红色的苞片,可观赏数月之久。原产哥伦比亚,喜半荫、温暖湿润的环境,可用开花后的萌生侧芽扦插繁殖,30 d 后便可生根;秋末温室栽培,生长适温 16～18℃,最低温度应在 7℃以上。果子蔓叶色终年常绿,花梗挺拔,色姿优美,是室内摆放的佳品。

(二)水塔花

又名红笔凤梨、火焰凤梨,水塔花多年生常绿草本植物。叶缘上部具小点,穗状花序,直立;苞片披针形,粉红色花冠鲜红色,边缘带紫色。花期 4～5 月。原产巴西,耐半阴,喜温暖湿润环境,要求疏松肥沃、排水良好的酸性土壤。

(三)五彩凤梨

又名艳菠萝、五彩菠萝,彩叶菠萝属多年生常绿草本花卉。植株高 25～30 cm,茎短。叶呈莲座状互生,长带状,长 20～30 cm,宽 3.5～4.5 cm,顶端圆钝,叶革质,有光泽,橄榄绿色,叶中央具黄白色条纹,叶缘具细锯齿。成苗临近开花时,心叶变成猩红色,甚美丽。穗状花序,顶生,与叶筒持平,花小,蓝紫色。五彩凤梨原产于巴西,性喜温暖、半荫蔽的气候环境,在疏松肥沃、富含腐殖质的土壤中生长最好。

(四)七彩菠萝

又名三色彩叶凤梨、七色彩叶凤梨,彩叶菠萝梨属,是五彩凤梨的变种。植株呈放射状,叶丛生,密集于基部。成年后,心叶具有粉红斑块色。夏季开花,临近开花时,杯状叶片的基部变为红色,花的观赏期可达 2～3 个月之久。喜温暖湿润,忌烈日曝晒,越冬温度不能低于 4℃。

二、繁殖

凤梨采用分株、扦插和组织培养繁殖。分株繁殖数量少,时间长。生产上采用组织培养育苗,可满足市场的需求。凤梨夏季应在半荫蔽条件下养护,防雨水过多,防止因高温、高湿而诱发的心腐病,尤其是幼苗。入秋后,成年植株花芽开始分化,心叶变艳,亦是蘖芽萌发之时,此时,应适应增加光照,控制浇水量,增施磷钾肥,以增强幼苗的生活力,提高幼苗的移植成活率。

三、基质的准备

凤梨对栽培基质的腐殖质要求不是很严格，但必须质轻、疏松、保水力良好。一般选择已调配好 pH 的进口泥炭，或泥炭、珍珠岩和椰糠混合基质，按照 10∶1∶1 (V/V)将泥炭土、珍珠岩和椰糠搅拌均匀，在搅拌过程中，用 1%的甲醛溶液对混合基质进行均匀喷洒。搅拌后，用塑料薄膜将混合基质覆盖并封紧，以利用甲醛达到熏蒸杀灭病虫害和杂草种子的目的。15 d 后，可将薄膜掀掉，并摊开基质，使残留的甲醛挥发出去，7 d 以后方可使用。种植凤梨前半个月，用 1%的甲醛溶液对温室或塑料大棚进行熏蒸消毒；用石灰水或高锰酸钾溶液对地面消毒；用高锰酸钾溶液对花盆、手铲等用具浸泡消毒。

四、上盆

(一)上盆

凤梨种苗上盆定植时要依照不同的品种，定植在相应的 7 cm、8 cm、9 cm 大的盆中。植株要放置正中位置，加满泥炭用手指按压，不能压得太紧，尽量保持良好的透气性。种植后，要浇透水，保证凤梨根系和基质的良好结合。凤梨种苗不能种得太深，适宜深度为 2～3 cm。如果太深，基质进入凤梨的中心，成品花穗色泽会变暗影响品质，甚至凤梨将停止生长。种植约 10 d 后，施一次单一的低浓度叶面肥，浓度为 0.5g/L。N∶P∶K 为20∶10∶20。以后尽可能只对植株浇水，不对土壤浇水，确保植株的叶间总有水分。当植株根系形成后，新根至少长 2 cm，才可以有规律地给植株施肥。

(二)移植

凤梨苗在小盆中生长 4～8 个月后需要换上大盆。具体根据不同品种来定盆大小。换盆时，先在盆底放一层泥炭土，再把凤梨从小盆中连土取出，摘除老叶，放在盆中央，在根球四周放入泥炭土，轻压以确保植株直立，种植深度以 5 cm 为宜。同样注意泥炭不宜压得太紧，尽量保持良好的透气性。移盆种植一段时间后，当根球的外面有一些白色根时，就可以开始施肥。

五、温湿度、光照管理

(一)温度管理

凤梨最适宜温度为夜温 18～19℃，昼温 21～22℃，且冬季不低于 14℃。湿度要保持为 70%～80%。不同品种对光照强度需求不同。夏季可采用遮光法和蒸腾法降温，使环境温度保持在30℃以下。冬季用双层膜覆盖，内部设暖气加温设备维持室内温度在14℃以上，凤梨即能安全越冬。

（二）湿度管理

一般在6～9月在中午前后气温高或湿度过低时，用喷雾系统向叶面喷水，一般每隔1～2 h喷5～10 min，使叶面和环境保持湿润，同时加大通风量，通过水分蒸发降低叶面温度，同时又能增加空气湿度。

（三）光照管理

应避免强光照射，强光易使叶片受灼，出现杂斑；但注意不要长久放在过阴处，叶片的色泽常变浅变淡，造成观赏上的遗憾。不同的品种对光照要求不一样，比如夏季果子蔓和丽穗凤梨两个品种可用透光率为70%的遮阳网遮光，铁兰则用透光率为50%的遮阳网遮光。一般在温室大棚上方20～50 cm处加透光率为50%～70%的遮阳网，也可以在大棚侧面采用喷洒遮光剂的方法，来降低温度和光照强度防止凤梨叶片灼伤。

六、水肥管理

（一）水分管理

凤梨根系主要起固定植株的作用，其生长发育所需的水分和养分，主要是贮存在叶基抱合形成的叶杯内，靠叶片基部的吸收鳞片吸收。即使根系受损或无根，只要叶杯内有一定的水分和养分，植株就能正常生长。生长旺季1～3 d向叶杯内淋水1次，每天叶面喷雾1～2次。保持叶杯内有水，叶面湿润，土壤稍干；2～3 d要换水，否则水宜变质。冬季不能向杯内灌水，也应少喷水，保持盆土湿润，叶面干燥。

（二）肥料管理

凤梨施肥时应以氮肥、磷肥和钾肥为主，不同品种对氮磷钾三种肥料配比要求不同。在5～9月，每周施氮肥一次，花前适当增施磷、钾肥，以促花大色艳。凤梨在冬季是开花期，要求有足够的肥料，通常每两周施用一次稀薄有机液肥，例如豆饼、麻酱渣浸泡液（浓度为20%为宜），也可用黄豆浸泡液或经过发酵的淘米水。凤梨对一些元素很敏感，如铜和氯可导致植株发黑甚至死亡；锌可以使叶尖干枯；硼则引起叶片卷曲或脱落；过多的磷也会使凤梨出现中毒的症状，如叶尖干枯。凤梨的革质叶片对镁元素的需求较多，充足的镁可使某些凤梨品种（如火炬）的叶片散发出特有的金属光泽，所以需要在营养液中添加镁元素，一般按照钾肥量的十分之一添加。

七、植株管理

凤梨一生只开花一次，花后会在老植株基部长出一至数枚分蘖芽，此时不宜过早分株。否则不易成活。一般在花后分株。先从基部剪去花茎，再将老植株叶片留下 5～8 cm，其余全部剔除，留下的叶片基部正好形成一个筒状可贮水，剪时千万不要碰伤小芽。待芽高 10 cm 左右，再用利刀轻轻从芽和母株连接处切开，将小芽栽入用腐叶土配成的盆土中，精心养护一年后，又能开出艳丽的花朵。另外结合春季换盆，切取母株块茎部分长出的小块茎扦插，或用老植株根部萌发出的长了根的嫩芽分株，都要避荫保湿保温，当根系长至 2～3 cm 时，即可定植。如果栽培得法，一株母珠每年大约能繁殖 10 株左右。

图 4-1-8　凤梨花期管理

八、病虫害防治

凤梨花在温、湿度过高、通风不良的环境中，容易发生病虫危害，例如煤烟病、白粉病和红蜘蛛、蚧壳虫等。若发现病害，可及时喷洒多菌灵，虫害可喷洒氧化乐果。放置绿色、环保、无公害的黄色诱虫板诱杀蚜虫，也可把灭菌、杀虫药片，埋入盆土中，根除病虫害。

【复习思考题】

1. 凤梨在上盆的时候要注意种苗不能种得太深，适宜深度为______cm。如果太深，基质进入凤梨的____________，成品花穗____________，甚至凤梨将停止生长。

2. 附生的凤梨根系主要起固定植株的作用，其生长发育所需的水分和养分，主要是贮存在____________，靠叶片基部的____________吸收。

3. 请简述凤梨的水分管理。

任务二　盆栽观叶类花卉设施生产技术

子任务一　喜林芋类设施生产技术

【案例导入】

市郊某苗圃，交通方便，主要供应节庆及日常摆花、市场销售，开展有花卉租摆业务，长期供应本市企事业单位花卉租赁，有专门人员上门设计方案，维护管理。我们的任务是精心设计一个喜林芋类设施栽培及租摆管理方案，并负责实施。

【任务目标】

完成本学习任务后，你应该能

1. 学会喜林芋类及其他观叶植物的设施栽培技术；
2. 学会喜林芋类租摆方案设计及租摆期间管护技；
3. 发现并分析租摆过程中的问题，提出解决的办法。

【相关知识】

观叶植物广义上而言，以欣赏叶形、大小、颜色、模样为目的而栽培的植物都可称为观叶植物；但是一般所说的观叶植物，即狭义上的观叶植物指的是原产于热带、亚热带的珍奇常绿植物以及以此为本培育的园艺品种。近年来，观叶植物被人们当作室内装饰的要素加以利用，为人们的生活润色，带给室内空间无限的凉意。

室内观叶植物除具有美化家居的观赏功能之外，还可以吸收像二氧化碳、甲醛等有害气体，起到净化室内空气的作用，能营造一个良好的生活环境。室内观叶植物几乎能周年观赏，深受人们的喜爱，用于装饰家庭、宾馆、大厦、办公室和餐厅等公共场所。

室内观叶植物种类多，差异也很大，室内不同位置的生长环境也存在很大差异。所以室内摆放植物，必须根据具体位置、具体条件选择适合的品种，满足该植物的生态要求，使植物能正常生长，充分显示其固有特征，达到最佳观赏效果。

室内观叶植物绿化装饰方式除要根据植物材料的形态、大小、色彩及生态习性外，还要依据室内空间的大小、光线的强弱和季节变化，以及气氛而定。其装饰方法形式多样，主要有陈列式、攀附式、悬垂式、壁挂式、栽植式等。

一、根据室内观叶植物对光照的要求分类

1. 极耐阴室内观叶植物

是室内观叶植物中最耐阴的种类，如蜘蛛抱蛋、蕨类、虎皮兰等。在室内极弱的光线下也能供较长时间观赏，适宜放置在离窗台较远的区域摆放，一般可在室内摆放 2～3 个月。

2. 耐半阴室内观叶植物

是室内观叶植物中耐阴性较强的种类，如千年木、竹芋类、喜林芋、绿萝、凤梨类、巴西木、常春藤、发财树、橡皮树、苏铁、朱蕉、吊兰、文竹、花叶万年青等。适宜放置在北向窗台或离有直射光的窗户较远的区域摆放，一般可在室内摆放 1～2 个月。

3. 中性室内观叶植物

要求室内光线明亮，每天有部分直射光线，是较喜光的种类，如彩叶草、花叶芋、散尾葵、鹅掌柴、榕树、棕竹、长寿花、一品红、仙人掌类等。适宜放置在有光照射的区域摆放，一般可在室内摆放 3～4 个月。

4. 阳性室内观叶植物

要求室内光线充足，如变叶木、鱼尾葵等。在室内短期摆放，摆放期 10 d 左右。

二、根据室内观叶植物对温度的要求分类

1. 耐寒室内观叶植物

能耐冬季夜间室内 3～10℃ 的室内观叶植物：八仙花、芦荟、八角金盘、报春、酒瓶兰、仙客来、吊兰、常春藤、波士顿蕨、虎尾兰等。

2. 半耐寒室内观叶植物

能耐冬季夜间室内 10～16℃ 的室内观叶植物：蟹爪兰、君子兰、水仙、倒挂金钟、杜鹃、天竺葵、棕竹、蜘蛛抱蛋、南洋杉、文竹、鱼尾葵、鹅掌柴、喜林芋、朱蕉、莲花掌、风信子、球根秋海棠。

3. 不耐寒室内观叶植物

室内 16～20℃才能正常生长的室内观叶植物：蝴蝶兰、富贵竹、变叶木、一品红、凤梨类、豆瓣绿、竹芋类、火鹤花、铁线蕨、观叶海棠、万年青等。

三、根据室内观叶植物对湿度的要求分类

1. 耐旱室内观叶植物

叶片或茎干肉质肥厚，细胞内贮有大量水分；叶面有较厚的蜡质层或角质层，能够抵抗干旱环境，如金琥、龙舌兰、芦荟、景天、莲花掌、生石花等。北方干旱、多风或冬季取暖的季节，室内空气湿度很低时栽植效果较好。

2. 半耐旱室内观叶植物

肥胖的肉质根，根内贮存大量水分，或叶片呈革质或蜡质状；叶片呈针状，蒸腾作用较小，短时间的干旱不会导致叶片萎蔫如苏铁、吊兰、文竹、天门冬等。

3. 中性室内观叶植物

生长季节需充足的水分，土壤含水量 60%左右。干旱会造成叶片萎蔫，严重时叶片凋萎、脱落。如巴西铁、棕竹、散尾葵等。

4. 耐湿室内观叶植物

根系耐湿性强，稍缺水植物就会枯死；需要高空气湿度：花叶万年青、花叶芋、虎耳草等。

5. 需要高空气湿度的室内观叶植物

如兰花、竹芋类、鸟巢蕨、铁线蕨等需要通过喷雾、组合群植来增加空气湿度。

6. 适合水培的观叶植物

如绿巨人、富贵竹、绿萝、常春藤、万年青、一叶兰、红鹤芋、袖珍椰子、合果芋、喜林芋、旱伞草、龟背竹等

四、常见观叶植物种类

棕榈科的棕榈、棕竹、蒲葵、鱼尾葵、散尾葵等。

天南星科植物如花叶万年青、花叶芋、广东万年青、龟背竹、绿箩、马蹄莲、春羽(图 4-2-1)等。

凤梨科植物水塔花、凤梨等。

百合科的文竹、一叶兰、吊兰、朱蕉、麦冬、天门冬、虎尾兰、沿阶草等。

秋海棠类如竹节海棠、四季海棠、银里海棠、蟆叶海棠等。

蕨类植物，如铁线蕨、肾蕨、鹿角蕨等。

另外还有苏铁、伞草、变叶木、八角金盘等。

图 4-2-1 春羽

喜林芋类为天南星科蔓绿绒属，多年生常绿草本花卉。其叶形奇特多变，气生根纤细密集，姿态婆娑，而且很耐阴，放置在室内，令人仿佛有进入热带雨林之感受，是目前很受人们喜爱的一种较大型的观叶植物。叶形因品种而异，有掌状裂叶、羽状裂叶、卵三角形、长心形、戟形等，叶有绿、褐红、金黄色等。栽培最广泛的有两有名的品种：一种是红宝石喜林芋，它的叶片戟形，暗绿色，有紫红光泽，长20～30 cm，宽 10～18 cm；新梢为红色，叶柄紫红，嫩叶的叶鞘为玫瑰红色茎枝粗壮，节上有气生根。另一种是绿宝石喜林芋，形态与前一种相似，但茎和叶柄、嫩梢、叶梢皆为绿色。这一属的植物，常栽培的还有琴叶喜林芋、掌叶喜林芋、心叶喜林芋、绒叶喜林芋等，都具有很高的观赏价值。

喜林芋类花卉叶美丽多姿，叶片宽大浓绿，攀附栽培可形成一绿色圆柱，株型规整雄厚，富有南国情调。它耐阴性强，极适合室内装饰栽培。常以大中型种植培养，摆设于厅堂、会议室、办公室等处，极为壮观。

喜林芋原产美洲热带雨林中，喜高温高湿和较荫蔽的环境，对光照要求不高，室内较暗处和春秋阳光下都能较好地生长。它不耐寒冷，冬季越冬温度宜在 10℃以上，宜富含腐殖质疏松肥沃的微酸性沙质壤土。

【方案设计】

(一)方案设计

见下页。

(二)学生模仿设计生产方案

1. 在教师的指导下，学生分组，通过多种信息渠道查询资料。阅读课本、参考书，查阅有关网站、资源库，准备数码相机、记录本、卷尺、钢笔、铅笔、速写本等。

2. 安排学生参观、考察种植喜林芋类温室，访谈种植技术员或种植户，做好详细记录。每人写一份喜林芋类设施栽培方案。

3. 小组讨论，推荐一份较好的租摆方案，小组再进行充分地讨论，将每个同学好的思路，补充完善到一个方案中。每组选一个代表，在全班讲解小组的设计方案，组员补充方案的内容。

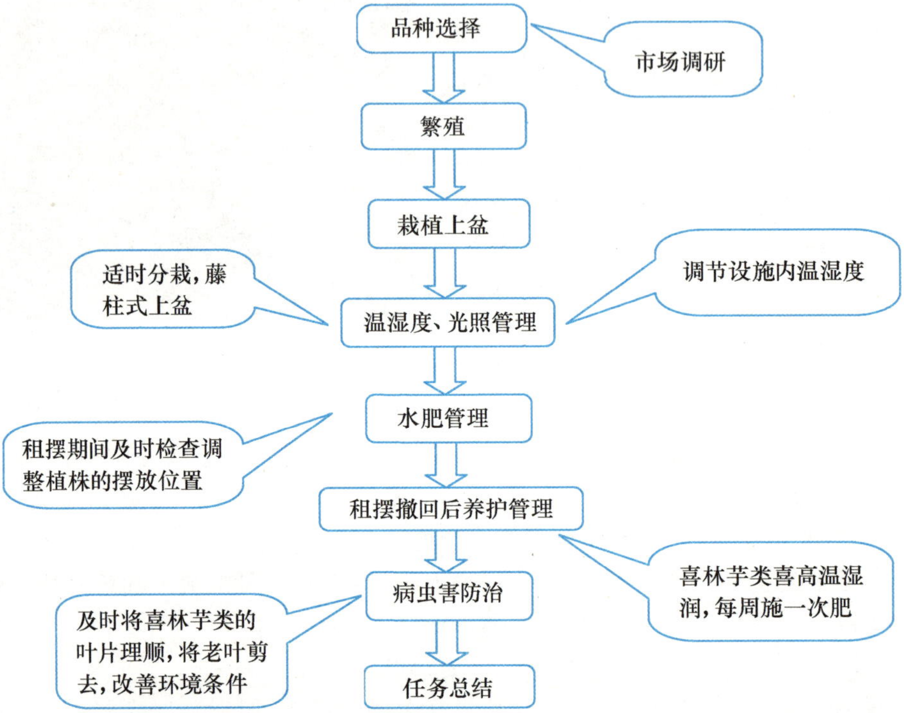

4.教师组织全班同学讨论、评价各小组的方案，选出最佳方案，作为生产方案实施。

【任务实施】

一、品种选择

根据市场调查，以下为常见品种：

(一)春羽

又名裂叶喜林芋、春芋、羽裂蔓绿绒。茎木质化，有气生根，叶片浓绿色，宽心脏形，羽状深裂，佛焰苞革质，白色或淡黄色；肉穗状花序直立。原产于巴西、巴拉圭。喜温暖、多湿环境。春羽叶片巨大，叶色浓绿色有光泽。株型优美，且又耐荫，是室内极好的观叶花卉，适于布置宾馆的大厅，室内花园，办公室及家庭客厅、书房等。

（二）羽叶蔓绿绒

又名小天使，叶三角状心形，羽状深裂，先端渐尖，浓绿色，生长较慢。原产南美地区。喜明亮散射光，忌强光直射，耐荫性强，喜温暖湿润环境，越冬温度 4℃，株型丰满，叶色浓绿有光泽，是室内优良的观叶花卉。

（三）心叶蔓绿绒

商品名心连心，心叶藤，天南星科喜林芋属红苞喜林芋的一个栽培品种。叶柄长而粗壮，气生根极发达粗壮，纷然披垂，将其布置室内，大方清雅，富热带雨林气氛。因其叶片酷似心形而得名。蔓性藤本植物，攀援性强，叶心形深绿色，是一种优雅的观叶植物。喜温暖湿润半阴环境，畏严寒，忌强光，适宜在富含腐殖质排水良好的基质中生长，原产美洲热带雨林中，喜高温高湿和较荫蔽的环境，对光照要求不高，室内较暗处和春秋阳光下都能较好地生长。它不耐寒冷，冬季越冬温度宜在 10℃以上。在气温 25～32℃，相对湿度在 70%时生长最快。适应性强，对环境条件要求不高，10℃左右就开始生长，生长期宜放置在半阴处，夏季要避免烈日直射。

图 4-2-2 红宝石喜林芋

（四）红宝石喜林芋

又名红柄喜林芋。为多年生常绿藤本花卉，茎粗壮，具气生根。叶长心形，基部深心形，全缘。单叶互生，叶面浓绿色有光泽，叶背叶脉红色，幼叶苞片红色，叶柄紫红色，茎的顶芽也为红色。原产美洲热带和亚热带地区，生长在热带雨林，性喜温暖湿润和半阴环境，耐热，不耐寒。生长适温为 20～28℃。越冬温度为 5℃。红宝石喜林芋攀附栽培可形成一绿色圆柱，株型规整雄厚，富有热带气派，是室内优良的观叶花卉。

二、繁殖

喜林芋多用扦插繁殖，在高温季节很易生根。只要气温在 20℃以上，随时可以扦插。一般于 4～8 月间切取茎部 3～4 节枝段，留 1 片叶，摘去下部叶，将插条插入素沙土中，或者插于腐叶土和河沙掺半的基质中，保持基质和空气湿润。经 2～3 周即可生根上盆。

喜林芋属植株基部有小萌蘖长出，可以将生根的小萌蘖与母株分离，另行栽植；如短茎品种可进行分株繁殖，在苗茎基部萌生的分蘖发生不定根时，将其切离另行栽植。攀缘品种可进行扦插繁殖，截下苗龄长、失去观赏价值的顶梢作插穗。随后加大水肥，催使侧芽依次萌发，当侧芽长度达到 10 cm 左右时，连同茎节剪下扦插。对较老的植株，由于下部叶片脱落，影响观赏，可采用短截的方法，促进腋芽萌发，截下的茎还可用来扦插。注意不可将长茎截成短段，不带芽扦插。扦插基质用草炭土与河沙、蛭石等松散材料配制。规模化生产采用组织培养的繁殖方法。

为了得到更多的插穗，可以去顶促萌，即生长季节切除植株的顶端，打破顶端优势，促进侧芽快速萌发，切除顶芽后 10 d 左右茎干基部的芽就会萌发，当侧芽长到 5～8 cm 时，取下扦插。盆土选用草炭土与粗沙等量混合。

场地要求高温高湿，用薄膜封闭并张网遮阴，保持温度 30℃以上、相对湿度 90％以上约 2 周，即可育成新苗上盆定植。

三、上盆

盆栽基质以富含腐殖质且排水良好的壤土为佳，一般可用腐叶土 1 份、园土 1 份、泥炭土 1 份和少量河沙及基肥配制而成。喜林芋类具有气生根和蔓生的习性，常栽培成图腾柱的形式。栽培这种形式的做法是：先选 1 m 左右的木棍，在其周围裹上棕皮或小苔，并用铅丝扎紧，然后栽入适宜的盆中作为立柱。在立柱的周围栽上 3～4 株小苗，稍加绑缚，经常向立柱喷水让其气生根扎入棕皮中，顺柱向上生长，苗长出后要及时绑扎并根据自己的要求和喜好加经编排调度，使茎蔓分布合理美观。

四、温湿度、光照管理

喜林芋生长适温为 20～28℃，越冬温度应在 15℃以上。保持室温在 15℃以上。喜欢高温多湿环境，生长季节要经常向叶面和周围喷水，尤其在夏季不能缺水，而且还要经常向叶面喷水；喜林芋喜明亮的光线，忌强烈日光照射，一般生长季需遮光 50％～60％；但它亦可忍耐阴暗室内环境，但长时间光线太弱易引起徒长，节间变长，生长细弱，不利于观赏。在室内摆放，高温时节应避强光直射，低温时节应移到明亮处接受柔和阳光，不可过于荫蔽，使茎叶细弱暗淡失色。

五、水肥管理

生长季节可经常浇水，并向叶子喷水，但要避免盆土积水，否则叶片容易发黄。一般春夏季每天浇水一次，秋季可 3～5 d 浇一次；冬季则应减少浇水量，但不能使盆土完全干燥。生长季要经常注意追肥，一般每月施肥 1～2 次；每两周施一次液体氮肥。秋末及冬季生长缓慢或停止生长，应停止施肥。

六、喜林芋类租摆期撤回养护管理

（一）撤回养护每月的管理要点

1 月：越冬期间注意保温，以免受冻。控制浇水，以适当干些为宜。浇水应选晴天进行，水温不能过低，最好经阳光照晒。

2 月：同上月管理。

3 月：天气渐暖，注意做好温室的通风管理工作。浇水量应逐渐增加，并结合施薄液肥，以保证生长需要。经两年以上生长的老盆可进行换盆。

4 月：随气候变暖，可逐渐从温室移至荫棚养护。根据其特性，阳光可遮去50%左右，利于其生长。

5 月：可行扦插繁殖。选用生长健壮的茎段，剪取带有 3～4 节茎段的顶芽进行扦插，上端留叶 1～2 片，经遮阴、保湿管理，插后 2～3 周可愈合生根。

6 月：可继续进行扦插繁殖。繁殖苗选用轻松培养土做盆土，通常用腐叶土或泥炭加少量河沙和基肥配成。上盆成活后给予散射阳光，遮光 50%～70%。注意浇水，保持湿润。每盆宜栽 3～4 株，第二年便能成型。

7 月：经常浇水，并注意叶面喷水，以造成湿润环境，同时做好排水工作，防止积水烂根现象发生。每月追肥一次。为便于植株生长，应设立支柱，通常选用口径 30 cm、高 35 cm 的白色塑料花盆栽植，中央设立柱（塑料质或竹筒），高约 1.5m，立柱上用棕片包裹，以利气生根扎入，使茎牢固地向上伸展。易遭蚧壳虫危害。应注意管理和防治。

8 月：同上月管理。

9 月：天气渐凉，应逐步移入中温温室。

10 月：控制浇水、施肥，注意温室管理。

11 月：冬季温室温度不得低于 14℃。阳光不需遮挡。

12 月：同上月管理。

（二）租摆中出现黄叶原因及管理

（1）在土栽情况下，由于烂根而发生黄叶。无土栽培也会由于土传染了病害，使植株带菌产生烂根而引起黄叶。

（2）气候条件不适宜。若冬季室温低于 10℃以下，长时间低温会产生烂根和黄叶。空气湿度不适宜。如果花盆靠近暖气、火炉或空调，空气过于干燥也会使叶发黄，甚至枯死。

(3)光照不足。虽然红宝石喜林芋不喜欢强光,但是长时间摆放在较暗的地方也会发生叶黄。

(4)长时间通风不良,环境缺氧造成叶黄。

(5)冬季保温不当,植株受冷风吹过,或夏季防暑降温不当,高温时间过长,也会造成叶片急性失水而干尖、黄叶。

(6)施肥不当。一是无土盆栽,浇营养液浓度过高造成叶黄;二是营养液 pH 过高,也会严重缺铁而造成黄叶。

因此,发生黄叶后,应具体分析发生原因,而采取相应措施。生长旺季保证水分供应,使盆土处于湿润状态,每 3～4 周浇施 1 次以氮肥为主的复合液肥,并经常向地面喷水,使环境具有较高的空气湿度。夏季避免阳光直射。冬季温室温度保持在 15℃以上。

七、病虫害防治

1.根腐病

基质长期过湿、基质干透后浇水、基质 EC 值过高、根系受到损伤,均会导致根腐病的发生。

2.炭疽病

湿度过大、叶片受到损伤,均易导致炭疽病的发生。可将发病的叶片剪除,然后用百菌清和甲基托布津 800 倍液交替防治。

【复习思考题】

观察记录在喜林芋租摆中植株出现的问题及解决方法。

子任务二　绿萝设施生产技术

【案例导入】

市郊某苗圃,交通方便,主要供应节庆及日常摆花,开展有花卉租摆业务,长期供应本市企事业单位花卉租赁,有专门人员上门设计方案,维护管理销售。我们的任务是精心设计一个绿萝设施栽培及租摆管理方案,并负责实施。

【任务目标】

完成本学习任务后，你应该能

1. 学会绿萝及其他观叶植物的设施栽培技术；

2. 学会绿萝日常管护技术；

3. 发现并分析租摆过程中的问题，提出解决的办法。

【相关知识】

绿萝，天南星科藤芋属，为多年生常绿攀援草本花卉。茎蔓长达数米，靠茎上的气生根吸附攀援生长。叶互生，心脏形，长 15～30 cm，宽 8～15 cm，有光泽，嫩绿色或橄榄绿色，上具不规则黄色斑块或条纹，全缘；叶柄及茎秆黄绿色或褐色。

绿萝原产于所罗门群岛，现世界各地广为栽培。其性喜温凉空气湿度较大的半荫蔽环境。夏日忌阳光暴晒，较耐干旱，耐瘠薄，较耐寒冷，生长适温 20～28℃。

绿萝是非常优良的室内装饰植物之一，攀藤观叶花卉。在家具的柜顶上高置套盆，任其蔓茎自然下垂。这样既充分利用了空间，净化了空气，线条活泼、色彩明快，极富生机，给居室平添融融情趣，绿柱式盆栽是厅堂、墙面绿化的理想植物，富有南国风情。图 4-2-3 为绿萝藤柱式栽培。

图 4-2-3　绿萝藤柱式栽培

【方案设计】

（一）方案设计

见下页。

（二）学生模仿设计生产方案

1. 学生分组，在教师的指导下，通过多种信息渠道查询资料。阅读课本、参考书，查阅有关网站、资源库，准备数码相机、记录本、卷尺、钢笔、铅笔、速写本等。

2. 安排学生参观、考察种植绿萝温室，访谈种植技术员或种植户，做好详细记录。每人写一份绿萝设施栽培方案。

3. 小组讨论，推荐一份较好的租摆方案，小组再进行充分地讨论，将每个同学好的思路，补充完善到一个方案中。每组选一个代表，在全班讲解小组的设计方案，组员补充方案的内容。

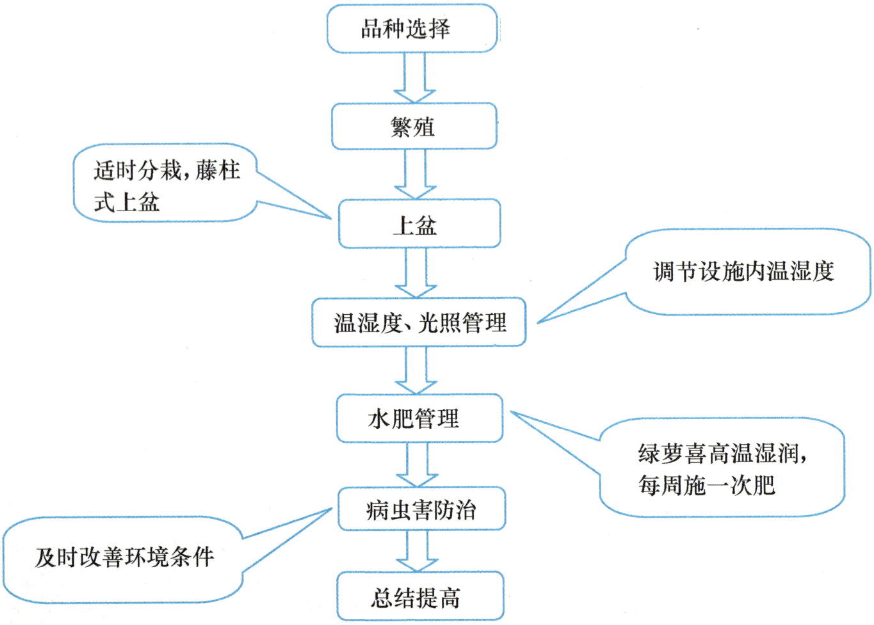

4. 教师组织全班同学讨论、评价各小组的方案，选出最佳方案，作为生产方案实施。

【任务实施】

一、品种选择

常见的品种有青叶绿萝、金叶绿萝、花叶绿萝、星点藤等，可根据市场和品种栽培特性是否符合当地环境而选择。

二、繁殖

绿萝主要用扦插法繁殖，春末夏初剪取 15～30 cm 的枝条，将基部 1～2 节的叶片去掉，用培养土直接盆栽，每盆 3～5 根，浇透水，植于阴凉通风处，保持盆土湿润，1 个月左右即可生根发芽，当年就能长成具有观赏价值的植株。春夏季用枝条扦插容易生根；作图腾柱的必须用带大叶片的顶尖扦插，这样成型比较快。

规模化生产采用组培苗。绿萝还可水栽，但与土栽相比植株较小。

三、上盆

每盆栽植或直接扦插 4～5 株，盆中间设立棕柱，便于绿萝缠绕向上生长。整形修剪在春季进行。当茎蔓爬满棕柱、梢端超出棕柱 20 cm 左右时，剪去其中 2～3 株的茎梢 40 cm。待短截后萌发出新芽新叶时，再剪去其余株的茎梢。由于冬季受冻或其他原因造成全株或下半部脱叶的盆株，可将植株的一半茎蔓短截 1/2，另一半茎蔓短截 2/3 或 3/4，使剪口高低错开，这样剪口下长出来的新叶能很快布满棕柱。

四、温湿度、光照管理

(1)温度管理。适宜生长温度白天 20～30℃，夜间 15～18℃，冬季温度不低于 10℃即能安全越冬，如温度低于 7℃则易造成根系发育不良、黄叶、落叶等，影响生长，还会延长生长时间，增加生产成本。30℃以下，温度越高生长越快。

(2)湿度管理。相对湿度最好保持 70%左右，40%～50%湿度仍能生长良好。湿度过低则影响叶色的亮度、造成叶色不均匀，从而影响品质。

(3)光照管理。绿萝属于阴性植物，耐阴性强，忌阳光直射，喜斜射光或散射光。栽培中，避免阳光直射，过强会灼伤叶片，过阴会使花叶品种叶面上漂亮的斑纹消失。通常一天接受 4 h 散射光生长发育最好。绿萝极耐阴，在室内向阳处即可四季摆放，在光线较暗的室内，应每半月移至光线强的环境中恢复一段时间，否则易使节间增长，叶片变小。绿萝的原始生长条件是参天大树遮蔽的树林中，向阳性并不强。但在秋冬季的北方，为补充温度及光合作用的不足，却应增大它的光照度。方法是把绿萝摆放到室内光照最好的地方，或在正午时搬到密封的阳台上晒太阳。

五、水肥管理

(一)水分管理

浇水时掌握“不干不浇，浇则浇透”的原则。小苗期不可多浇，以免根茎处发生腐烂。生长旺盛期要充分浇水喷雾，在枝蔓生长过程中应经常喷水保湿，促使茎节上产生不定根，植株入冬后应尽量减少浇水，盆土过湿易引起烂根。绿萝要比一般花卉浇水多，但不能积水，要清洁托盘沉水。要及时清洁叶面上的衬土，每天向叶面喷水。夏季高温干燥季节更应如此。盆土要保持湿润，应经常向叶面喷水，提高空气湿度，以利于气生根的生长。

(二)肥料管理

绿萝生长以氮肥为主,磷钾肥为辅。一般定根后即可施肥,最好选用浓度为1.0%~1.5%的通用肥。因为此时绿萝根系不是很发达,N、P、K比例相等可促进根、茎、叶的均衡生长,生长中期施浓度2.5%~3.0%比例为30∶10∶20的复合肥料,即适当加大N的用量,减少P的用量,促进叶片的生长,调节叶色和韧度,这时根的生长已达旺盛时期,降低P的用量可防止根系提前老化,生长后期停止P的使用,保持N、K平衡,肥料浓度保持2.5%即可。如以0.5%~1%的尿素溶液喷施叶面,则绿叶更加青翠,要薄肥勤施。旺盛生长期可每月浇一遍液肥。

绿萝生长较快,栽培管理粗放。在栽培管理的过程中,夏季应多向植株喷水,每10 d进行1次根外追肥,保持叶片青翠。盆栽苗,当苗长出栽培柱30 cm时,应剪除。

六、病虫害防治

常见的病害有叶斑病和根腐病。防治方法:清除病叶,注意通风。发病期喷50%多菌灵可湿性粉剂500倍液。并可灌根,无土扦插苗定植后一般不会发生根腐病。

主要虫害夜蛾类害虫,严重时可用药物防治,在新叶期傍晚喷施农药进行防治,如用10%除尽乳油1 000~1 500倍液或1%威克达乳油3 000~4 000倍液等。蚧壳虫可用敌敌畏1 000~1 500倍液或40%氧化乐果乳油1 000倍液进行保护性防治。在栽培荫棚或大棚中悬挂黏虫板诱杀害虫,每亩悬挂20块,板高出植株,10~20 cm为宜。

【复习思考题】

绿萝管理粗放,但是对于光照变化很敏感,请总结下绿萝光照管理。

子任务三　龟背竹设施生产技术

【案例导入】

龟背竹以它似龟背般的奇特叶片,竹状的多节茎秆和飘逸的气生根,给我们的生活带来热带雨林气氛,人们喜欢用其装饰室内,尤其是酒店大厅和室内假山脚下及水池中,它们的出现,往往让人们感觉置身于热带雨林中,更重要的是龟背竹能适应室内较弱的自然光照条件,具有喜荫、耐荫的特点,管理起来比较方便,不受季节限制，四季常青，可以常年观赏，是观叶花卉中的佼佼者。春秋季节，是龟背竹的热销季节，花卉租赁商小王看中了当地没有龟背竹的种植地，刚好他自己有一定的花棚，他想自己种植一批龟背竹迎合市场，但是他不知道该怎样去繁殖管理，请大家帮忙给小王设计一个方案，解决小王的燃眉之急。

【任务目标】

完成本学习任务后，你应该能

1. 学会制定龟背竹的生产管理方案，并在实施中根据实际情况进行调整；
2. 学会龟背竹设施繁殖管理技术；
3. 发现并会分析栽培过程中的问题，提出解决的办法。

【相关知识】

龟背竹(图 4-2-4)又名蓬莱蕉、电线兰，为天南星科龟背竹属常绿大型藤本植物。茎粗壮、蔓生，茎节生有深褐色长而下垂的气生根，可直接吸收空气中的氮。幼株初生叶呈心状、全缘、中央无孔。长大后叶面逐渐增大，叶缘具宽大的羽状深裂，叶脉间有椭圆形穿孔，形似龟背。南方地栽可达 8～9 m，盆栽很少超过 3 m。栽培变种有斑叶龟背竹，叶面具有黄绿色的斑纹。

图 4-2-4　龟背竹全株

龟背竹栽培对环境条件有哪些要求

在我国粤、闽、滇等地露地都有栽培，北方一般温室栽培。

(一)温度

龟背竹原产地因生长在热带雨林中，所以喜温暖湿润，生长适温 20～25℃，冬季要求室内越冬，5℃以下，叶片易冻。气温达 18℃时开始生长；32℃以上停止生长。

(二)光照

耐阴性极强，可在明亮的室内常年陈设，忌曝晒，直射光下叶片易变黄而干枯。

(三)水分

喜湿润，空气湿度较大的环境，忌干旱。生长期，加大浇水量并对叶面适当洒水。夏季置于阴凉处，每天早晚向叶面喷水以保持空气潮湿，掌握宁湿勿干的浇水原则，以利枝叶生长。生长高峰期在7～8月份，天气越潮湿闷热其生命力愈旺盛。

注意：浇水不宜多且大，水温要与室温温差不能太大。

（四）土壤

喜肥沃、疏松的土壤，忌土壤黏重板结。一般用腐叶土和壤土组成，盆栽可用腐叶土、菜园土和河沙等混合作培养土，盆底部需铺排水层，种植时少加一些有机肥作基肥，以促其旺盛生长。

（五）施肥

龟背竹较为喜肥，为使其生长旺盛，生长期每月可施2次液肥。

【方案设计】

（一）方案设计

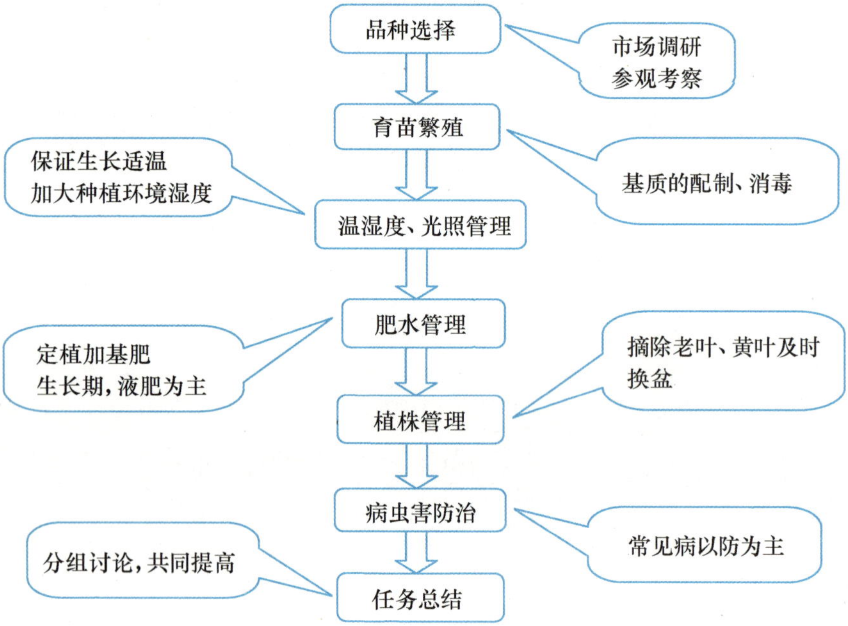

(二)学生模仿设计生产方案

1. 学生分组，在教师的指导下，通过多种信息渠道查询观叶花卉资料。

2. 可安排学生参观市场及其他室内观叶花卉的生产，做好详细记录。每组写一份设施生产方案。

3. 每组选一个代表，在全班讲解小组的设计方案。全班同学讨论、评价各小组的方案，选出最佳方案，作为生产方案实施。

【任务实施】

一、品种选择

常见栽培的有袖珍龟背竹、石纹龟背竹、白斑龟背竹、蔓状龟背竹、多孔龟背竹、洞眼龟背竹、翼叶龟背竹、斑纹翼叶龟背竹、斜叶龟背竹、窗孔龟背竹、星点龟背竹和孔叶龟背竹等。选择品种时要考虑当地的市场需求、栽培地区气候条件和生态环境等因素。

将种子放40℃温水中浸泡10 h后再播；播种土应高温消毒。

二、育苗

龟背竹有三种繁殖方法：播种繁殖、扦插繁殖和分株繁殖。主要以扦插繁殖为主。

(一)播种繁殖

播种前需先浸种。龟背竹种子较大，可采用点播，播后室温保持 20～25℃，播种后覆塑料薄膜，保持 80%以上湿度，播后一般 20～25 d 发芽，初叶无孔洞。播种过程中如室温过低，不仅影响出苗，甚至种子发生水渍状腐烂。

(二)扦插繁殖

春、秋两季均可采用茎节扦插，以 4～5 月和 9～10 月扦插效果最好。插条选取茎组织充实、生长健壮的当年生侧枝，插条长 20 cm～25 cm，剪去基部的叶片，保留上端的小叶，剪除长的气生根，保留短的气生根，以吸收水分，利于发根。插床用粗沙和泥炭或腐叶土的混合基质，插后保持 25～27℃和较高的空气湿度，插后 1 个月左右开始生根。插条生根后，茎节上的腋芽也开始萌动展叶，为了加速幼苗生长，室温保持 10℃以上，加强肥水管理，插后第二年即可成型。

(三)分株繁殖

在夏秋进行，将大型的龟背竹的侧枝整段劈下，带部分气生根，直接栽植于木桶或营养钵内，不仅成活率高，而且成型效果快，缺点是繁殖的数量有限。

三、温湿度、光照管理

保持龟背竹生长适温。扦插后保持较高的空气湿度，龟背竹叶片大，水分蒸发快，因此浇水要掌握宁湿勿干的原则，经常使盆土保持湿润状态，但不能积水，春、夏、秋三季生长过程中保持盆中有充足水分，冬季微潮，减少浇水。要经常往叶面上喷水，干燥季节和夏天，每天要喷水3～5次，保持空气湿润，叶色才能翠绿。如果水量过少，会使枝叶停止发育；水量过大则会招致烂根；水量适度则枝叶肥大。具有明亮散射光处培养，夏季注意遮阴通风降温。若夏季受到强光直射，叶片易发黄，甚至叶缘枯焦，影响观赏效果。

四、水肥管理

上盆后需放在荫棚内养护，由于龟背竹喜肥，应在生长期每隔15～20 d施一次腐熟的饼肥水，此外，生长高峰期还可用0.1%磷酸二氢钾或0.1%尿素叶面喷施，10 d左右喷施1次，以利叶片生长，可使叶片增长厚，提高亮度。秋后，需控制肥水，保证安全越冬。

注意：越冬要停止施肥。

五、植株管理

龟背竹管理粗放，生长较快，茎粗叶大，定型后，茎节叶片生长过于稠密，枝蔓生长过长时，注意整株修剪，力求自然，美观。宜每年春季换盆，换盆时去掉部分老土，剪去部分烂根。北方地区应于10月上旬入室，放在中午受不到强光直射的地方，防止冷风直接吹袭，不然叶片易枯黄脱落。冬季盆土宜偏干，此时需要每隔5～7 d用温水喷1次叶面，半个月左右用湿细布擦拭叶面1次，以保持叶面清新光亮。所以只要养护得好，可保四季翠绿，供室内观赏。

六、病虫害防治

龟背竹常见病害有叶斑病、灰斑病和茎枯病，可用65%代森锌可湿性粉剂600倍液喷洒。常见虫害是蚧壳虫，少量时可用旧牙刷清洗后用40%氧化乐果乳油1 000倍液喷杀。

【复习思考题】

1. 龟背竹繁殖方法有__________、__________和__________。
2. 龟背竹扦插繁殖注意要点是什么？

子任务四　常春藤设施生产技术

【案例导入】

常春藤，一种常绿藤本花卉，叶美枝柔，为室内外优良的垂直绿化花卉，其优美的形态，受到受广大消费者青睐。怎样能够规模化的生产呢？本次任务带领大家一起进行常春藤盆花的设施生产。

【任务目标】

完成本学习任务后，你应该能

1. 根据市场需求制定常春藤盆花的周年生产计划；
2. 制定常春藤的生产管理方案，并在实施中根据实际情况进行调整；
3. 发现并会分析栽培过程中的问题，提出解决的办法。

【相关知识】

常春藤又名洋常春藤，五加科常春藤属，常绿多年生藤本植物，原产欧洲、亚洲和北非。

常春藤栽培对环境有哪些要求

常春藤对环境的适应性很强。

（一）温度

性喜温暖、湿润和半阴环境，生长适温 15～25℃。耐寒力较强，冬季不低于5℃，要室内越冬；夏季忌高温闷热，气温在 30℃以上生长停滞。

（二）光照

常春藤是典型的阴生藤本植物，适应性强，对光照要求不严格，在直射的阳光下或光照不足的室内都能生长发育。

（三）水分

对水分要求不严，生长季要保持盆土湿润，但不能频繁浇水，要做到见干见湿。在高温闷热季节要注意通风，喷水降温并增加空气湿度。

（四）土壤

对土壤条件要求不严，可在贫瘠的土壤中生长。最适宜的土壤条件以疏松、肥沃的土壤为宜。常春藤不耐盐碱，生产栽培时忌用碱性土壤。

【方案设计】

（一）方案设计

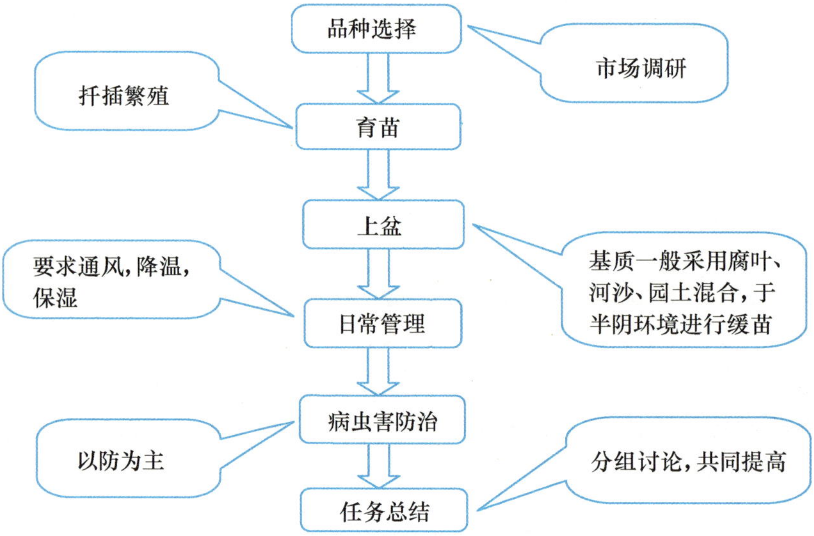

（二）学生模仿设计周年计划

1. 学生分组，在教师的指导下，通过多种信息渠道查询资料。安排学生参观花卉市场和苗圃，做好详细记录。

2. 每人写一份常春藤周年生产计划。小组讨论，将每个同学好的思路，补充完善到一个计划中。

3. 每组选一个代表，在全班讲解小组的计划，补充方案的内容。教师组织发动全班同学讨论，制定出最佳计划。

【华中地区周年计划实施】

一、品种选择

目前盆栽常春藤全世界范围内大约有超过25个常栽品种，品种之间叶形、叶色变化多样，多数为匍匐生长型，也有直立生长型品种。常见的栽培品种有如下8种：

(1)中华常春藤。叶浅五裂，叶片较大，厚实。

(2)日本常春藤。叶质硬，深绿，具光泽，营养枝叶宽卵形，常三裂，生殖枝叶卵状披针形或卵状菱形。

(3)鸡心叶常春藤。叶心形，较小，全绿，叶片厚实，茎干粗壮。

(4)银边常春藤。叶五裂，较小，叶边缘有不规则银边。

(5)花叶常春藤。叶五裂，叶边缘有不规则黄边，中间叶色更绿。

(6)枫叶金边常春藤。枫叶形，叶片边缘有不规则黄边，叶柄长2 cm，叶色明亮。

(7)枫叶绿叶常春藤。枫叶形五裂，叶全绿色。

(8)白边小叶常春藤。叶三裂有不规则白边，较小，节间距较短。一般选择能够适应市场、能够在本地很好生长的品种，也可尝试选用植株外观好，易养护的品种打开市场。

二、育苗

常春藤周年的生产，从育苗开始，育苗常用扦插、嫁接和压条的方法。生产中常采用扦插育苗的方式，扦插可以在生长期均可以进行，华中地区春、秋两季为好。

(一)基质的准备

基质土的比例为珍珠岩、干牛粪、细沙比例为2∶1∶1；蛭石、泥炭、炭化稻壳比例为2∶2∶1或素沙均可，以上基质土配方可因地制宜选取一种，混合后进行消毒备用。

(二)插穗的准备

插穗多用半木质化的一年生健壮枝条，成熟老枝虽然也可扦插，但发根较差。剪取长6～10 cm，具两节，一对叶的段做插穗，直接插于具有疏松基质土的盆器中。若大量插穗，在扦插前，一般需要先将插条浸在水保持插穗的湿润，或蘸生根剂配成的溶液，然后再取出扦插。

> 截取插穗的工具要求事先消毒，保证插穗无菌。

(三)扦插

扦插深度一般为插穗的 1/3 或 1/2 左右,各插穗间叶片不相互重叠。扦插后将花盆置于较高空气湿度和稍阴的环境中,保持基质潮湿。在温度 15～20℃时,15 d 左右即可生根。也可直接扦插在容器中,同一个容器中可采用多枝并插的方式,可缩短生产周期,节省换盆操作所需的人工。

三、上盆

幼苗根系稳定后上盆,逐步进入正常管理。上盆基质一般采用腐叶、河沙、园土 1∶1∶2混合,施用一些骨粉、马蹄片、缓释复合肥或者腐熟的粪肥肥料。最后将基质土上盆。根据商品要求可选择盆径为 8～30 cm 盆器,也可以选择更大的盆器。一般 16 cm 的花盆可种 6～12 株。若植株不饱满可进行摘心促进株型的饱满。上盆后浇透水处于半阴环境进行缓苗 3～5 d 进入正常管理。

四、日常管理

常春藤上盆后天气渐热,生产中要求通风,降温,保湿;防治病虫害。

(一)水分管理

春期为生长期,水分要求充足,做到“见干见湿”。夏季要保证水分,但是盆土不能长期湿度过大,常春藤要求较高湿度,盆土微潮的环境,要经常进行喷雾降温并保持环境湿度;初秋为生长期,水分应跟上;晴天稍加遮阴,保持通风。

注意: 水分过多蔓藤节间会拉长,水分要适宜。

(二)养分管理

高温季节尽量避免施肥。天气逐渐转凉,浇水要进行控制,注意追肥。待天气转凉盆土变干速度较慢时,可以薄肥代水浇施。

(三)温度管理

30℃以上常春藤停滞生长,夏天要注意通风,可以打开水帘和风机并加以喷雾降温。冬季注意防寒,可适当加覆盖物。

(四)光照管理

夏季遮阴,避免强光直射。冬季可接受全日照,保持通风。

(五)修剪(图 4-2-5)

通过修剪控制藤长,有利于促进分枝,使株型饱满。第 1 次修剪在藤长达到 8 cm 的时候,留 6 cm 左右,将前端剪去,又生长 4~5 cm 再进行 1 次修剪。在植株长到相互间产生触碰后,要及时扩大摆放距离,有利于植株充分生长,并减少落叶和病虫害的发生。

图 4-2-5　常春藤生产

五、病虫害防治

以防为主,每周喷药一次以防治病虫害,可采用甲基托布津 800 倍液、百菌清 800 倍液药剂、霜霉威 800 倍液等药剂。防治红蜘蛛、螨虫、蚜虫、蛾类幼虫等虫害均可采用哒螨灵 1 000~1 500 倍液、天王星 2 000 倍液、扫螨净 2 000 倍液、啶虫脒 1 000~1 500 倍液等。另外对于蚜虫等趋黄性害虫,可用黄板进行诱蚜。

【复习思考题】

1. 常春藤插穗宜选用____________;栽苗深度要求做到____________。
2. 常春藤夏季管理要点是什么?
3. 总结常春藤的水肥管理要点。

子任务五　散尾葵设施生产技术

【案例导入】

随着我国经济的快速发展,人民的生活水平也在不断提高,南北方运输的发达带动了花卉产业,有许多南方的观叶植物运到北方,摆放在室内漂亮又环保,可是有很多人不会养护,造成花卉的浪费。近年来,花卉租赁业务在大中小城市慢慢普及开来。小李自己成立了一个花卉租赁公司,经过几年的摸爬滚打,基本了解了很多花卉的习性,最近,他有个想法,在他租赁的温室里,把去年买进的散尾葵进行繁殖,以减少成本;但是他怕自己管理不当出问题,想请你为他设计生产管理方案。

【任务目标】

完成本学习任务后，你应该能：

1. 学会设计散尾葵生产管理方案；
2. 学会散尾葵设施栽培技术；
3. 发现并分析栽培过程中的问题，提出解决的办法。

【相关知识】

散尾葵（图 4-2-6）又名黄椰子，枝繁叶茂，耐阴性好，具有较高的观赏价值，南方多作观赏树栽种于草地、庭院绿化、树荫、宅旁，北方多盆栽，用来布置餐厅、会议室、书房、卧室或阳台。它能够有效去除空气中的苯、三氯乙烯、甲醛等挥发性的有害物质；并且具有蒸发水气的功能，在干燥的季节，能有效提高室内湿度。

图 4-2-6 散尾葵

散尾葵栽培对环境条件有哪些要求

（一）温度

最适生长温度为 20～35℃。怕冷，长江流域及以北地区 9～10 月入室养护，越冬期室温白天 23～25℃，夜间维持 15℃，生长低于 20℃，叶片会变黄，低于 8℃，植物就会受冻害。

（二）光照

散尾葵喜光，全光下可生长，但畏烈日，耐半阴；夏天应遮阴，最忌烈日直射，即使短时间内曝晒也会引起叶片焦黄，难以恢复。

（三）水分

喜潮湿且通风环境，一般要求湿度为 70%以上，否则易干尖，特别是生长季节必须保持盆土湿润和植株周围的空气湿度。

（四）土壤

喜疏松，排水良好，富含腐殖质的微酸性土壤。

【方案设计】

(一)方案设计

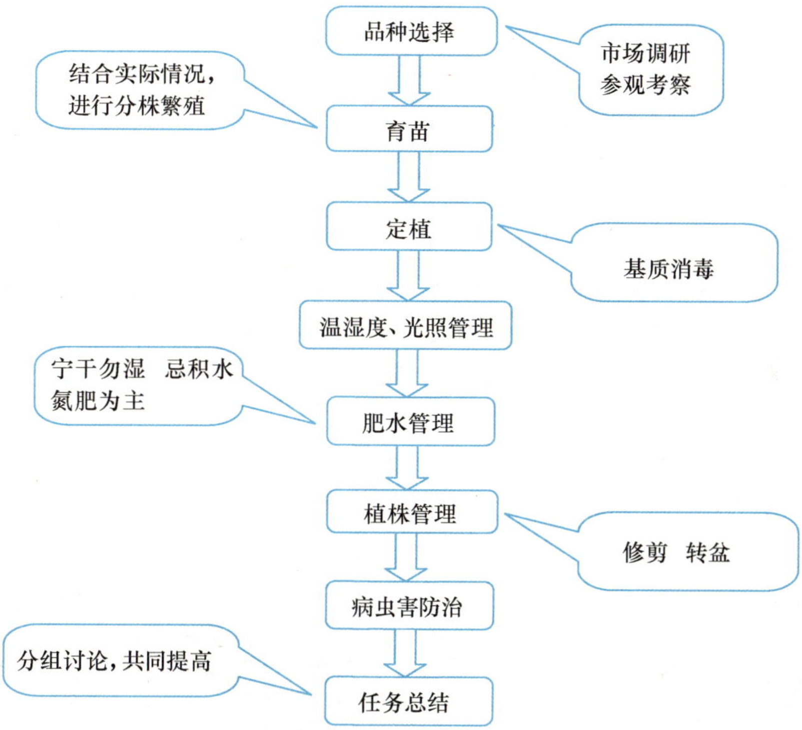

(二)学生模仿设计生产方案

1.学生分组,在教师的指导下,通过多种信息渠道查询室内观叶花卉生产资料。

2.可安排学生参观其他室内观叶花卉的生产,做好详细记录。每组写一份设施生产方案。

3.每组选一个代表,在全班讲解小组的设计方案。全班同学讨论、评价各小组的方案,选出最佳方案,作为生产方案实施。

【任务实施】

一、品种选择

目前国内大部分散尾葵因叶柄黄色俗称黄椰子，是散尾葵老品种，该种在华南已驯化，在华南沿海地区可顺利结果。在品种选择上可根据当地的地理，气候和市场因素进行选择，如若做切叶应选对应品种进行培育。

二、育苗

采用常规的分株繁殖。一年四季均可，一般以春、秋两季为好，可结合换盆。分株时从生长健壮且基部分蘖多的母株上选择发育良好的植株，去掉部分旧盆土，以消毒的利刀从基部连接处将其分割成数丛(在伤口处涂上草木灰或硫黄粉进行消毒)，每丛不宜太小，须有 2～3 株，并保留好根系，否则分株后生长缓慢，且影响观赏。

分株后初定植的植株，因根系尚未发育好，应避免在阳光下长时间照射；适量浇水，每日数次向叶面喷水，保持叶部湿润；气温保持在 20～25℃，大约 20 d 可正常生长。恢复成型较快，一般养护 1～2 年即可成为盆栽商品。

图 4-2-7 散尾葵设施生产

三、定植

散尾葵喜疏松肥沃、排水良好、富含腐殖质的微酸性土壤中，黏性土壤、碱性土壤或沙质含量过多的土壤不适宜栽培。一般可用腐叶土 4 份＋沙子 1 份＋腐熟的有机肥料 2 份混合即可。在分株后直接可定植，选择花盆时应选稍高的花盆，凸显出散尾葵优美的曲线。花盆大小要适宜，太小宜倒，且有头重脚轻之感；太大不美观且蓄水多时对根系生长不利。

四、温湿度管理

上盆后要保持散尾葵适宜生长的温度为 20～35℃，高温下需要经常喷水降温及保持良好的通风。冬季及时入室保护，需要保持温度在 10℃ 以上。喜湿润怕干燥，特别是温度较高时，需要较高的空气湿度。

由于散尾葵具丛生特点，所以不宜栽植太深，一般埋入土壤 5 cm 左右即可。

散尾葵喜光照，忌夏季光直射，一般于 5 月中旬至 9 月上旬需要遮阴 60%～80%。刚分株上盆的植株需要遮阴 50%，虽然散尾葵比较耐阴，但不宜长时间放于无光照处，需要一定的散射光。冬季与早春需要充足的光照，既利于越冬，又可积累更多的养分，对于萌发新叶有益。

五、水肥管理

散尾葵遵循"宁湿勿干，但不能积水"的浇水原则。其喜水又怕涝，夏秋高温期，要经常保持植株周围有较高的空气湿度，经常擦洗叶面或向叶面少量喷水，可以使其保持葱绿。忌盆土积水，以免引起烂根。在冬季休眠期，要控肥控水。温室室内部，可在表土见干后浇透，冬季室温稍低时，可在表土干燥 2～3 d 后再浇透水；5 月中旬至 9 月中旬室外养护可保持盆土湿润，其他时间见干见湿。

散尾葵全年生长出来的叶片不多，需要勤加施肥，叶片才会更加美丽、舒展。一般以氮肥为主、磷钾肥为辅即可。在 5～10 月生长旺季应 1～2 周施 1 次腐熟稀饼肥水或向叶面喷施 0.1%的磷酸二铵溶液，以促进植株旺盛生长，叶色浓绿；冬季可少施肥或不施肥，如要施肥，可施腐熟的芝麻酱渣等有机花肥，夏季适当追施含氮有机肥。根据盆的大小可适当增减肥料，秋冬季可少施肥或不施肥。

六、植株管理

散尾葵每年发叶不多，不耐强修剪，一般只将枯黄、病变、撕裂的叶片剪除，枯黄的叶鞘去除。叶尖因干燥等原因出现枯黄时，可只剪齐叶尖，不必去除整叶。经常修剪下部、内部枯叶，同时注意修整冠形。

植物租摆，要定期移至室外轮换养护，1～2 个月轮换一次为宜，轮换时间过长，影响大，恢复慢。每 2～3 年春季或秋季换盆一次，换盆时，应清除枯枝残叶，还应根据生长情况，剪除过于密集的株丛，以利于新株丛的萌发，保持优美的盆栽姿态。定期旋转花盆，使散尾葵四面长势一致。

七、病虫害防治

(一)病害

散尾葵病害多见叶枯病(图 4-2-8)，高温、高湿及密不通风环境引起。病菌最先侵染叶尖和叶缘，发病初期染病处呈褐色斑点或条块状斑块，中期斑点或斑块逐渐扩大并相互连接，后期叶片呈现灰白状干枯，重者会导致植株整株死亡。

防治方法：加强通风，及时将受害枝叶剪除，阻止继续侵染，发病时可用70%甲基托布津800倍液或75%百菌清800～1 000倍液喷洒，7～10 d喷施一次，连续喷3～4次，可有效控制病情。

图 4-2-8　散尾葵叶枯病

(二)虫害

(1)红蜘蛛。多在叶背刺吸叶汁，危害初期不易被发现，中后期叶片的汁液吸完，老叶呈枯黄色，严重时叶片卷曲。可用三氯杀螨醇0.01%的溶液喷杀。

(2)蚧壳虫。若虫期可用40%氧化乐果乳油1 000倍液+0.5%洗衣粉或45%功夫乳油2 000～2 500倍液喷洒。成虫期可用40%氧化乐果乳油800倍液喷洒，每周一次，连续喷3～4次，效果显著。平时也要定期用800倍液氧化乐果喷洒防治。

【复习思考题】

1. 散尾葵适合分株的时间是__________；栽苗深度要求做到__________。

2. 散尾葵叶枯病的原因是__________，防治方法为__________。

子任务六　马拉巴栗设施生产技术

【案例导入】

马拉巴栗，又称瓜栗。其全株终年青翠，美观幽雅，茎干编辫造型后颇为有趣，曾被联合国环保组织评为世界十大室内观赏花木之一。家居装饰时，其侧枝绿叶茂繁葱郁，婆娑潇洒，一片葱茏，饶有热带风光情趣，同时又具有“大吉大利，恭喜发财”的寓意，成为国内十分流行的盆栽观叶佳品，近些年来在我国花卉市场上发展很快，栽培马拉巴栗变成了广大种植户发家致富的一个好项目。这里就向大家介绍一下马拉巴栗的栽培技术。

【任务目标】

完成本学习任务后，你应该能

1. 能够设计马拉巴栗的设施栽培技术方案；

2. 学会马拉巴栗设施栽培技术；

3. 发现并会分析栽培过程中的问题，提出解决的办法。

图 4-2-9　马拉巴栗“三龙”辫型

【相关知识】

马拉巴栗，木棉科常绿小乔木，直立的主干，茎干基部肥大，肉质状，枝叶轮生，掌状复叶，小叶5～9枚。原产于墨西哥和哥斯达黎加，如今在我国南方地区广泛种植。

一、马拉巴栗栽培对环境条件有哪些要求

（一）温度

生长适温为20～30℃。夏季高温高湿环境对马拉巴栗生长十分有利，也是生长最快的时期。冬季温度不可低于15℃，最好保持在18～20℃。忌冷湿，在潮湿的环境下，叶片很容易出现渍状冻斑。气温低于0℃，叶片全落，嫩枝失水枯干，严重时春天整株死亡

（二）光照

马拉巴栗对光照要求不严，无论在强烈日照或弱光室内均能生长。但全日照能使茎节短，叶片宽，株型紧凑，叶色浓绿，树冠丰满，茎基部肥大。长期在弱光下枝条细，叶柄下垂，叶淡绿，生长又细又高，使植株提前达到编辫的高度影响造型。马拉巴栗放置地点忌突然改变，应逐步改变，如突然将植株从阴处转移到强光下，会使叶片灼伤、焦边，影响美观。

（三）水分

马拉巴栗有膨大的根及茎基部，能储存大量水分，所以较为耐旱，而土壤水分过多，会导致肉质根腐烂。平时盆土保持湿润，冬天盆土应偏干忌湿，否则叶尖易起枯焦，甚至导致叶片脱落。

（四）土壤

马拉巴栗栽培对土壤要求不太严格，只要排水良好，都能正常生长。

二、马拉巴栗有哪些造型

马拉巴栗的造型可以分为单杆造型和编辫造型。编辫造型比较传统，市场上常见的有“三龙”、“五龙”、“七龙”等几种，都为单数编辫，它具有枝条缠绕的阴柔之美，婀娜多姿，仪态万方。而单杆造型，自然美观，生命力强，并且能够长成壮观的大树桩，非常气派。从种植角度来讲，两者的栽培技术基本相同。

【方案设计】

(一)方案设计

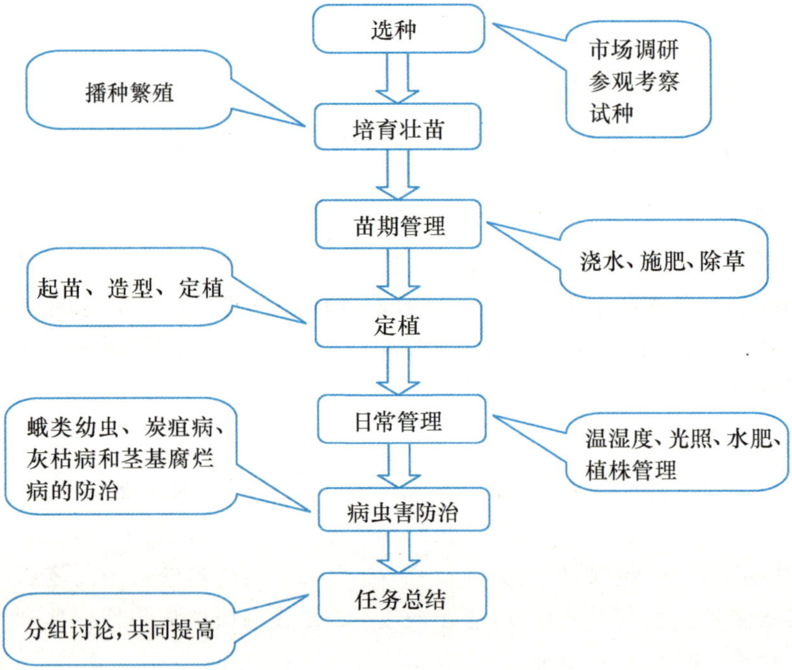

(二)学生模仿设计生产方案

1. 学生分组，在教师的指导下，通过多种信息渠道查询资料。
2. 有条件可安排学生参观马拉巴栗的生产，做好详细记录。
3. 每组写一份设施生产方案。每组选一个代表，在全班讲解小组的设计方案。

4. 全班同学讨论、评价各小组的方案，选出最佳方案，作为生产方案实施。

【任务实施】

一、品种选择

马拉巴栗主要是靠播种繁殖，其种子主要是靠国外进口，国内南方也可产种，但质量没有国外种子好，购买的时候要注意种子是否成熟。马拉巴栗每年开花两次，也可以收获种子两次，第一次在 4～5 月开花，7～8 月果实成熟；第二次在 9～10 月开花，12 月果实成熟。种植户应选择成熟饱满的种子，把干瘪、开裂、长霉的种子剔除出来，不能用劣质树木或有明显病害树木的种子；如若种植区，可询问其他种植户。如果大量种植，请先试种选择表现能力和适应能力强的品种。

二、培育壮苗

马拉巴栗的繁殖可以分为种子繁殖和扦插繁殖两种。由于扦插苗往往头茎不膨大、苗秆不美观，在园艺生产上一般极少采用。而种子播种育苗繁殖具有出苗齐、根直苗顺、便于编辫、基部能膨大等特点，生产上一般采用播种繁殖。

种子播在已消毒的河沙或园土泥中，播种株行距为 30 cm×10 cm，深度 2～3 cm，温度控制在 20～30℃范围内。放种子的时候要注意种脐朝下，保证长出来的马拉巴栗能够笔直挺拔。播种后要注意用黑色的遮阳网盖住苗床，避免种子被烈日灼伤，一直到种子发芽时，才可以去掉遮阳网，播后 3～5 d 出芽，20～30 d 可定植于大田或上盆栽种。

三、苗期管理

(一)浇水

在去掉遮阳网后，应 1～2 d 用喷头浇一次水。浇水应以土地表层充分湿润为止，在齐苗之后应 3～5 d 浇一次水，1～2 个月后应视天气、温度情况，适量浇水。

(二)施肥

整个育苗期可施肥 3～5 次，第一次在齐苗之后，可用复合化肥，每亩用量约 2.5 kg，采用人工撒施法，由于单株树苗的根系占的面积很小，要求施肥均匀，施肥后要用水冲洗叶面，让肥料能够迅速吸收。以后每隔 1～2 个月施肥一次，用肥量逐渐增多，每亩用量在 2.5～7.5 kg。在苗高长至 100～120 cm 时就应少施氮肥，改施复合肥等，控制其生长高度，促进茎干增粗。并减少土壤含水量，促使嫩梢尽快木质化，以便尽早取材。

（三）除草

由于种苗生长密度高，需要大量养分，苗床温度高，肥水足，易生杂草，如果苗床里杂草过多，就会影响种苗的生长发育，所以应及时拔掉苗床上的杂草。

四、定植

播下的种子经过 6～12 个月的栽培，就可以起苗进行定植了。

（一）起苗

起苗时要注意，不能挖伤马拉巴栗的根部，定植前要进行剪根和剪枝。

（1）剪根。把长得过长的树根剪掉，只留 25 cm 左右。

（2）剪枝 将马拉巴栗茎基部以上 1.2 m 以下的分枝剪掉，保证主干充分的营养供应。

种苗需要起出后定植，定植可分为编辫定植和单株定植。

由于每株马拉巴栗苗的发育程度不一定相同，种植户还要对树苗按照高度进行分级，不能混种。编辫马拉巴栗的起苗时间较早，当树苗长到 0.6 m 时可起苗，而单杆马拉巴栗则要等到树苗长到 1.5 m 时才能起苗定植。

（二）编辫

马拉巴栗的定植分为编辫定植和单株定植两种。编辫定植是指树苗在移栽到大田栽培之前（北方地区温室地面），先要进行编辫。本任务以“五龙”造型为例来介绍编辫方法。

（1）首先选择五株大小粗细一致、无病虫害和伤口的树苗，选苗遵循“五个一致”原则，即茎干粗度一致，包括茎干下部的一致及茎干上部的一致；茎干高度的一致；上部植株嫩绿或木质化的一致；茎干叶柄节眼疏密的一致；茎干上下粗度比例一致；茎干软化处理程度的一致。把这些树苗搁置在阴凉的地方 2～3 d，使其脱水，让茎干变得柔软后再进行编辫。

（2）幼苗造型：取同等大小、高度的幼苗 3～5 株，按辫式由尾向头编，再种回苗畦培育。经半年后起苗，分级包装供售或上盆栽培。

（3）成苗造型：幼苗时未编辫造型的，待植株长至 2 m 左右高时，在 1.2～1.5 m 高处截去上部，摘除叶片，掘起，放在阴凉处自然晾干 1～2 d，使树干柔软，选同样粗度和高度的植株 3～5 株用绳子捆扎紧其基部，将其茎干编成辫状，放倒地上，用重物压实，使其固定成直立辫状形态。编好后将植株继续种于地上，加强肥水管理，增施磷、钾肥，使茎干生长粗壮，辫状整齐一致；也可直接上盆种植，让其长枝叶，待到适当形态时上市销售。编辫时动作要轻而慢，每株材料的摆动角度不宜过大、过猛。用作下地再长的组合，其编织花瓣不要太密；即时上盆短期内上市的组合，其编织的花辫则要求密一些，空隙少一些。编辫定植与单株定植除造型不一样外，其定植技术完全相同。

（三）定植

一般树苗间的株行距为 75 cm×200 cm，30 cm×30 cm 的洞穴，在每个洞里放入基肥 50～100 g，和泥土混合均匀，种树时要将树苗垂直立于洞中，分层回土踏实，回土时要保护树干直立，回土深度与树苗在苗床中埋土深度要大概相同。新栽植的苗木要浇一次定根水，大约每株用水 1.5 kg 左右。

五、日常管理

（一）光照管理

马拉巴栗喜高温高湿和阳光照射，不能长时间荫蔽。在养护管理时应置于室内阳光充足处。摆放时，必须使叶面朝向阳光。否则由于叶片趋光，将使整个枝叶扭曲。

（二）水分管理

要抓好每个季节和不同生长期的浇水，即夏季高温季节浇水要多，冬季浇水要少，生长旺盛的大中型植株浇水要多，新分栽入盆的小型植株浇水要少。马拉巴栗在生长期间对水分要求不太严格，定植后每两月浇一次水即可，若遇天气炎热、干旱可视情况增加浇水次数，灌水量应达到灌饱灌足，切忌表土打湿而底土仍然干燥，一般应浇水渗透到 80～100 cm 深处。要注意浇水量大容易造成烂根。

（三）肥料管理

定植后第一年，生长期可每月施薄肥。生长旺季要少施氮肥以防植株徒长，同时经常向叶面喷水保持湿润。夏季高温时少施肥，冬季寒冷时要停止施肥。

（四）温湿度管理

马拉巴栗对温度和湿度的要求较高，如温度较低或湿度较低会出现落叶现象，严重时枝条光秃，不仅有碍观赏且极易造成植株死亡。因此，日常养护时应注意温度保持在 15℃以上，并经常给枝叶喷水以增加必要的湿度。而在深秋和冬季，应注意做好防寒防冻管理。

（五）植株管理

修枝应在夏季进行，以 6 月上旬至 7 月上旬为宜。修枝的技术：一是疏，定植

1 年以下的马拉巴栗主干较低，一般选留生长旺盛、直立的枝条作为主干，其余的枝条依情况不同进行疏除，主要疏除树冠上过密的侧枝和徒长枝。二是截。即剪截去掉直立强壮的侧枝，根据压强留弱，去直留平的原则，分次中截，剪口下留小枝条，不能从基部剪掉，以免树木长势衰弱。

六、病虫害防治

(一)病害

常见腐烂病(图 4-2-10)和叶枯病(图 4-2-11)。

1. 腐烂病

防治方法：①保持栽培环境的通风，重视栽培介质及场地的消毒；②栽种前用利刀剪除主根顶部扭伤及腐烂组织，然后再用根腐宁或百菌清喷洒伤口，晾干后再上盆；③栽植 1 周后，盆中的基质渐干，愈合组织形成，新根开始长出时用普力克、安克或锌锰灭达乐喷洒马拉巴栗树干，以药液沿干部流入盆土为宜。此后，杀菌剂以安克、雷多米尔每周一次轮用。

2. 叶枯病

防治方法：①发现病叶及时摘除并烧毁；②发病初期每隔 10～15 d 喷施 50% 多菌灵 800 倍液、70%百菌清 800 倍液或 75%甲基托布津 800 倍液。连续 2～3 次可控制病害。

图 4-2-10 马拉巴栗茎腐病

图 4-2-11 马拉巴栗叶枯病

(二)虫害

常见虫害有蔗扁蛾，幼虫危害马拉巴栗，可用 50%的马拉硫磷 800 倍液喷杀幼虫，也可用敌敌畏 600～800 液喷洒。

【复习思考题】

1. 马拉巴栗苗期怎样管理？
2. 马拉巴栗常见的病虫害是什么？怎样防治？
3. 马拉巴栗编辫时注意事项是什么？

任务三　切花设施生产技术

子任务一　非洲菊设施生产技术

【案例导入】

非洲菊也叫扶郎花，是我国主要切花种类之一，随着人们对节日的重视和鲜切花的接受程度越来越高，越来越多的农民开始种植这种高附加值的经济类花卉。南阳石桥镇交通便利，离城区较近，村周围月季花卉种植较多，刘民国通过市场调查，发现9月到翌年3月非洲菊的价格在市区比较高，他想带动整个村农民种植鲜切花，为了让村民看到效益，他自己带头打算在日光温室里种植非洲菊鲜切花做实验，想请我们帮助他设计生产方案，帮他完成心愿。

【任务目标】

完成本学习任务后，你应该能

1. 学会非洲菊的栽培技术方案设计；
2. 学会非洲菊日光温室促成栽培技术；
3. 发现并会分析栽培过程中的问题，提出解决的办法。

【相关知识】

非洲菊是多年生宿根性草本花卉，原产于非洲南部；花径8～10 cm，花色鲜艳而丰富，花梗挺拔，开花周期长，花期调控容易，四季常开，花朵清秀挺拔，鲜切花寿命长。在设施栽培条件下可周年生产，且非洲菊属多年生宿根草本花卉，农户栽植后一年投入，多年受益。它又是作礼品花束、花篮和艺术插花的理想材料，与菊花、唐菖蒲、月季、康乃馨一起被誉为世界五大切花，深受消费者喜爱。

非洲菊性喜冬季温暖、夏季凉爽、空气流通、阳光充足的环境，不耐寒，忌炎热。要求肥沃疏松、富含腐殖质、土层深厚、微酸性的沙质壤土，生长最适 pH 为 6.0～7.0；对日照长度不敏感，在强光下，花朵发育最好；略有遮阴，可使花茎较长；生长期最适温度为 15～25℃，冬季适温为 12～15℃，低于 10℃停止生长，可忍受短期的 0℃低温。如果条件合适，全年均有花开。

【方案设计】

(一)方案设计

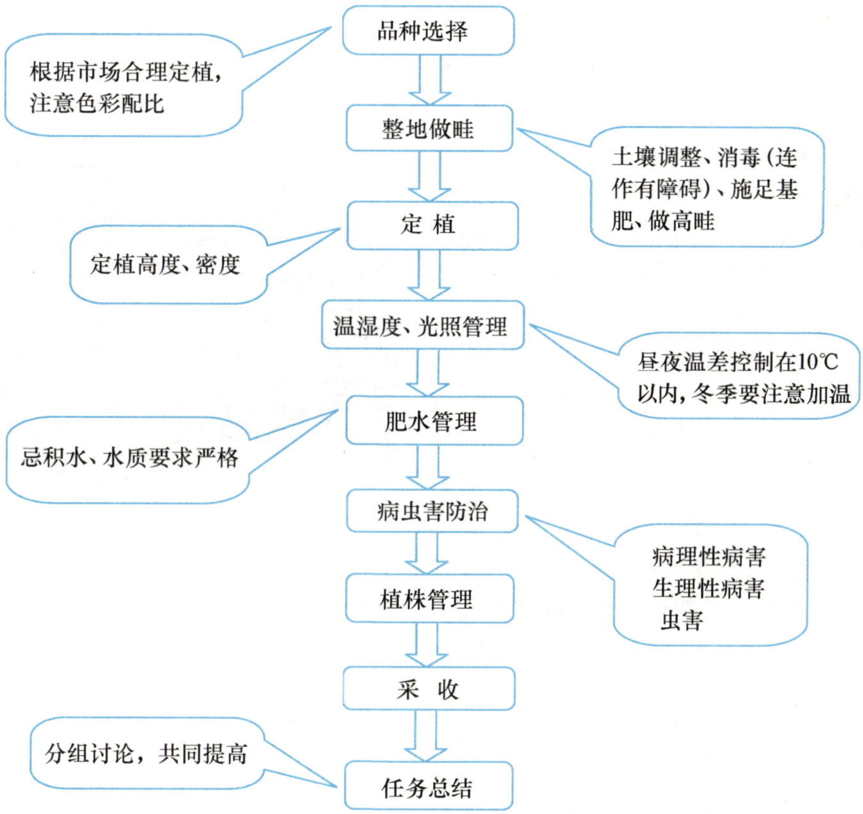

(二)学生模仿设计生产方案

1. 学生分组，在教师的指导下，通过多种信息渠道查询资料。安排学生参观花卉市场和非洲菊苗圃，注意留资料。

2. 每人写一份非洲菊生产方案。小组讨论，将每个同学好的思路，补充完善到一个计划中。

3. 每组选一个代表，在全班讲解小组的计划，补充方案的内容。教师组织发动全班同学讨论，选出并丰富最佳计划。

【任务实施】

一、品种选择

切花非洲菊品种很多，花瓣有红、黄、粉、橙、白，花心有黄、黄绿、红褐、紫色等色，同时又有单瓣、重瓣之分（图 4-3-1）。在实际生产中应根据市场的需要合理确定种植品种和规模，保证有主品种和搭配品种，从而达到满足不同消费群体要求的目的。非洲菊冬春季价格较高，但是冬季低温条件下非洲菊花瓣中的花色素含量下降，花朵着色不充分，光泽度低，品种选择上，要选择耐低温性强的品种。在冬季低温和弱光照条件下，“阳光露”“阳光海岸”“F42”和“蜜糖”等品种无论花色和色泽都比较理想，花色较夏季更深一些，色泽更亮丽，具有较高的推广应用。

图 4-3-1 不同颜色非洲菊

组培苗目前是非洲菊种苗繁殖最有效方法，种苗质量高，后代表现一致，繁殖速度快，可进行周年商品化生产。非洲菊实生苗繁殖系数低，效率差，后代分离严重。分株苗繁殖系数低，易感染病虫害，分株繁殖代数高时，种苗退化，质量不稳定，降低商品率。为了能生产出高质量的鲜切花，非洲菊种苗最好采用株高 10 cm 左右，4 叶 1 心的组培苗。

二、整地做畦

土壤酸碱度调节及消毒：非洲菊适宜的土壤 pH 为 6.5 左右，种植前要调节好土壤酸碱度，以免在以后生产中发生植株缺素症状。土壤消毒应根据实际情况而定，第一年种植非洲菊的土壤，可以不消毒，但前茬种植的是非洲菊的则要消毒。国外多用蒸汽消毒，我国常用的为甲醛消毒法。具体做法是 1%工业甲醛进行地面浇泼，使用量为 10～15 kg/m^2，浇药后盖上塑料薄膜进行闷熏，14 d 方可揭膜。

揭膜后，让甲醛气体充分散开，同时淋水冲洗。淋洗分几次进行，总淋水量不小于 100 L/m^2，再过 14 d 方可进行种苗定植。基质栽培的，可选用安徽农业大学通过试验获得较好的非洲菊培养基质：①0.75 m^3 炉渣＋0.25 m^3 香菇渣；②0.15 m^3 炉渣＋0.38 m^3 香菇渣＋0.31 m^3 锯末＋0.15 m^3 泥炭。①和②中皆需加入 5 kg 消毒鸡粪、1 kg 复合肥。香菇渣为培养食用菌后的废料，炉渣过孔径 1.5 cm 的筛，锯末须经发酵后使用，配好的基质仍需用甲醛消毒后方可使用。

> 若土壤pH过高，可以用草酸调节。

非洲菊属深根性植物，整地时需要深翻土地 30～40 cm。结合整地，施足基肥，施肥量为腐熟的有机肥 1 500～2 000 kg/亩。施肥后要深翻，整平，然后做成南北向高畦，一般畦高 25 cm、畦宽 80 cm、沟宽 20 cm。选择苗高为 11～15 cm，4～5 片真叶的组培苗进行定植，种植前 3 d 人工除草并灌透水 1 次，使畦土板实。

三、定植

（一）定植时间

非洲菊设施栽培时全年均可种植，一般情况下从定植到开花需 5～6 个月，但从生产及销售的角度考虑，以 4～9 月定植较好。这样，元旦前可进入盛花期；定植过晚，气温较低，植株发棵慢，越冬抗寒能力差，易出现低温危害。

（二）定植方法

定植时应按颜色分区定植，采用高畦双行交错定植。非洲菊根系有收缩老根的特点，定植应浅栽。定植时，要求根颈露于土表面 1～1.5 cm，用手将根部压实。如果栽种深，植株随生长向下沉，生长点埋入土中，花蕾不能伸出地面，影响开花。

（三）定植密度

非洲菊是宿根花卉，密度过高易造成 2～3 年茬枝叶郁闭，影响花蕾的发育和花的质量和数量；密度过低，影响总产量。日光温室栽培，非洲菊需种植 3 年以上换茬，规格为每畦两行，株行距 25 cm×50 cm，2 行交错种植，每亩定植数量在 3 300 株左右，不宜过密，以利通风透光。

四、温湿度、光照管理

定植后应注意棚内温度，降低空气湿度，加强通风透光，增强植株的抗病能力。植株生长期最适宜的温度为 20～25℃。土表温度宜略低，根部温度维持在 16～19℃。冬季若能维持在 12～15℃以上，夏季不超过 26℃，可以终年开花。适宜光照强度为2万~5万lx，空气湿度以60%~80%为宜。夏季要选用70%的遮阳网调节温室内光强与温度，10月上中旬完全去除遮阳网，加强光照及通风，尽快形成秋季产量高峰。进入11月后，外界气温急剧下降，温室内最低气温降到12℃时，要采取保温措施，加盖草帘或3膜覆盖（温室外加盖雨布、温室内搭小拱棚）方式进行保温，晴天9时左右拉起草帘或雨布增温、增光、16时左右盖上保温。白天温度保持在18~25℃，夜间12~16℃，使产量高峰延长至元旦。

五、水肥管理

（一）小苗管理

定植当天浇一次透水。小苗期浇水保持土壤表面见干见湿，忌浇皮毛水。如果有条件的话可用滴灌，以提高小苗的成活率。随后2周内注意保湿保温，及早检查并拨开根颈部的土。通常4周可长出新叶，即可施浓度为正常营养液1/4的稀薄液肥。

（二）成苗管理

小苗定植45 d进入旺盛生长期，生长期间，每7~10 d可长出1片新叶，根系发达，吸肥吸水力强。营养生长期在株间穴施复合肥1次，25 kg/亩，施后灌水1次。

（三）花期管理

定植后3~4个月进入花期，为保证鲜花的产量及质量，肥水管理要以“以促为主，促控结合”。在生长期应充分浇水，冬季应少浇水，浇水时要注意叶丛中不要积水，尽量从侧方给水，使株心保持干燥，防止花芽腐烂。非洲菊为喜肥花卉，要求肥料量大，氮磷钾比例为2∶1∶3，因此应特别注意加施钾肥，生长季应每7 d施1次肥，温度低时应减少施肥。

六、病虫害防治

（一）生理病害

(1)缺钙。幼苗上出现浓绿色斑点，严重时幼叶及生长点枯死，而老叶却能保持正常状态。用0.15%$Ca(NO_3)_2\cdot 4H_2O$叶面喷施，25 d/次。

(2)缺镁。叶片变脆、弯曲，甚至发红；新叶少而小，叶柄细长，幼叶叶脉突出；花序形成慢，花梗细，花朵小。用0.2%镁肥喷施2次。

(3)缺硼。小叶弯曲，变厚，变脆。生长点枯死，花蕾败育或产畸形的不育花序。用0.05%的硼砂喷施，25 d/次。

(4)缺铁。叶片淡黄色,甚至发白,叶脉初期保持绿色,后期也变色。用0.02%的螯合铁喷施,25 d/次。

(二)病害

(1)疫病。土壤湿度大时易发生,发病时叶茎部变黑腐烂,导致植株萎蔫死亡,可用托布津、敌克松等灌根处理。

(2)颈枯病。发病时花变小、畸形,花茎顶端部位干枯,可用代森锰锌或链霉素防治。

(3)叶斑病。受害株叶片和花上有灰色的斑点或斑块,严重时斑块连成片,可摘除病叶,并用托布津、普菌克、百菌清等防治。

(三)虫害

(1)叶螨。经叶螨危害的植株,叶片卷缩、硬化,花朵不能正常展开,可用克螨特、天氯杀螨醇、水胺硫磷等交替使用防治。

(2)蓟马。受蓟马为害的植株生长缓慢,花瓣产生白斑、褪色,可用高效蓟蚜清、蓟马灵等进行防治。

(3)潜叶蝇可用爱福丁进行防治。

(4)蚜虫可用蚜虱绝、硕丹等进行防治。

(5)粉虱可用高效蓟蚜清、叶蝉散、灭扫利等进行防治。

七、植株管理

在幼苗刚进入初花期、叶片较少时,应将花蕾摘除,以蓄积养分,利于冬季开花。一般一枝只留一个花蕾。非洲菊基生叶丛下部叶片易枯黄衰老,应及时清除,既有利于新叶与新花芽的萌生,又有利于通风,增强植株生长势。保持一株丛中每一分株留3～4片功能叶,摘叶时注意防伤及功能叶与小花蕾。浇水3～5 d后要进行松土除草,提高土壤的透气性。

图 4-3-2 荷兰非洲菊包装

八、采收

非洲菊切花花枝最适宜采收的时间为最外轮花平展、花粉开始散发时,采切花的植株应维持最旺盛的生长势,植株挺拔,花茎直立,花朵开展。最佳时间是早上和晚上温度低时，此时易采摘且不伤植株，方法是采收时捏住花茎左右晃动1次再向外掰便可将花摘下，拣除带病斑、虫斑、畸形的花朵，用12～15号的漏斗形塑料袋套好花朵，然后依品种长短分级，以20支为一把用橡筋捆扎好即可出售(如不立即出售的，要直立插于有清水的桶或其他容器中水养保存，水深以淹没花茎基部5～10 cm为宜)。

【复习思考题】

1. 非洲菊在定植时候应注意什么内容？
2. 非洲菊常见病虫害总结。
3. 简述非洲菊定植后的管理要点。
4. 非洲采摘时应注意什么？

子任务二 康乃馨设施生产技术

【案例导入】

康乃馨又称香石竹，20世纪初传入我国上海，目前在我国各地广为栽培，康乃馨属四季开花的中性植物，单朵开放时间可达半月以上，是著名的“母亲节”之花，也是生日、婚宴、庆贺等活动中的重要插花材料，南阳石桥镇是月季花卉生产基地，村民刘民国想带动整个村农民种植鲜切花，为了让村民看到效益，他先尝试在日光温室里种植鲜切花康乃馨，想请我们帮他设计生产方案，帮他完成心愿。

【任务目标】

完成本学习任务后，你应该能

1. 学会康乃馨的栽培技术方案设计；
2. 学会康乃馨的日光温室促成栽培技术；
3. 发现并会分析栽培过程中的问题，提出解决的办法。

【相关知识】

康乃馨，石竹科石竹属多年生草本植物，原产欧洲南部、地中海沿岸至印度地区。喜冷凉气候，不耐寒，生长温度范围为5～27℃，最适温度为18～22℃(昼)，10～15℃(夜)。开花适温为10～20℃。超过30℃或低于5℃以下生育迟缓。夜间低温有利于其花芽分化。康乃馨喜保肥、通气、排水性好、富含腐殖质的中性或微酸性的土壤，pH 要求为 6～6.5，忌连作、低洼积水的湿地。

【方案设计】

(一)方案设计

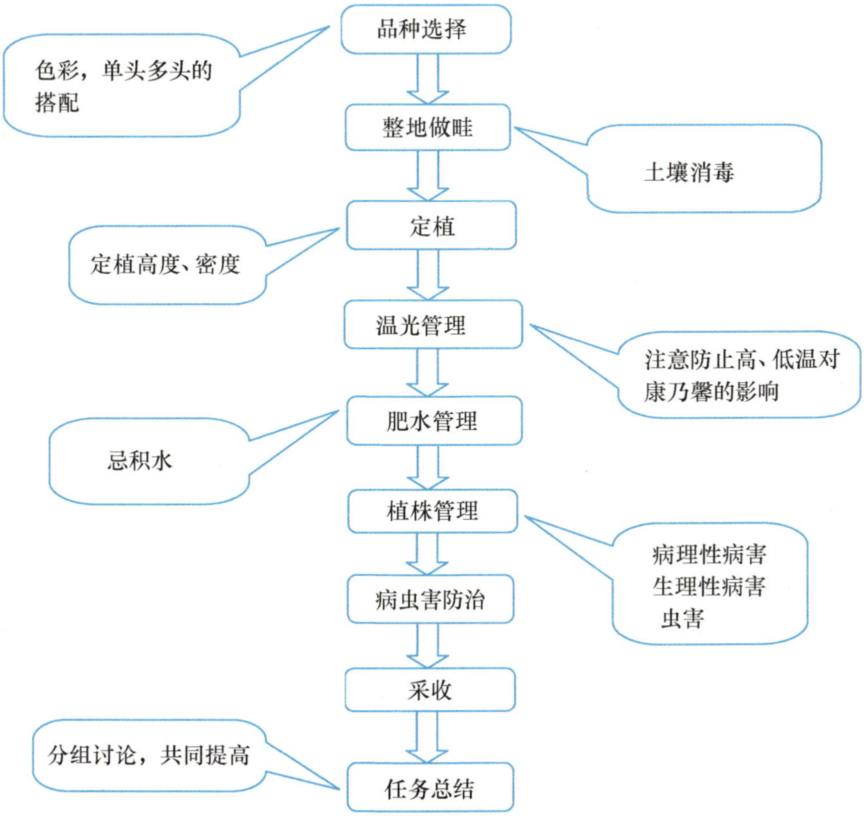

(二)学生模仿设计生产方案

1. 学生分组，在教师的指导下，通过多种信息渠道查询资料。

2. 安排学生参观花卉市场和苗圃，做好详细记录。每人写一份康乃馨生产方案。

3. 小组讨论，将每个同学好的思路，补充完善到一个计划中。每组选一个代表，在全班讲解小组的计划，补充方案的内容。教师组织发动全班同学讨论，选出并丰富最佳计划。

【任务实施】

一、品种选择

康乃馨冬季开花品种宜选择生长快、抗病性强、耐寒、产量高品种；夏季开花品种需选择对高温长日照抗病性强、分枝性好、裂苞少、茎挺直的品种。也要结合本地气候因素选择相适应的品种。

要注意颜色的配比和单头多头的配比。

二、整地做畦

(一)土壤消毒

温室消毒定植前 10 d，每亩用硫黄粉 1.5～2.5 kg，敌敌畏 250 mL，加锯末 3.5 kg，混合点燃密闭熏蒸 12～24 h，3 d 后通风，可防治白粉病、蚜虫和真菌性病害。

(二)整地施基肥

以疏松透气，富含腐殖质的沙壤土为宜，整地时每亩施入腐熟农家肥 5 000 kg，过磷酸钙 50 kg，磷酸二铵 30 kg，硫酸钾 20 kg，深翻掺匀。土壤黏重可掺入稻壳、粉碎的作物秸秆，以提高土壤有机质含量和通透性。

(三)做畦

按 140 cm 划线做畦，畦面宽 100～110 cm，沟宽 30 cm，畦高 20～30 cm。

(四)拉网

为使康乃馨切花茎秆挺拔，在定植前需拉网支撑；拉网的木桩要求挺直、高度一致；网规格为 11 cm×11 cm，一般拉 3～4 层网，要求网格对齐绷紧。

三、定植

康乃馨从定植到开花需要的时间与温度有关。生长期在夏季和秋季的从定植到初花 70～90 d，生长期在春季和冬季的从定植到初花 150～200 d。可根据供花时间往前推算确定定植时间，也可采用多次摘心达到要求的供花期。定植前选择根系发达、叶片生长健壮的幼苗用 500 倍移栽灵溶液进行蘸根处理，以便消毒和促进生根。

康乃馨一般定植密度为36株/m^2，应选择阴天或晴天傍晚种植，高温天气种植必须要进行遮阴。要求浅栽，以基部第一对叶不埋入土为好。浅栽既有利于根系生长，又可防止感染茎腐病。栽完要及时浇水，定植后1～2 d内用75%百菌清可湿性粉剂600倍喷雾。图4-3-3为康乃馨大棚。

图4-3-3　康乃馨大棚

四、温光管理

康乃馨最适生长的温度为15～20℃，栽培上要求春季白天19℃，夜间13℃；夏季白天22℃，夜间15℃；秋季白天19℃，夜间13℃；冬季白天16℃，夜间10℃。冬季要做好保温工作，一般气温降到10℃以下时需采取增温措施给温室加温。康乃馨在充足的光照下才能茎秆挺拔，开花繁多，因此要求每天接收直射光不少于6h，白天加长光照到16 h，夜间22时至凌晨2时用灯光打断黑夜，或者通宵低光强度光照，都会对康乃馨有较好的影响。

昼夜高温都会对康乃馨生长有不良影响，注意夏天降温，冬天保温。

五、水肥管理

幼苗定植后应随即浇透水，使根系与土壤充分接触，并对植株进行喷雾，以防脱水，直至长出新的根系，植株完全成活为止(7 d左右)，缓苗后适当控水，促使形成良好的根系，夏季浇水宜在清晨或傍晚进行，土壤含水量不宜过高，否则易发生茎腐病；冬季浇水宜在中午前后进行，经常保持叶面干燥，否则易发生病害。

康乃馨生育期较长，在基肥充足的基础上，还需不断追肥，追肥原则是：薄肥勤施，不同的生育期施肥次数和浓度都不同，一般种植后1周就需施肥，苗期施肥可用含氮、磷、钾、镁的液肥，在生长旺季10～11月及4～5月需要大量养分时，可结合中耕施用速效性的复合肥，生长中后期应逐渐减少氮肥用量，增加磷、钾肥用量，花蕾形成后可适当用磷酸二氢钾进行叶面追肥，以提高茎秆硬度，但次数不宜多，1～2次为宜。

六、植株管理

(一)康乃馨栽培要注意摘心

摘心可以调节花期并决定花量,一般在定植后 15～30 d 幼苗主茎有 6～7 对叶展开时进行第一次摘心,摘除 5～6 节以上的茎尖生长点,每株留 3～5 个侧枝,促使单株萌发为开花枝。摘心要在晴天进行,摘心后及时喷杀菌剂,以后每隔 7～10 d 喷 1 次药,农药要交替使用,以防产生抗性。

(二)疏芽和摘蕾

(1)单花型品种。对于开花枝上的小侧芽,除顶端主花蕾以外的侧蕾和侧枝全部抹掉,使养分集中供给顶花。

(2)多花型品种。主花苞长到 1 cm 左右抹去,保留主花苞以下 5～6 节内的花蕾,其余侧枝、侧蕾及时抹去。

(三)拉网

定植后,幼苗宜倒伏,苗长大后侧枝多,张网工作量大,而且易对苗造成机械伤害,所以随着植株的生长,要对植株进行适时的撩头提网工作,避免出现花秆弯曲,歪头,确保植株挺直不倒伏,以提高商品质量。

七、病虫害防治

(一)生理病害

裂苞,主要是大花品种容易发生,原因主要有:①成花阶段昼夜温差大;②低温期浇水、施肥过多,氮磷钾肥不均衡,尤其是磷肥过多缺硼等;③品种特性。

防止裂苞的方法:①提高夜间温度,白天充分通风换气,使昼夜温差缩小;②适当控制水分,避免低温时期土壤湿度过大;③选择不易裂苞的品种;④低温季节减少施肥量,忌大肥大水,使肥水均匀供给;⑤对裂苞品种而言,可在开花前 1～2 周用塑料胶带在花萼部包卷成钵状,可有效减少花萼破裂。

(二)非生理病害

1.灰霉病

最初花瓣出现椭圆形、棕色、大而湿的斑点,随后其上生长出灰色霉状物,花瓣及整朵花随之腐烂,也可感染茎及花蕾。防治方法:加强通风,尽可能保持植株干燥,最好采用滴灌进行肥水控制;喷施 50%腐霉利可湿性粉剂 1 500 倍液,40%施佳乐悬浮剂 800～1 000 倍液,交替使用;傍晚棚内可释放 10%速克灵烟雾剂,封棚一夜。

2.根腐病

部分茎或植株看似干枯，叶片变灰变黄，茎底部有斑点出现，呈棕色，并有同心圆斑出现，继续发展成茎秆枯腐并断裂，有时可形成 1～2 cm 直径的暗黑菌核，该病菌生长在土壤有机质中，适合 25～30℃的潮湿土壤，黏土极易发病，可通过灌溉水、消毒不彻底的工具传入；种植过深也是发病的原因之一。防治方法：定植前进行彻底的土壤消毒，浅种，发病时及时拔除病株；夏季不使土壤过湿，确保排水良好；发病时要挖掉病株并对周围土壤消毒，用 40%甲霜锰锌 600～800 倍液或 64%杀毒矾 500 倍液交替防治。

(三)虫害

1.红蜘蛛

一般 25℃以上高温(7～8 月)危害重。防治方法：清除枯枝落叶和杂草，改善栽培条件，适当增加空气湿度。初发期：喷施 40%三氯杀螨醇乳油 1 000～1 500 倍液，或杀灭菊酯 800～1 000 倍液，或扫螨净、克螨特、卡死克、乐斯本等。

2.蚜虫

蚜虫的分泌物经常诱发煤污病，更为严重的是蚜虫能传播病毒病。防治方法：20%灭扫利 1 000 倍液，20%阿维菌素乳油 1 000 倍液，或 20%杀灭菊酯 2 000 倍液，10%吡虫啉可湿性粉剂 1 000 倍液，一遍净 1 500 倍液，灭虫灵等。

3.蓟马

可喷施 20%杀灭菊酯 2500 倍液，或 40%氧化乐果 1 000 倍液，或敌敌畏乳油 800～1 000 倍液，90%万灵可溶性粉剂 2 000～3 000 倍液等进行防治。

八、采收

当外层花瓣已打开，与花茎近成直角时为适采期。由于花枝往往需要贮藏、中转、处理等，因此，比较合适的采收时间是花朵花瓣呈较紧裹的状态，花瓣的露色部位长 1～2 cm 左右。多头型康乃馨，则宜在 2 朵花开放，其他花蕾显色时采收。采时用锋利刀或剪刀剪下花枝。剪口部位既要考虑到切花花枝的长度，又要考虑下一茬花枝有足够发侧枝的部位。剪下的花枝，要尽快送到冷库中进行分级和绑束。

将康乃馨按不同长短及质量分级后，同级花按 10 支、20 支或 30 支绑成 1 束。绑束后，将花基末端剪齐，然后将茎端放入盛有 37℃保鲜液的塑料桶中浸泡 2～4 h，在室温 21℃条件下进行预处理。然后转移到 0～2℃的冷库中贮藏(图 4-3-4)。

分级标准：

一级品　枝条长 80 cm，花苞大，无病虫害，枝条均匀，花苞与枝条呈 90°。

二级品　枝条长 60 cm，花枝硬，花苞大，无病虫害，枝条均匀，花苞略弯。

三级品　枝条长 45 cm 以上，颜色亮丽，无病虫害，花枝、花苞略弯。

图 4-3-4　康乃馨包装

【复习思考题】

1. 康乃馨在定植前做哪些工作？
2. 简述康乃馨定植后的管理要点。
3. 康乃馨常见病害的防治。

子任务三　百合设施生产技术

【案例导入】

百合是世界重要切花之一，随着人们对节日的重视和鲜切花的接受程度越来越高，越来越多的农民开始种植这种高附加值的经济类花卉。南阳石桥镇交通便利，离城区较近，村周围月季花卉种植较多，刘民国通过市场调查，发现春节前后百合的价格在市区比较高，销量不错，他想带动整个村农民种植鲜切花，为了让村民看到效益，他先尝试在日光温室里种植鲜切花百合，想请我们帮他设计生产方案，帮他完成心愿。

【任务目标】

完成本学习任务后，你应该能

1. 学会百合的栽培技术方案设计；
2. 学会百合日光温室促成栽培技术；
3. 发现并会分析栽培过程中的问题，提出解决的办法。

【相关知识】

百合，百合科百合属植物，秋植球根花卉，通常在 9～10 月种植，于秋季发芽，到春季抽薹开花，自然花期为 5～6 月。百合素有“百年好合”之寓意，是世界主要商品花卉，也是我国主栽球根花卉之一。目前，国内切花百合消费连年增长，总体呈现为喜庆用花，节日期间和冬春季节需求量巨大，市场价格高，所以在生产供应 1～2 月份的月季时要求的技术也更高。

一、百合栽培对环境条件有哪些要求

(一)温度

百合耐寒，根系发育适宜温度 12～14℃，生长期白天空气温度 14～16℃，夜间 10～12℃，温度在 5℃以下或 30℃以上时，生长接近停止；百合是绿体春化型，鳞茎必须解除休眠，然后感受 0～2℃的低温；百合在花芽分化阶段对温度较敏感，大多数品种的花芽分化适温为 15～20℃，东方百合系的品种对温度要求较高。当连续低于 5℃以下低温或 30℃以上高温，或昼夜温差大时，其花苞易出现裂萼现象。

(二)光照

在生长季节要求阳光充足，但幼苗期喜弱光。百合为长日照植物，虽然短日照也能开花，但长日照能促进花芽分化。

(三)湿度

生长期最适相对湿度 80%～85%。

(四)土壤

喜肥沃、多孔隙疏松的沙壤土，pH 为 5.5～6.5，忌土壤高盐分；百合需肥量少，主要使用营养液浇灌或叶面喷肥，栽培过程中避免施用含氯和氟元素的无机肥料。

【方案设计】

(一)方案设计

见下页。

(二)学生模仿设计生产方案

1. 学生分组，在教师的指导下，通过多种信息渠道查询资料。

2. 有条件可以安排学生去百合生产基地参观，做好详细记录。每人写一份百合生产方案。

3. 每组选一个代表，在全班讲解小组的计划，补充方案的内容。教师组织发动全班同学讨论，选出并丰富最佳计划。

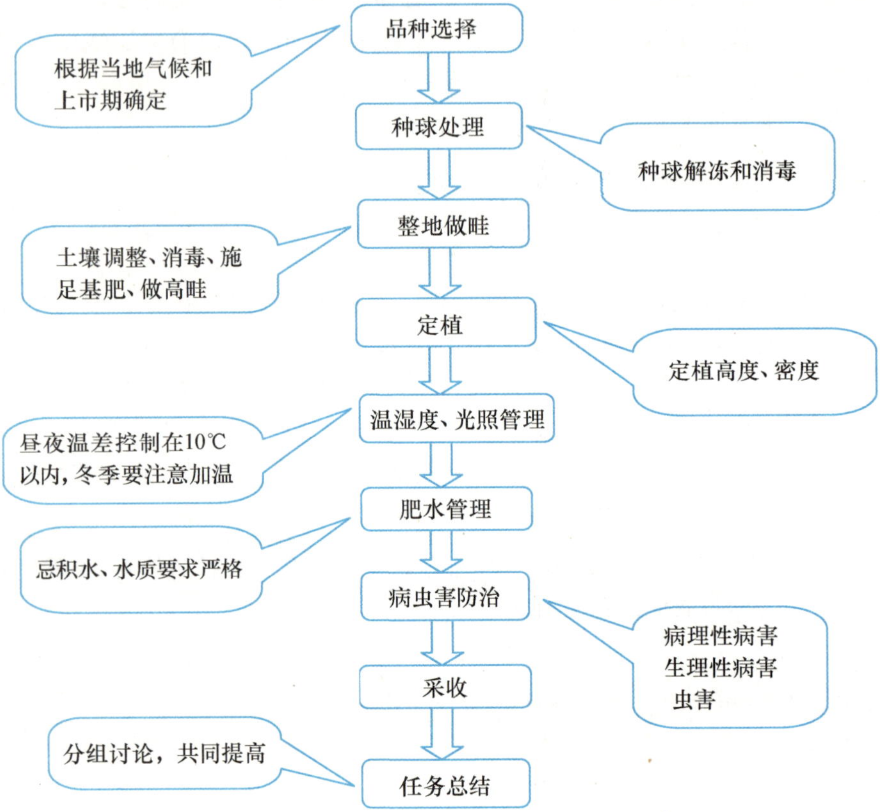

【任务实施】

一、品种选择

冬春种植宜选择生长势强，植株高，茎秆粗的品种；秋季种植需选择对光照不敏感的品种；夏季宜选用耐热、抗病、茎秆高、盲花率低的品种。除此之外，还要考虑市场前景、产品生产成本和生产周期、品种的特性。作为切花百合栽培，主要选用以下品种。

> 选择花色鲜艳，花形优美，花瓣硬挺，耐插性好，花枝挺拔，花蕾多，抗病性强，有香味的品种。

（一）亚洲百合杂种系

花朵向上开放，花色鲜艳，生长期从定植开花一般需 12 周。适用于冬春季生产，夏季生产时需遮光 50%。该杂种系对弱光敏感性很强，冬季在设施中需每日增加光照，以利开花，若没有补光系统则不能生产。

（二）麝香百合杂种系

花为喇叭筒形、平伸，花色较单调，主要为白色。属高温性百合，夏季生产时需遮光 50%，冬季在设施中增加光照对开花有利。从定植到开花一般需 16～17 周，生长期较长，有些品种生长期短，仅 10 周。

（三）东方百合杂种系

花型姿态多样，花色丰富，花瓣质感好，有香气。生长期长，从定植到开花一般需 16 周，个别品种长达 20 周。要求温度较高。夏季生产时需遮光 60%～70%，冬季在设施中栽培对光照敏感度较低，但对温度要求较高，特别是夜温。图 4-3-5 为东方百合。

图 4-3-5 东方百合

二、种球处理

种球的好坏是百合切花栽培的关键，首先选择好的种球，在 10～15℃阴凉处进行缓慢解冻。若不能及时种植，将种球放置在 0～2℃条件下，可保存 2 周，2～5℃条件下可存放 1 周，存放时应打开塑料包装薄膜。待种球完全解冻后，用多菌灵或高锰酸钾配成消毒液浸泡消毒。为了提高日光温室的利用率，保证百合生长期一致、花期一致。需对未萌芽的鳞茎进行催芽处理：将鳞茎排放在厚 3～4 cm 经过消毒的基质上，然后再盖上 2～3 cm 的基质，浇水后在 18～23℃的条件下进行催芽，正常情况下 4～5 d 即可发芽。如果是收获的二茬种球，需先进行种球消毒，然后用 7～13℃低温冷藏，44～45 d 打破休眠，即可种植。

> 实际操作中，若种球无异常情况且又能及时下种，也可以不进行消毒或者在种植后随水进行消毒。

三、整地做畦

（一）改良土壤

百合对盐极敏感，高盐量的土壤会抑制根系吸水，从而影响百合茎的高度。百合喜欢疏松透气、排水良好、富含腐殖质、土层深厚的微酸性砂质土壤，有条件的可使用优质泥炭做畦栽培。土壤偏碱性使用石膏、磷石膏、硫酸亚铁、腐殖酸钙等配合有机肥改良土壤。每亩施入充分腐熟的堆肥、厩肥等 2 000～3 000 kg，配合施用硫酸钾及过磷酸钙等磷钾肥 30～40 kg。栽种前一个半月要测定土壤含盐量，若大于 1.5 Ms/cm，含氯量大于 1.5 mmol/L 就要用水冲洗，防止土壤结构退化。

(二)土壤消毒

在种植过百合的地块要进行土壤消毒，40％的福尔马林配成 1∶100 倍药液泼洒土壤，用量为 2.5 kg/m^2，泼洒后用塑料薄膜覆盖 5～7 d，揭开晾晒 10～15 d 后即可种植，也可用多菌灵原粉 8～10 g/m^2 撒入土壤中进行消毒。

(三)做畦

南北向做高畦或栽培床，畦面宽 100～120 cm，畦高 25 cm，或铺设草炭厚度 30 cm，行道宽 60 cm。种植前一周浇一次透水，种植前 3～4 d 防雨，同时用遮光率 50％～70％的遮阳网对日光温室进行覆盖遮阳。

四、定植

根据品种的生育期、供花时间和温室的保温性能确定。以春节为供花目标，亚洲百合和铁炮百合适宜种植期为 9 月底至 10 月初，东方百合适宜种植期为 9 月初。种植采用沟栽，种植深度以栽后保持鳞茎上方土层厚 6～8 cm，确保发芽后茎生根不露出土面，种植时不要用力按压，以防碰伤鳞茎盘或根系。种植密度根据栽培品种的种球的规格不同而异。一般选用宽 1.2 m 的苗床种植密度根据种球的大小而定，一般以 16 cm×20 cm 株行距为宜。周径 10～12 cm 的种球，亚洲百合 50～55 粒/m^2，东方百合 40～50 粒/m^2，铁炮百合 45～55 粒/m^2。随着种球周径的增大，密度适当的减小。种植后用遮阳网遮阳，用覆盖物适当的覆盖，以对土壤降温和保湿，至 10％芽露出土面时揭除所有覆盖物。

五、温湿度、光照管理

茎生根未长出之前控制温度为 12～14℃以利萌发及根系生长，茎生根长出后控制温度为 14～25℃，控制白天温度不超过 28℃，夜间温度不低于 10℃，昼夜温差控制在 10℃。冬季温度偏低时采用热水或热气的管道加温方式加温，生长期间做好通风降温。

光照对百合生长至关重要，如果光照不足易造成植株生长不良并引起落芽、叶色变浅、花色不艳、瓶插寿命短等问题；光照过强会引起植株矮小、花色过艳现象。一般亚洲杂种系对光照不足最为敏感，夏秋季节覆盖遮阳网遮阴 50％，以降低植株表面温度和环境温度。一般保持空气湿度为 80％～85％，不要有大的波动。浇水尽量在早晨进行，以避免浇灌对温室内空气湿度的影响，空气湿度偏高时及时通风降湿。

补光。每天要保持 8 h 以上的光照，即使在深冬，至少要保证 7 h 的光照。若遇长时间阴雨或想提早开花，则需补充光照。方法是在上方 2 m 处每 25～30 m^2 挂加有反光装置的高压钠灯 1 只，从现蕾开始补光直至采收。百合性喜阳光，植株容易向温室前沿发生倾斜，可以在温室后墙张挂反光幕。

防止植株倾。当株高达 35 cm 时开始张支撑网，随着植株的生长，提升网或加网。

六、肥水管理

种植后 3～4 周内不施肥。种植后立即灌透水 1 次，浇水时间应在早晨，除苗期和收花后适当控水外，生长期内株高达 20 cm 时，要保持土壤湿润，生长后期，有条件最好采用滴灌系统灌溉，浇水时间以上午为宜，水质 pH＜7。生长期配合浇水使用配方营养液浇灌，浓度不宜过高，一般 1m^3 水使用四水合硝酸钙 700 g，七水合硫酸镁 500 g，磷酸铵 180 g，硝酸钾 700 g，磷酸二氢钾 80 g，尿素 300 g，10.5 g/L 螯合铁溶液 2.5 L，硼砂 6 g，按每亩每次追施 1.5～1.8 m^3，每 10～15 d 一次，直至采花前 3 周。在老叶黄化，生长势差时，多缺氮肥，叶面喷 0.3%尿素，在现蕾后至采收前 2 周，每 15 d 喷 0.2%～0.3%磷酸二氢钾 1 次，要注意氮肥施到叶面上时须用清水进行清洗。

七、病虫害防治

（一）生理性病害

有叶焦、花叶、芽枯、盲花、裂花等。如果土壤和水的 pH 偏高（7.2～8.5），阻碍了百合根系对微量元素的吸收，容易引起百合缺铁缺钙症状，形成花叶和叶焦。为防止百合缺素症状，需调低土壤和水的 pH 并在着蕾之前喷施螯合铁。盲花是由于日照、温度、通风、水分不良造成光合作用不均衡而使花芽发育受阻，花蕾凋谢而枯，或是由于栽植过密、温室内光照不足，特别是温度急剧降低、土壤暴湿造成。防止这一生理性病害主要是要控制好栽培环境，通过加强温度、湿度、水分和光照等田间管理可以克服。

（二）非生理性病害

常见非生理性病害有疫病、病毒病、灰霉病、细菌性软腐病等。综合防治方法：①搞好种球消毒；②轮作倒茬；③清沟沥水；④农事操作时避免损伤植株，以免受伤感染病菌；⑤采用配方施肥技术，适当增施 P、K 肥，提高抗病力，使幼苗生长健壮；

⑥拔除病株烧毁,并用杀菌剂对病株周围土壤及植株消毒。

(三)虫害

白粉虱可常年危害。防治方法:①在温室里悬挂黄色黏虫板诱杀;②用功夫乳油、天王星乳油、一遍净可湿性粉剂等配成液体交替喷雾。地老虎、蛴螬可用毒土、毒饵诱杀,或用辛硫磷等灌根防治。

八、采收

(一)切花采收

切花百合采摘指数:3~4个花蕾有一个着色,5个花蕾以上至少2个着色。夏季采摘时,可按采摘指数度(2)采切,冬季采摘时,可按指数度(3)采切。

指数度(1):花序基部第一个花蕾已着色,但未充分显色,适合远距离运输或贮藏;

指数度(2):花序基部第一个花蕾已充分显色,但未充分膨胀,第二个花蕾已着色,但未充分显色时,适合远距离运输或就近批发。

指数度(3):花序基部第一个花蕾已充分显色和充分膨胀,但花瓣紧抱,第二个花蕾已充分显色,未充分膨胀时,适合近距离运输或就近批发销售。

指数度(4):花序基部第一个花蕾已充分显色和膨胀,花蕾已现开放状态,第二个花蕾已充分显色,充分膨胀时,只能就近赶快出售。

采收要求:采收在早晨10时以前为宜,在茎秆基部切下,茎秆采切后应立即放入水中(桶内有不低于15 cm的清水)。根据不同品种,每桶分装支数为50支或75支,不能多装,防止机械损伤。采收后,要根据花蕾的数目、枝条的长度、坚硬度以及叶子与花蕾是否畸形等标准进行分级,去掉枝条基部10 cm的叶子,10支一束扎好,然后进行包装。确保切花离水时间不得超过15 min,及时入冷库预冷或贮藏。

(二)种球采收

百合地上部分茎叶自然枯黄时即可采收种球。采收前应控制土壤水分,保持适当干燥。选择晴天采挖,采收从畦头逐行翻土或刨土挖取,防止挖伤和创伤种株,将有损伤的种球拣出,及时清除损伤。种球一般依照围径、饱满度和病虫害来划分等级。周径小于9 cm的鳞茎不适合做种球,需培养1年后方可。亚洲百合杂种系鳞茎的规格为(cm):9~10,10~12,12~14,14~16;东方百合杂种系鳞茎规格(cm):12~14,14~16,16~18,18~20,20~22,22~24;麝香百合杂种系鳞茎的规格(cm):10~12,12~14,14~16,16~18。图4-3-6为百合种球分级。

将分级后的种球用水冲洗掉泥土，清洗时应注意不得损伤种球鳞片和根系。清洗后将种球倒入多菌灵 500 倍＋代森锰锌 500 倍的药池中消毒，对于种球根部有虫害的情况，加辛硫磷 1 500 倍。一般第一批次浸泡 20 min，第二批次 25 min，第三批次加 1/3 药量浸泡 30 min，然后换药液进行下一轮消毒。消毒后捞出种球需阴干。

消毒后的种球分多层装箱。先用有小孔的塑料袋垫于箱内，底层泥炭（多菌灵 500 g＋代森锰锌 500 g，拌泥炭 1 m^3）约 1.5 cm 厚，一层泥炭一层种球交替放存，种球之间尽量不接触，用基质隔开，表层泥炭 1.5～2.0 cm 厚，将塑料袋口包严实，在包口前于内侧贴标签，卡好木板即可。塑料筐侧贴一份标签，塑料袋内一份标签；标明品种、等级规格、数量、日期、生产单位、产地。等待入库。

种球入库前，需对冷库进行清扫、冲洗，并用 0.5％高锰酸钾溶液均匀喷洒杀菌。冷库采用分段降温的方法，逐渐降低温度。首先温度 10℃，湿度 70％～80％，处理 1 周；然后下调温度至 5℃，湿度不变，处理 2 周；最后温度下调至 2℃，湿度不变。冷藏处理 8 周后，即可出库达到商品切花种植要求；如果不需马上种植，则需将温度下调到-1.5℃，可以长期冷藏保存，根据种植需要再行解冻。

【知识拓展】

花卉水培

水培是一种新型的植物无土栽培方式，又名营养液培，是将植物根茎固定于定植篮内并使根系自然垂入植物营养液中，这种营养液能代替自然土壤向植物体提供水分、养分、氧气、温度等生长因子，使植物能够正常生长并完成其整个生命周期，采用这种无土栽培技术培育出来的花卉便为水培花卉。水培花卉以其清洁卫生、格调高雅、观赏性强、环保无污染等优点而得到了国内外花卉消费者的青睐；具有观赏价值高、清洁卫生、无二次污染、病虫害少、养护简便、改善空气质量、增强室内环境抗污染与自净能力的优势，特别适合于家庭居室、办公室、会议室、休息室、厅堂等室内场所摆放，在美化周围环境、增添生命气息的同时改善室内空气质量，有益于身心健康，被誉为室内绿化装饰最具代表性的花卉品种。

水培植物通常用透明容器培养，将植物固定于容器顶端，使植物的根系能够垂直进入营养液当中而不被淹没，一般浸入 70％的根系，其余 30％的根系留在水面上呼吸。常见的水培植物大多为观叶植物，如：广东万年青、花叶万年青、龟背竹、海芋、绿萝、富贵竹、文竹、吊兰、芦荟、鸭跖草、吊竹梅、彩叶草、巴西木、袖珍椰子、扶桑、吊金钟等；另外也有一些观花植物水培效果也不错，如：红掌、一串红、杜鹃、山茶、仙客来、朱顶红、马蹄莲、虎刺梅、长寿花、风信子等。

水培植物的技术要点：

一、水培容器及垫基物的选择

（一）容器的选择

一般美观并可以储水的容器均可，最常用的是透明容器，像酒杯、茶杯、花瓶、鱼缸等均可，选择阔口的容器，便于气体交换。容器的大小、高矮、形状、颜色、质地等要与水培花协调一致。用前要清洗消毒。

（二）垫基物

垫基物常置于水培容器的底部，主要起稳定植株的作用，如：鹅卵石、黄沙、珍珠岩等。以外观雅致、形态各异的小卵石最好。用前也应清洗消毒。

二、进行水培的时间

春秋两季最适宜水培，但也因花卉种类而异。如室内气温在15～28℃，观叶植物一年四季均可进行。观花植物宜在第一朵花含苞待放时进行，如仙客来、风信子、杜鹃、山茶等常在元月上旬进行水培，这样盛花期正值春节期间。

三、水培材料的获取与处理

（一）洗根法

选择株型饱满、生长旺盛、无病虫害的盆栽植株，脱盆去土，用与室温相接近的水洗净根系泥土，并剪除根部已腐朽和老化的根条，须根繁密的可剪去约三分之一，避免伤及新根，然后用50%的高锰酸钾水溶液浸泡根系30 min，既杀菌消毒，又可促发新根，之后再进行水培。此法多用于较大型的植株及难以生根的花卉。

（二）水插法

选取当年生粗壮、无病虫害的半木质化枝条，将其剪下插于水中进行水培。剪取的部位常在茎节下2～3 mm处，剪口要用利刀事先用白酒擦洗消毒，切口平滑，去掉枝条下部叶片。生根前最好选用不透明的容器或在透明容器上包扎黑色塑料袋，以利插条生根。此方法多用于生根容易、生长速度快的花卉品种。

四、水培的用水与换水

（一）用水

以山泉水为最佳，其水质清洁，无污染，不沉淀，且含有多种植物生长所必需的微量元素。凉开水次之。最好不用自来水，因其含杂质多，易沉淀，其中的氯又对植物生长有害。如能采用雨水或雪水水培，对花卉生长更为有利。

（二）换水

由于植物正常生长代谢，水培一段时间后，水中的氧气不断被消耗，同时根系产生黏液，水质已不如开始时新鲜，加入水中的营养液也被植株吸收不少，未被吸收的元素残留过多也会对花卉产生危害。因此，必须定期换水。而水质的变化与气温高低直接相关。春秋季是花卉的盛长期，每隔 7～10 d 换水 1 次；夏季每隔 4～6 d 换水 1 次；冬季约 15～20 d 换水 1 次。每次换水时，应洗去根部的黏液，剪去老化的根系和烂根。加水的高度与根际处齐平，过深容易缺氧烂根，过浅易使根系缺水影响生长。

五、水培营养液的添加

水培营养液即水培花卉的肥料。一般花卉水培半个月后，便可产生新根。伴随着花卉植物的生长，必须不断结合换水，添加营养液。大部分花卉根系喜欢微酸性的环境，营养液栽培须将溶液的酸碱度调整到 5.5～6.5 的范围，可有利于花卉对微量元素的吸收，生理代谢不受干扰，生长正常，叶色碧绿。可根据需要到市场上购买不同类型的花卉营养液。必须注意的是：①购买到的各种营养液是原液，必须稀释使用。稀释倍数依不同花卉种类而异，故应详细阅读使用说明书。②各类专用营养液必须专液专用，避免乱用。有些花卉不需要营养液，特别是在休眠期，直接定期换水或加少量的糖水、盐水，效果也不错。

六、水培花卉的管理

（一）温暖湿润的环境

水培植物也需要造就一个较为湿润的环境，才能使其生长良好。简单的方法是向花卉叶面细孔喷雾。较坚挺有蜡膜的花卉叶子，如龟背竹、君子兰，可用湿毛巾擦抹叶面，既可以增加叶面的湿度，又能清除叶面灰尘。对那些较大型、搬动有困难的花卉，可以用浅盘或盆盛清水摆放在花旁，蒸发的水分同样能增加环境湿度。

（二）良好的通风环境

这是花卉正常生长的重要条件，水培花卉摆设在居室内，若是门窗紧闭，空气混浊，对其生长是不利的。水培花卉既得不到所需要的光照，更缺少新鲜的空气，溶解氧不断降低，长势会越来越差，产生叶子发黄脱落，新梢瘦弱干瘪的现象。摆放水培花卉的场所，应该定时开启门窗，形成空气对流，让外界的新鲜空气进入室内，可以增加营养液里溶解氧的含量。

(三)适宜的光照

水培花卉光照主要取决于所种植的花卉的需光特性。若是阴生的种类，则不宜让太阳直接照射，但由于家庭摆设的水培花卉通常都处于光线较差的环境，即使是阴生的花卉，也需要定时放置在光线稍强的阳台。一般，每周有一天时间产放在阳台就可以了。植物生长有趋光性，摆放花卉的朝向，应定时转动，这项工作可结合清洗器皿、更换营养液的时候合并完成，将根系清洗后的花卉相对原来的朝向转动 180°莳养，就能使花卉不会偏向一侧生长，顶梢始终挺拔向上。

【复习思考题】

1. 百合在选种时应注意什么内容？
2. 百合栽植的株行距是____________。
3. 简述百合定植后的管理要点。
4. 百合采切标准是什么？

附录1　评价与反馈

(一)学生互评

序号	评价项目	评价情况
1	与其他同学口头交流学习内容是否流畅	
2	是否尊重他人	
3	学习态度是否积极主动	
4	是否服从教师的教学安排	
5	着装是否符合标准	
6	能否按照安全和规范的规程操作	
7	能否辨别工作环境中哪些是危险的因素	
8	是否合理规范的使用工具和仪器	
9	是否能保持学习环境的干净整洁	
10	是否遵守学习场所的规章制度	
11	是否有工作岗位的责任心	
12	是否达到全勤	
13	团队学习中主动与合作的情况如何	
14	能否主动参与教学场所的清洁和整理工作	

小组组长签名＿＿＿＿＿＿＿＿＿＿＿＿

(二)老师评价

(1)对实践操作的点评：

(2)对学习过程的总体评价：

(3)对学习效果的评价：

教师签名＿＿＿＿＿＿＿＿＿＿＿＿

附录2　总结提高

在每一【任务实施】具体任务完成后，设总结提高任务实施环节，即整理任务实施过程资料，修改具体园艺作物设施生产技术方案，写一份任务学习报告或体会，巩固学习成果。

参考文献

[1]农业部设施园艺发展对策研究课题组. 我国设施园艺产业发展对策研究，现代园艺，2011（4）：13-16.

[2]何水涛，焦锁民，焦丹. 设施油桃栽培管理技术［J］. 果农之友，2013（12）：17-18.

[3]姜全，李莉. 桃标准园生产技术［M］. 北京：中国农业出版社，2011.

[4]张彦萍. 设施园艺［M］. 2版. 北京：中国农业出版社，2009.

[5]陈登文. 果树生产技术［M］. 1版. 北京：中国农业出版社，2013.

[6]聂君，任晓远，等. 葡萄优质高效栽培技术［M］. 北京：化学工业出版社，2014.

[7]李琛泽，梁媛. 大樱桃设施栽培技术［J］. 河北林业，5：39.

[8]刘坤，许宏艳. 我国甜樱桃设施栽培发展现状［J］. 北方果树，2011（2）：47-48.

[9]焦瑞莲. 日光温室草莓高产栽培技术［J］. 农业工程技术：温室园艺，2007（5）：56.

[10]赵玉科. 日光温室草莓栽培技术［J］. 北方园艺，2009（12）：150-151.

[11]宋克光，张淑霞，孙兆法. 青岛市大棚黄瓜-番茄周年生产技术［J］. 蔬菜，2011（11）：13-14.

[12]狄清泉. 冬春茬黄瓜设施育苗技术［J］. 吉林蔬菜，2014（8）：13-14.

[13]杨创源. 黄瓜反季节大棚高产高效栽培技术［J］. 福建农业科技，2009（6）：30-31.

[14]张志英. 设施黄瓜无公害生产技术［J］. 现代农业科技，2014，19：55.

[15]旷碧峰，周泉，刘剑眉. 西瓜设施早熟栽培关键技术［J］. 蔬菜，2014（9）：48-51.

[16]王文静. 西葫芦冬春设施优质高产栽培技术［J］. 农村经济与科技，2013，24（1）：81-82.

[17]赵翠英，梁兰. 通海甜瓜设施栽培技术［J］. 云南农业，2010（1）：31-32.

[18]王喜琴. 早春茬甜瓜人工穴盘育苗技术［J］. 农村科技，2011（7）：42-42.

[19]连进华，李玉珍，伍均峰．设施蔬菜生产技术．石家庄：河北科技出版社，2011.

[20]潘志明 陈少萍．日光温室草莓优质高产栽培技术［J］．中国花卉园艺，2010（8）：36-37.

[21]罗萍，樊权，陈永辉，等．散尾葵盆栽标准化栽培技术［J］．现代农业科技，2009（17）：194-196.

[22]张林生．发财树如何养护管理［J］中国花卉园艺，2003（7）：48.

[23]唐新霖．常春藤微型盆栽栽培技术［J］．南方农业（园林花卉版），2007（5）.

[24]王洪良，肖万里，李刚．盆栽常春藤工厂化栽培［J］．中国花卉园艺（半月刊），2009（12）：26-27.

[25]蔡建岗，施永泰，倪建刚，等．常春藤新品种引进及工厂化生产技术初报［J］．宁波农业科技，2010（1）：23-24

[26]林峰．花卉设施栽培．北京：科学出版社，2013.

[27]张瑞芳，李成江，张安文．鲜切花非洲菊设施高效栽培技术［J］．安徽农学通报，2009（15）：231-232.

[28]胡颖，赵江雷，朱秋云．非洲菊栽培技术解析［J］．湖南农机，2010（7）257-258.

[29]李东臣，张乃芹．非洲菊栽培管理及生产中主要病虫害的治理［J］．农业与技术，2006（8）：132-134.

[30]李军．非洲菊鲜切花生产栽培技术要点［J］．山东农业科学，2011（5）：111-112.

[31]于有国，张军和．非洲菊特征特性及其鲜切花温室栽培技术［J］．现代农业科技 2011（11）：218-219.

[32]徐栓朝，孙文春，胡海英，等．日光温室康乃馨栽培技术［J］．宁夏农林科技，2010（3）：89-90.

[33]赵德纯，王飞，刘燕．康乃馨栽培关键技术［J］．农技服务 2007（10）103-104.

[34]石燕青．康乃馨栽培管理要点［J］．福建农业，2009（4）：17-18.

[35]胡海英．银川地区二代节能日光温室鲜切花百合栽培技术［J］．宁夏农林科技，2008（3）：87-88.

[36]刘有俊．日光温室鲜切花百合栽培技术［J］．现代农业科技，2011（11）206.

[37]刘刚，杨雨翠，李学斌，等．日光温室切花百合栽培技术［J］陕西农业科学，2009（6）：254-256

[38]汤雪燕，周朝东，井泽仁，等．切花百合花期调控技术研究进展［J］．江苏农

业科学，2013（12）：189-190.
[39]赵统利，邵小斌，朱朋波，等. 切花百合日光温室栽培技术规程［J］. 江苏农业科学，2012（2）：138-139.
[40]刁义维，吴沙沙，郑丽娜，等. 百合种球标准化生产［J］. 温室园艺，2010（8）：86-90.